川大史学

中国古代
钢铁技术史

【丹】华道安 ——— 著
Donald B. Wagner

【加】李玉牛 ——— 译
LI YU NIU

四川人民出版社

图书在版编目（CIP）数据

中国古代钢铁技术史／（丹）华道安
(Donald B. Wagner) 著；(加) 李玉牛译. 一成都：
四川人民出版社，2018.12
ISBN 978-7-220-10826-6

Ⅰ. ①中… Ⅱ. ①华… ②李… Ⅲ. ①钢铁冶
金—冶金史—中国—古代 Ⅳ. ①TF4-092

中国版本图书馆CIP数据核字（2018）第127236号

版登号21-2018-316

ZHONGGUO GUDAI GANGTIE JISHUSHI

中国古代钢铁技术史

（丹）华道安（Donald B. Wagner）　著
（加）李玉牛（LI YU NIU）　译

策　　划	李映福
组稿统筹	周　颖
责任编辑	吴焕姣　杨雨霏
封面设计	张　科
技术设计	戴雨虹
责任校对	舒晓利
责任印制	王　俊

出版发行	四川人民出版社（成都槐树街2号）
网　　址	http://www.scpph.com
E-mail	scrmcbs@sina.com
新浪微博	@四川人民出版社
微信公众号	四川人民出版社
发行部业务电话	（028）86259624　86259453
防盗版举报电话	（028）86259624
照　　排	四川胜翔数码印务设计有限公司
印　　刷	成都蜀通印务有限责任公司
成品尺寸	170mm×240mm
印　　张	23.75
字　　数	400千
版　　次	2018年12月第1版
印　　次	2018年12月第1次印刷
书　　号	ISBN 978-7-220-10826-6
定　　价	58.00元

目 录

序 言

　　当接到华道安先生为《中国古代钢铁技术史》中译本作序的嘱托时，惶恐不安。本人的学识和资历皆不足以作写序之人，思前想后，恐怕唯一的理由就是华道安先生受聘为四川大学考古学专业高端外籍教授期间，两人合作开设冶金考古课程和共同培养硕、博士研究士而结下的缘分吧。

　　华道安（Donald B. Wagner）教授，丹麦人，世界著名的冶金考古学者。1943年出生于加拿大，后随父母移居美国。1965年取得美国麻省理工学院数学专业学士学位，1968年回丹麦定居并在哥本哈根大学开始学习中国语言与文化。1972—1974年赴日本东京大学人文与社会科学研究所进修。1976年获得哥本哈根大学硕士学位，1993年获得博士学位。华道安教授先后在丹麦、美国、英国、德国、中国等多所大学以及研究机构任职，从事冶金考古的教学、科研工作。华道安教授主要致力于中国早期铁器与冶铁技术以及中国古代数学等相关问题的研究，迄今已发表论文60余篇，出版著作15部。

　　华道安先生本科时攻读数学专业，最初的研究方向是中国古代数学史。1978年，受中国青铜技术史学者Noel Barnard教授的影响，年轻的华道安被中国古代辉煌灿烂的钢铁技术所吸引，义无反顾地开始转攻中国钢铁技术史，从此踏上了探索中国古代钢铁技术史的漫漫学术征途。1981年起，华道安先生又师从V. F. Buchwald教授系统学习冶金学，同年，与剑桥大学中国科技史学者李约瑟爵士结缘，次年，受邀承担《中国科学技术史·钢铁卷》的编写。该书英文版已于2008年出版（*Science and civilisation in China. Vol. 5: Chemistry and chemical technology. Part 11: Ferrous metallurgy*, Cambridge: Cambridge University Press, 2008.）。

《中国古代钢铁技术史》一书是华道安教授倾注心血的著作，早在20世纪80年代就已成稿，后因新材料的发现而不断地修改完善，一直到1990年才最终定稿，1993年得以出版。

本书虽然成书于20多年前，但华道安先生的研究视野、方法与研究结果仍然具有极高的学术价值与意义。作为一名西方学者，特别难得的是先生对中国古代文献的解读能力和对考古出土材料的敏锐把握，与许多西方学者以金相显微镜、成分分析为中心研究中国古代冶金相比，其研究结果更为全面和科学。华先生深厚的古代文献功底、严谨细致的研究态度，不得不让我们由衷地对这位一生都致力于中国古代钢铁技术史的西方学者充满敬佩之情。

由于原书成书较早，新的考古发现和新的研究不断涌现，部分章节的材料阐述和研究有些过时，因此，华先生专门叮嘱译者对原书的部分内容做适当删减。为此，译者对第一、二、三章的内容做了部分删减，第四至七章则全文翻译。

中文版第一章从文献材料与考古材料两方面入手对我国出土的汉代以前铁器做了系统地梳理。围绕铁器种类和铁器集中出土的遗址，如江陵雨台山楚墓、易县燕下都M44等展开了详细地讨论。本章不仅对我国出土早期铁做了详尽地统计与研究，还结合文献材料讨论了各种铁器的实用性及其对早期社会变革的意义。

第二章主要根据文献材料讨论我国古代铁器的生产情况。特别是通过对《史记》《汉书》《盐铁论》《山海经》《华阳国志》等文献的相关记载的解读，对古代铁矿分布以及汉代盐铁官营前后的铁器生产做了深入地研究，并与西方的冶铁生产体系进行了对比。

第三章与第四章基于柯俊、韩汝玢、李京华、华觉明等我国老一辈冶金工作者所发表的材料，从冶金学的角度对熟铁、钢铁以及生铁分别进行了讨论。以辩证的角度对早期的金相检测方法与研究成果做了中肯地评论，不仅表达了对前人成果的高度赞赏，同时也对早期研究出现的问题提出了质疑。

本书译者李玉牛早年移居加拿大，本科就读于加拿大多伦多大学，2009年考入四川大学历史文化学院考古专业攻读冶金考古方向硕士学位，2014年入英国埃克塞特大学攻读博士学习。李玉牛具备优秀的中文与英文能力，特别是冶金考古的专业能力确保了本书的翻译质量。

　　华道安先生《中国古代钢铁技术史》的翻译出版，不仅有助于我国冶金考古工作者了解认识西方学者在此领域的成就，也有助于促进中国与西方考古学界的深入交流，也借此希望将来能有更多高水平的冶金考古著作互译出版。

四川大学历史文化学院考古学系　李映福

2017年7月31日　于川大花园

译者序

　　初见华道安先生是在2012年，四川大学与成都博物院等单位在成都召开的"四川盆地及中国古代早期冶铁与中国古代社会"国际学术研讨会上。华道安先生作为大会的主旨发言人为与会来宾讲述了他对于中国早期铁器的相关研究。

　　会议期间，我作为会议工作人员与华道安先生有了更多的交流。也是自那时起，有了将其英文著作译为中文以便国内同行及学生可以参考学习的打算。华道安先生首推的便是这本*Iron and steel in ancient China*。该书是1993年出版的著作，虽然成书于20多年前，但其研究方法、研究结论仍然具有极高的学术价值与意义。我便在此次会议之后开始了对该书的翻译工作。

　　英文原著由荷兰莱顿E. J. Brill出版社于1993年印刷出版，全书共589页，ISBN：9789004096325。原书总共八章。根据作者本人的意见，中文版将第一、二、三及八章从译本中删去。其中，第一章主要分为两部分，第一部分简要介绍了中国古代历史背景与考古工作开展情况，原本主要是针对英文读者；第二部分对中国青铜器起源问题做了一定的讨论，但随着1993年之后新考古材料的不断发现，特别是梅建军先生的大量相关研究表明，当时的不少观点现在看来都已过时。作者在原书的第二与第三章中，尝试提出并论证了早期铁器有可能是在中国东南部独立起源的，而根据近年来三门峡以及新疆等地出土的铁器材料与相关研究看来，这个假设是不成立的。而第八章是中文习惯中的致谢与后记部分，与原书的主要内容相关性不大。

译本翻译原书的第四至七章共258页。其中第四章（译本第一章）是对历年考古出土的早期铁器材料的系统梳理；第五章（译本第二章）主要是从文献的角度讨论汉代以前的冶铁工业与铁器制造业者；第六与第七两章（译本第三、四章）是对金相学一些基础知识的介绍以及相关铁器的金相研究。

关于翻译中的一些原则与问题的说明：

书中的引文部分，其外文引文尽量保留原文，以便有兴趣的读者查询原著，只对页码进行了翻译，以作统一。由于资源所限，一些引文使用的版本与原书略有不同，特别是古籍类，原书多引用四部丛刊版，有的我未能找到原版本的，在翻译中则优先选用中华书局版或其他中文经典版本并做了注释。

英文、中文、日文、德文等都按源语言规范进行引文。如果外文引用中包含简体中文标注的页码，则表示文章部分所引页码。如：

Massari, S. C. 1938. "The properties and uses of chilled iron", *Proceedings of the American Society for Testing Metals*, 38: 217–234，第217、233页。

文章页码为217–234页，中文标注页码表示引自217与233页。

引文中连续时间的解释，如：

Vogel, Otto 1917–20 'Lose Blätter aus der Geschichte des Eisens', *Stahl und Eisen* 1917, 37.17: 400–404; 37.22: 521–526; 37.26: 610–615; 37.29: 665–669; 37.31: 710–713; 37.33: 752–758; 37.50: 1136–1142; 37.51: 1162–1167 + Tafel 30; 1918, 38.9: 165–169; 38.13: 262–267: 38.48: 1101–1105; 38.52: 1210–1215; 1919, 39.52: 1617–1620; 1920, 40.26: 869–872. I–III, IX, X: 'Zur Geschichte des Giessereiwesens'; IV–VIII: 'Die Anfänge der Metallographie'; XI–XIV: 'Zur Geschichte der Tempergiesserei'.

表示Vogel Otto 这一篇文章属于连载性质，如1917年在*Stahl und Eisen*第37卷17期，第400—404页；同年第37卷26期，第610—615页，等。

译文中有部分引文中出现作者单位（作者名），括号内为文章的执笔者，其实这种引文方式既不符合东方习惯，也不符合西方习惯。之所以这么用，是因为我在翻译过程中查找资料时发现先生在引文中基本是按照西方的习惯将执笔者作为文章作者，如：

中国社会科学院考古研究所实验室（杜弗运）：《一批隋唐墓出土铁器的金相鉴定》，《考古》1991年第3期。

文章由杜弗运执笔，而我按照中文习惯添加单位名称，以后也就顺便保留了执笔者的名字。

而关于一些名词的翻译，我尽量保留了华道安先生使用的英文，以便读者对照。这样在对某些专业词汇可能存在翻译不当的时候，可以方便读者自行理解。在某些不固定的词汇翻译上，也可起到一定的参考作用。有一些词汇的翻译，在原报告或原文中便存在混乱的情况，如"锸"与"舀"的使用等，我在翻译过程中便做了统一，都使用"锸"。其他所有注释及引文都尽量对照并引用原文，所有译者注都在注释中做了区分。

翻译过程中一直得到华道安先生的帮助。我经常通过邮件向先生请教翻译中遇到的问题，先生总是会给予我及时而细致的回复。这几年在中国成都、英国剑桥与埃克塞特等地我与先生又见过几次面，讨论了许多翻译中的问题，先生也为我提出了许多宝贵的修改意见。我希望能在译本中尽可能地将先生的原意传达给中文读者。

翻译的工作虽然在2013年便已基本完成，但因为个人原因，一直没有将出版事宜提上日程。直到2016年底得到恩师李映福老师的大力帮助，才将此事落实下来。近来又恰逢博士论文撰写的最后阶段，一拖再拖又是几个月的时间，实在感觉惭愧。

书中部分表格的翻译和绝大部分附录的查找得到了四川大学左凤英同学的帮助。书稿的编辑与校对获得了丹麦范岁久基金会的大力支持。在此一并致谢！

最后，我想特别感谢我的夫人黄琬，不仅因为本书所有的图片都是由她帮我扫描并处理的，更因为在生活中她给予了我莫大的鼓励与支持！

　　谬误之处应属本人翻译问题，也欢迎读者来信指正。

李玉牛

邮箱地址：ynl201@exeter.ac.uk

2017年3月19日星期日17:41

于英国埃克塞特大学Laver building 309

作者序

欣闻自己 *Iron and steel in ancient China* 一书中文版即将出版的消息，我感到十分荣幸。中文版的绝大部分内容我都亲自读过，玉牛的翻译也是相当到位的。应我本人的建议，我们按照中文读者的习惯对全书结构进行了改动，删掉了部分中文读者非常熟悉、仅是有助于英文读者了解中国相关背景的介绍。

另一方面，本书英文版成书于25年前。这20多年间不断出现的新考古材料，证明原书中的一些观点已经过时。因此，我们在原有的八章内容中翻译了其中的第四到第七章。

原书第一章简要介绍了中国青铜时代的历史背景并提出青铜冶炼独立起源于中国的观点。而近些年梅建军先生及其他一些学者的研究表明该观点并不成立。第二章中提出中国古代冶铁技术可能独立起源于中国东南部的吴国。然而，根据目前在新疆发现的最早的人工冶铁材料表明，中国古代冶铁技术极有可能是独立起源于新疆或是源于某西方的非中原文化体系。而以第二章观点为基础的第三章也就没有翻译的意义了。第八章主要基于第一到第三章的过时结论，放到25年后的今天来看，自己都有些不好意思了。

原书第四和第五章（中文版第一和第二章）中的内容，并没有随着新材料的发现而有太多的变化。第六和第七章（中文版第三和第四章）主要涉及华觉明、李京华、柯俊、韩汝玢等第一代中国冶金考古工作者所发表的研究成果。中国的年轻冶金考古学者们大多也以他们的研究思路与结论为方向，而少有学者进行新方向的拓展。这两章详细阐述了冶金考古所涉及的必要冶金学知识，特别是针对那些具备一定化学基础且习惯于技术性思维的读者。当然，我希望其他读者也能够从中获益。

我由衷希望此中文译本能对那些感兴趣，或即将致力于中国古代钢铁技术史研究的同学们有所帮助。

Donald B. Wagner 华道安

2017年5月4日

Introduction to the Chinese translation of *Iron and steel in ancient China*.
Donald B. Wagner
4 May 2017

I feel very pleased and honoured that my book will be published in Chinese. I have read most of Yuniu Li's translation, and find that he has done an excellent job. At my request he has made this into a Chinese book: Some information in the original book is necessary for Western readers but very familiar to Chinese readers, and here he has made some cuts. At the same time he has added material that Chinese readers expect to see in a book of this type.

The book was published 25 years ago, and newer archaeological work has shown parts of it to be incorrect. Therefore, of the eight chapters of the original, this translation includes only Chapters 4–7.

The original Chapter 1 gave a brief history of the Bronze Age in China and argued that bronze was independently invented in China. Newer research by Prof. Mei Jianjun and others shows that this is not correct. Chapter 2 argued that iron was independently invented in Southeast China, in the ancient state of Wu , but newer research shows that the earliest iron within the present borders of China has been found in Xinjiang. There it may have been independently invented, or it may have come from the West. Chapter 3 attempted to explain the background for the invention of iron in Wu, and with our new knowledge that is now clearly irrelevant. Chapter 8, 'Concluding remarks', depended so heavily on the incorrect statements of Chapters 1–3 that it is somewhat embarrassing for me today.

Chapters 1–2 on historical matters (Chapters 4–5 in the original) have not been greatly changed by newer research. Chapters 3–4 (Chapters 6–7 in the original), perhaps the most important part of the book, were based on the publications of the pioneers of Chinese archaeometallurgy: Hua Jueming, Li Jinghua, Ke Jun, Han Rubin and others. Later work by younger scholars has largely confirmed their conclusions, but little has been done in China to extend their work in new directions. These chapters put that work into the context of a general explanation of the necessary technical metallurgy. They were written especially for readers 'who know some chemistry and are accustomed to technical thinking', but I hope that others will also be able to profit from them.

I hope that the translation will prove useful to students beginning the study of the amazing history of iron technology in China.

Donald B. Wagner

May 2017

第一章 / 早期铁器的审视

根据早期铁器的出土环境，可以对早期铁器的使用方式乃至其随时间、空间等变 化而发生的演变有进一步的了解。本章的论述以考古材料为主，但首先让我们来了解一下文献资料。

1.1 文献资料

孟子与楚人许行之门徒陈相在大约公元前4世纪末曾有一场辩论，农家许行奉行贤君与民并耕而食，饔飧而治，如若不然，则是对人民严酷。所及内容大致如下：

孟子问陈相："许先生可是亲自用釜甑来做饭，用铁农具来耕作吗？"

陈相答曰："是的。"

孟子接着问道："那他用的釜甑与铁农具也是他亲自做的吗？"

陈相答曰："不是，他用粮食来换。"

孟子道："如果农夫用粮食来换取釜甑、农具等器物的行为，不算损害烧制陶器与冶炼金属工人的利益，那么陶匠与铁匠用所做器物来换取粮食的行为，难道就是损害了农夫吗？再说许行为什么不自己烧陶、冶铁，一切东西都只从自己家里拿来使用？为何还忙忙碌碌地与各种工匠以物易物？为什么许行不嫌麻烦？"

陈相回答说："工匠需各司其职，当然不可能再兼顾农耕。" [1]

这段故事出自《孟子》，很可能是由孟子的弟子在公元前300年左右编纂的。由书中记载可以看出，铁制农具在这里已被当成了生活必需品。此时，在中国以外还未发现早期铁器如此普及的情况。还有一点值得注意，铁制工具的生产已作为一种专门的手工艺，社会分工明确、各司其职。

汉代以前的文献中，还可以找到许多提及铁或铁器的信息。《吕氏春秋》中提到"慈石召铁"，被认为是与灵魂沟通的例子[2]。《荀子》中有一段关于楚国在公元前300年左右的一场战争中失败的记载，其中提到宛城（楚国的一个城市，即今河南南阳附近）的铁矛有如黄蜂的毒刺般坚硬；楚国之所以败，不在其没有精良的武器装备，而是在于没有良好的领导阶层[3]。《韩非子·五蠹》中记载，舜统治时期，三苗部落曾对舜的统治不服，而舜帝通过手执盾牌与战斧在战场起舞，使其臣服于下。在对共工之战中，当铁刃利器刺到敌人身上，那些没有佩戴坚硬头盔与护甲的士兵便会受到伤害。通过舜对三苗、共工的战斗，说明情况变了，措施也要变，

---

① 　四部丛刊本《孟子》卷五，商务印书馆，第8页左—10页右，"曰：'许子以釜甑爨，以铁耕乎？'曰：'然。''自为之与？'曰：'否！以粟易之。''以粟易械器者，不为厉陶冶；陶冶亦以其械器易粟者，岂为厉农夫哉？且许子何不为陶冶，舍皆取诸其官中而用之？何为纷纷然与百工交易？何许子之不惮烦？'曰：'百工之事固不可耕且为也。'"；参阅Lau, D. C.（tr.）1970. *Mencius*. Harmondsworth: Penguin Books，第101页。

② 　四部丛刊本《吕氏春秋》卷九，商务印书馆，第9页右；参阅Wilhelm, Richard（tr.）1928. *Frühling und Herbst des Lü Bu Wei*. Jena: Eugen Diederichs，第114页。

③ 　四部丛刊本《荀子》卷十，商务印书馆，第15页右—16页右，"楚人鲛革犀兕以为甲，鞈坚如金石；宛钜铁矛，惨如蜂虿，轻利僄遬，卒如飘风；然而兵殆于垂沙，唐蔑死。庄蹻起，楚分而为三四，是岂无坚甲利兵也哉！其所以统之者非其道故也"；参阅张诗同：《荀子简注》，上海人民出版社，1974年，第159页；Watson, Burton（tr.）1963. *Hsün tzu: Basic writings*. New York & London: Columbia University Press，第71-72页。

盾牌与（青铜）战斧在过去很有效，但现在却被铁制兵器所取代①。

类似这样附带提及铁或铁器的情况，在公元前3世纪的文献中十分常见。通过这些记载可以看出铁在当时的日常生活中是一种很平常的东西，但其中对铁或铁器具体使用方法的记载却言之甚少。《管子》尽管一直被视作是一部包含了许多晚期材料的综合性作品（通常认为成书于公元前250年左右），但在其《轻重篇》中可以找到一些更具体、更有趣的信息②。马非百曾列举了一系列证据证明《管子·轻重篇》整篇成书非常晚，大概可以晚到公元1世纪或2世纪③。在他的论据中最独特也最有趣的是《轻重篇》里的绝大多数奇闻逸事是照搬汉代有名故事而来，只是篡改了其中一些细节，让人易于相信这些是管子在公元前7世纪所述。乍看之下，马非百的论据十分有说服力，但其中有一个严重的漏洞，即他在没有任何依据的情况下，便断定这些有关经济的章节皆出自同一人之手，而并未把它们当成是不同的个体来对待。如果对这些章节进行仔细考证，其中部分也可能是成书于公元前3世纪的。但无论如何，单就研究战国经济史而言，当然最好还是避免使用《管子》。因为《管子》中有关经济事务的讨论，如果放到东汉时期的文献中会显得更为合理。

早于公元前3世纪的文献中对铁的描述非常少，即使有，这些文献本身

---

① 四部丛刊本《韩非子·五蠹》（卷一九），商务印书馆，第2页左，"当舜之时，有苗不服，禹将伐之，舜曰：'不可。上德不厚而行武，非道也。'乃修教三年，执干戚舞，有苗乃服。共工之战，铁铦短者及乎敌，铠甲不坚者伤乎体，是干戚用于古，不用于今也"；参阅陈奇猷：《韩非子集释》，上海人民出版社，1974年，第1042页；Watson, Burton（tr.）1964. *Han Fei zi: Basic writings*. New York & London: Columbia University Press，第100页；Liao W. K.（tr.）1939. *The complete works of Han Fei tzu: A classic of Chinese political science*. 2 vols., London: Arthur Probsthain; repr. 1959，第279页。

② 近代两个比较好的关于经济篇章的版本分别是，马非百：《管子轻重篇新诠》，中华书局，1979年；《〈管子〉经济篇文注译》，江西人民出版社，1980年。前者中包含十分丰富且博学的注释，而后者是现代汉语的译本。

③ 马非百：《管子轻重篇新诠》，中华书局，1979年，第3—50页。

或多或少都存在准确性、真实性或确切年代等问题上的争议①。造成这种情况，或是因为在公元前3世纪之初，铁器的使用迅速普及开来。但在使用历史资料为证据的时候，"未提及"并不能代表"不存在"。我们可以通过铁器使用时间的考古学证据，对其传播与发展的情况给出更可靠的依据。

1.2 早期铁器的考古发现

这一部分主要分为两种情况。

第一种是涉及某一具体考古发掘以及该遗址所出土的铁器，如湖北江陵雨台山楚墓所发掘的558座墓葬②（见1.3节），以及河北易县燕下都M44③（一座包含大量兵士尸骨的墓葬，见1.10节）。这里从已发表的大量战国时期发掘材料中，挑选了一小部分来讨论，这些材料可以清楚地体现出某些具体器物的功能、地理上的变迁以及其年代序列的发展等。

第二种，是涉及某一类器物的讨论如带钩（belt-hooks，见1.7节）与长柄武器（shafted weapons，见1.11节）等。

所涉及的发掘材料均为汉代以前，大致涵盖了所有已知的汉代以前的铁器类型并配以插图。出于对工作量的考量，只有少部分才谈及细节。这些器物的使用基本贯穿整个汉代，且大部分延续时间达数百年。但年代限定也不绝对，如钩镶（hooked parrier，图五〇）与长柄镰刀（scythe，图六六）的出现时间应在东汉以后。另外，在研究一些器物的具体使用方法时，文中使用了汉代甚至更晚的材料。

若干年前，黄展岳先生发表了文章《近年出土的战国两汉铁器》，对当时所发现的早期铁器进行了回顾，文中的总结或带着些许苦涩与无奈：

---

① 黄展岳：《关于中国开始冶铁和使用铁器的问题》，《文物》1976年第6期，第62—70页。

② 湖北省荆州地区博物馆：《江陵雨台山楚墓》，文物出版社，1984年。

③ 刘世枢：《河北易县燕下都44号墓发掘报告》，《考古》1975年第4期，第228—240、243、图版3—5页。

本文的目的是想通过对实物材料的变化和发展去探讨战国与两汉生产力的差别，可惜实际上是有困难的。

一、材料很零碎，报道一般很笼统、很简略，断代划分不严密，其间更难免有断代失实处，如古浪、石家庄出土的铁铧，可能就有问题。至于地面采集的铁器，只能作为研究分布问题的资料。

二、铁器冶炼技术的发展是判断生产效能的重要标志之一，可惜业务人员大多缺乏这方面的知识（也未加重视），多不报道；更因缺乏科学化验，因此，铁器的质地（生铁、熟铁或钢铁）及其冶炼法大多不明。

三、铁器名称很混乱，没有统一定名，同一铁器，往往出现异名。如郭宝钧先生称为凹字形锄及铁口锄的东西，李文信先生则称为凹字式锸，蒋若是先生则称为第I式铲、第II式铲。至于无插图、无图版、无尺寸以致无从稽查的铁器，为数更多，使分类统计工作无法进行[1]。

这种在学术文章中对同行工作方式提出质疑的情况，在中国的学术界是非常罕见的。在这件事上，黄展岳的观点十分正确，并且从那时起这种情况逐渐得到改善。

通过本书第三章与第四章，会发现我们现在对于中国古代钢铁冶金（siderurgical）技术的认识已经大大超越1957年，但黄展岳所提到的第一与第三点，至今仍没有得到较好的改善。发掘人员对出土铁器的命名基本还是像几十年前那样混乱。因此，在本书的撰写过程中，对器物的讨论、示意图与照片的使用与文字描述等，都尽量对每一种器物使用一个固定的英语名称，而较少考虑发掘者对器物的命名。

从黄展岳的文章来看，他所提的第一点是针对一些较早期的发掘，而不是所有汉代及战国时期的发掘工作。通过这样的质疑，我相信自那以后发掘者断代数据的可靠性得到了普遍提高。随着更多发掘工作的开展，中国的考古学家们积累了更多的经验，新一代的考古学者们也学习到了严密的现代化方法；可供使用的墓葬等材料也有了极大的增长，其中包括许多非常可靠的铭文或碑文的断代材料。这意味着

---

① 黄展岳：《近年出土的战国两汉铁器》，《考古学报》1957年第3期，第104页。

在对其他发掘工作进行断代时有了更多可以对比的材料。

即便如此，在像本章这样将大量不同类别的发掘与记录材料放进一个单独的框架中进行纵览，断代仍然是一个需要担心的重要问题。大量相关的材料源自较早的发掘，其中部分断代数据又根据新的比较材料进行了重新修订，而较晚开展的工作也不是完全按照方法论严格进行的。但在目前的工作中，使用考古发掘报告中所给出的断代数据时只能审慎研究其依据，了解其方法的可信度。但若是完全不相信这些结论，那什么研究都无法开展了。在断代问题上，那些所谓沙发中的考古学家（包括我本人以及绝大部分学习中国古代史的西方学者们）虽然总是在苛求田野工作者的方法论、质疑其结论，但却只有极个别可以直接接触到实物且经验丰富的考古学家才能提出更令人信服的结论①。

我尝试把讨论范围限定在已出版材料中，从中随机挑选那些相对较少的墓葬材料，以期将这种问题最小化。大量战国时期楚国（见1.3节）、秦国（见1.6节）、魏国（见1.13节）及周国（见1.16节）墓葬的抢救性发掘为我们提供了较为可靠的相对年代信息。之所以不对发掘者所提供的绝对年代信息进行评判，一来，对于绝对年代的判定需要做太多的工作；二来，我认为这一地区的相对年代序列是准确可靠的，所以我将精力集中于相对年代所传达的信息上。

本文使用的其他墓葬材料虽然在一定程度上阐明了如奴隶颈圈（见1.8节）、武器（见1.10节）与生产工具（见1.13节、1.14节）等铁器的使用方法，并且其中相当一部分墓葬的断代也比较可靠，但年代都较晚，约在战国晚期。

1.3 雨台山楚墓

郢城，即纪南城，现今湖北省江陵县附近。楚文王元年（公元前689

① 这是我在1987年所发表的，关于长沙楚墓年代研究一文中所得的结论，我认为关于这些墓葬的断代是有问题的，不过遗憾的是，我却也无法给出一个更为可靠的断代数据。

年）自丹阳迁都于此，至项襄王二十一年（公元前278年）秦将白起拔郢止，楚国在此建都400余年。1961年，中华人民共和国国务院将遗址公布为全国重点文物保护单位。1973年，开始在该遗址进行正式考古发掘。遗憾的是，在本书撰写之时，仍未见正式的发掘报告出版，仅有《楚都纪南城的勘查与发掘》[1]上、下两篇可供参考。

发掘人员在都城遗址周围几乎每一座山丘上都发现了同时期的墓地。据郭德维先生估计，附近有超过20个墓地，每个墓地超过2000座墓葬[2]。雨台山楚墓位于距古城墙东北方约1公里处，作为墓群其中之一，发掘者对其进行了深入的研究。

雨台山楚墓共计发掘墓葬558座。其中能分期的423座，该分期工作对楚文化的研究提供了可靠的相对年代序列。而通过对比洛阳与长沙所出土的铜、陶器所得出的绝对年代信息则有待商榷。遗址的墓葬总共分为六期：

第一期为春秋中期，共9座。

第二期为春秋晚期，共65座。

第三期为战国早期（约公元前5世纪中期至公元前4世纪初），共115座。

第四期为战国中期前段（约公元前4世纪初至公元前4世纪中期），共139座。

第五期为战国中期后段（公元前4世纪中期至末期），共56座。

第六期为战国晚期前段（公元前3世纪上半段，即公元前278年前后），共39座[3]。

---

① 湖北省博物馆：《楚都纪南城的勘查与发掘（上）》，《考古学报》1982年第3期，第325—350、图版14—16页；湖北省博物馆：《楚都纪南城的勘查与发掘（下）》，《考古学报》1982年第4期，第477—508、图版11—16页；另有，Höllmann, Thomas O. 1986. *Jinan: Die Chu-Hauptstadt Ying im China der späteren Zhou-Zeit*. Unter Zugrundelegung der Fundberichte dargestellt.

② 郭德维：《江陵楚墓论述》，《考古学报》1982年第2期，第155—182、图版1—3页。

③ 湖北省荆州地区博物馆：《江陵雨台山楚墓》，文物出版社，1984年，第134—139页。

在这六期当中，只在四期和五期的墓葬中发现了铁器。其中，第四期发现有铁足（铸铁）铜鼎7件[1]、铁尾铜镞2件[2]。五期发现铁足铜鼎1件[3]、铁锸（铸铁）1件[4]、铁斧（铸铁）1件[5]。

在雨台山楚墓中仅出土如此少量的铁制兵器实在是令人感到诧异，特别是在与各期青铜武器数量相比较的情况下：

172件铜剑	于168座一至六期墓葬
41件铜匕	于41座二至六期墓葬
98件铜戈（dagger-axe）	于91座二至六期墓葬
183件铜镞（crossbow-bolt）	于31座三至六期墓葬
7件铜戟（halberd-heads）	于6座四至五期墓葬
15件铜矛（spearheads）	于13座四至五期墓葬

我们发现在各期墓葬中都有随葬武器的情况，其中第一期11%、第二期20%、第三期40%、第四期52%、第五期43%、第六期31%，另，年代不明的墓葬中随葬武器的比例为42%。从整体上看，40%的墓葬中随葬有武器。从墓葬材料来看，可能表明铁制兵器在楚国的运用并不广泛。然而通过1.1节中列举的文献材料可知，楚国其实是拥有精良铁制兵器的。结合两者来看，铁制兵器在楚国的使用可能十分广泛，只是不会用作随葬。当然也不能就此推翻铁制兵器并未广泛使用的假设，因为在这些楚墓中发现了大量诸如剑与匕等常见类型的铜兵器，但铁剑与铁匕却一件

[1] 湖北省荆州地区博物馆：《江陵雨台山楚墓》，出土于M150、M169、M203、M304、M323、M391。
[2] 湖北省荆州地区博物馆：《江陵雨台山楚墓》，出土于M169、M499，第83、85页。
[3] 湖北省荆州地区博物馆：《江陵雨台山楚墓》，出土于M217。
[4] 湖北省荆州地区博物馆：《江陵雨台山楚墓》，器号为M232：4。
[5] 湖北省荆州地区博物馆：《江陵雨台山楚墓》，器号为M58：9。原报告中对此件器物的描述十分简略，图片也不清晰，所以无法确定此器的功能。其形状类似于附录4.15中所论及的铲。

都未曾看到。我将在1.17节中，就此问题进行讨论。

1.4 铁足铜鼎

鼎是中国一种非常古老的容器，青铜鼎的出现最早可以追溯到商代早期，其最初的造型来源于新石器时代的陶鼎。学界虽然多推测青铜鼎是作为一种祭祀用器而非日常用器，但通常认为其主要功能还是烹煮食物[1]。

图一中展示了一些铁足铜鼎。其中图一，1和图一，2尤其是足部，像是粘到鼎身上的一样。图一，3是从广西平乐县一座墓葬中出土的，是众多楚文化南渐证据中的一件[2]。有人可能会提出质疑，但就该地区的总体情况来看，说其是受楚文化影响应该是没有问题的。其余也大都是学界所经常论及的与楚国相关的鼎。

在所列举的鼎中，只有图一，4显然是与楚国没有任何关系的。这一件是河北省平山县战国时期中山国王陵所出土的，鼎刻铭文469字。根据其器身铭文，结合另外两件同出的青铜器上的铭文，可以断定它们的铸造时间为公元前309年或公元前308年，是中山国趁燕王子哙禅位后引起内乱之机，举兵伐燕，取得辉煌战果的证明[3]。古史学家们认为中山国的前身为北方狄族鲜虞部落，从考古发掘材料来看，其文化具有独特性，与楚文化和南方诸文化间没有明显的联系[4]。

---

① 李学勤：《中国青铜器的奥秘》（英文版），外文出版社，1980年，第9—10页。

② 蒋廷瑜、蓝日勇：《广西出土的楚文物及相关问题》，《江汉考古》1986年第4期，第71页；黄展岳：《论两广出土的先秦青铜器》，《考古学报》1986年第4期；蓝日勇：《银山陵战国墓并非楚墓说》，《江汉考古》1988年第4期。

③ 李学勤、李零：《平山三器与中山国史的若干问题》，《考古学报》1979年第2期，第148—151页；于豪亮：《中山三器铭文考释》，《考古学报》1979年第2期，第177页；张政烺：《中山王壶与鼎铭考释》，《古文字研究》1979年第1期，第209页。

④ 刘来成、李晓东：《试谈战国时期中山国历史上的几个问题》，《文物》1979年第1期；李学勤：《平山墓葬群与中山国的文化》，《文物》1979年第1期；李学勤：《东周与秦代文明》，文物出版社，1984年，第99页；Loewe, Michael 1985. 'The royal tombs of Zhongshan（c. 310 B.C.）', *Arts asiatiques*, 40:130–134；另外，黄盛璋：《关于战国中山国墓葬遗物若干问题辩证》，《文物》1979年第5期，其文中表示，作者并不赞同战国中山源为春秋鲜虞的观点。

1：采自《楚文物展览图录》，
北京历史博物馆，1954年，图版
六八；

2：采自《江陵雨台山楚墓》，文物出版社，1984
年，第72页，图版三一；

3：采自《广西出土文物》，文物出版社，
1978年，第7页，图版五一；

4：采自《河北省出土文物选集》，
文物出版社，1980年，第42-44页。

图一　铁足铜鼎

在汉代以前，完全使用铁来制作的容器十分罕见。图二中展示了两件铁鼎，另一件为铁釜，出自一座秦国墓地（图八，2）。

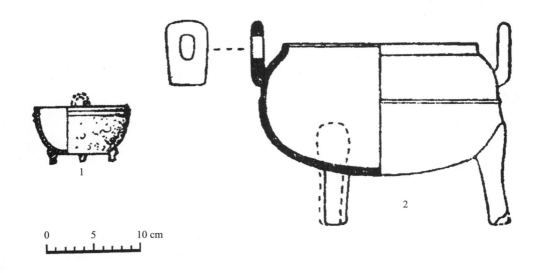

0　　5　　10 cm

图二　战国时期的铁鼎

1：采自《长沙新发现春秋晚期的铜剑和铁器》，《文物》1978年第10期；
2：采自《朝邑战国墓葬发掘简报》，《文物资料丛刊》第2期，第77、80—81页。

考古报告中铁足铜鼎描述通常都十分简略，并未能提供太多信息，而且没有一件经过正式的科技鉴定。尽管如此，单从这些铸造的铁容器来看，我们有理由相信，中国古代的青铜铸造者们在铸造这些铁容器时并不存在什么技术上的难题，分铸法（嵌入法）在当时已经是十分成熟的技术了①。青铜容器与铜铁容器在铸造方法上基本相同，主要分为以下几个步骤：首先，将鼎足或器柄铸造好，然后将其放入器身的铸模中，这样一来，在浇铸器身的同时，之前所铸好的各个部件就自然地连接到器身之上。对于工匠们来说，相较于青铜铸造，铁足的铸造恐怕会给他们带来一些新的麻烦，特别是要解决铁的熔点较高与怎样铸出品质较好的低硅白口铸铁等问题。不过，一旦足部铸造完成，将其合并至器身是没有什么技术难度了。

我们清楚了铁足铜鼎是怎样制作的，但为什么要这样制作呢？铁足是用作装饰，还是因为它的成本比使用青铜要低呢？这两种假设本身并不矛盾，铁足铜鼎在楚国只在较小的墓葬中有发现，而不见于大型墓葬。从这一点来看，可能是因为它的制作成本要低于青铜。

从经济的角度显然不能完全解释这个问题，就像图一，4中的铁足铜鼎，是从中山国王陵中出土，墓主身份富贵显赫。或许铁的使用在这里仅仅是出于装饰目的或是具有某些特殊的象征意义。比如制作所用的材料若是取自对燕国战争的战利品，而战利品中又包含了铁制兵器，那么在铸造这个象征胜利的纪念品时，当然也会使用一些铁在里面。

1.5 铁尾（铤）铜镞

铁尾铜镞是雨台山楚墓中出现的另一种早期铁器。吴大林先生对其进行过初步研究，研究结论表明铁尾铜镞从战国晚期至秦汉时期（即公元前3世纪至公元2世纪）在中国都有广泛的使用②。而从雨台山楚墓的发掘报告来看，可以将铁尾铜镞的使用时间提前到公元前4世纪早期，或许楚国是最早使用该器的地区。

---

① Gettens, Rutherford John 1969. *The Freer Chinese bronzes*. Vol. 2: *Technical studies*. (*Smithsonian Institution, Freer Gallery of Art, Oriental studies*, no. 7). Washington: Smithsonian Institution (publ. 4706)，第77-84页；Barnard, Noel 1985. ''Casting-on'-A characteristic method of joining employed in ancient China', paper presented at the International Conference on Ancient Chinese Civilization [La civiltà cinese antica], Venice, 1-5 April 1985. (Noel Barnard Pre-print no. 13, June 1985)。

② 吴大林：《试论铜铁合制器物的产生与消亡》，《考古与文物》1984年第3期，第109页。

一般认为弩的发明是在战国时期①。早期的弩如图四与图五所示②。图三、图六、图七和图九中展示了战国时期至汉代出土的铜镞、铁尾铜镞与铁镞。这三种材质的箭镞发现数量十分巨大③。因经济原因由铜而渐渐转用铁来制作，数以万计的箭镞被使用在当时的军队之中，但有趣的是，为什么在之后很长的一段时间中，又坚持使用青铜作为镞头呢？这是一个让许多发掘者都感到困惑的问题④。通过对比铜镞（图六，1—14）与铁镞（图七，1—3），我们也许可以得出这样一个解释：铜镞镞尖都铸造得很精致，并且翼部十分薄，而相比之下铁镞镞尖的铸造工艺就显得十分简单；另外，基于空气动力学的考量，一个精密铸造的镞尖无疑更有利于弩箭飞行的速度与准确度，而任何需要精密铸造的器物，在经济条件允许的情况下，首选材料都是青铜。使用铁来制作尾部，可以在不影响箭镞质量的情况下节约成本。而在不得不使用铁来铸造镞尖的时候，则必然会牺牲箭镞的质量⑤。

① 韦镇福等：《中国军事史·第一卷·兵器》，解放军出版社，1983年，第36—38页。
② 叶万松：《洛阳中州路战国车马坑》，《考古》1974年第3期，第177页；*Sekai kōkogaku taikei* 1959. Survey of world archaeology（世界考古大系），vols. 6-7. Tōkyō: Heibonsha, 7:70, pl. 123, 125。
③ 参阅吴大林：《试论铜铁合制器物的产生与消亡》，《考古与文物》1984年第3期，第109页；雷从云：《三十年来春秋战国铁器发现述略》，《中国历史博物馆馆刊》1980年第2期，第93—98页；Barnard & Satō 1975. *Metallurgical remains of ancient China*. Tōkyō: Nichiōsha, p164-265。
④ 中国科学院考古研究所：《辉县发掘报告》，科学出版社，1956年，第83页。
⑤ 有关弩的工艺发展等可参阅Foley, Vernard Palmer, George & Soedel, Werner 1985. 'The crossbow', *SA*, January 1985, 252.1: 80-86。

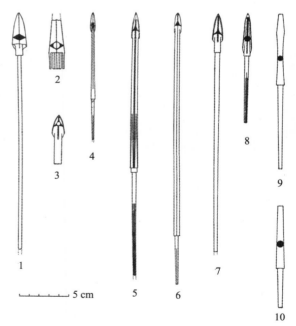

图三　雨台山楚墓出土的铁尾铜镞

1、3—4、6—7、10：战国中期前段；2：战国中期后段；5、8—9：战国早期

（采自《江陵雨台山楚墓》，文物出版社，1984年，第83—85页，图版四三）

5 cm

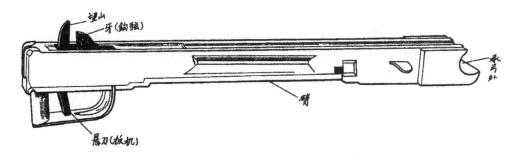

图四　湖南长沙扫把塘138战国墓出土的弩机

（采自《论长沙、常德出土弩机的战国墓——兼谈有关弩机、弓矢的几个问题》，《文物》1964年第6期，第35页，图版一二）

图五　持弩机的武士画：山东沂南画像石墓浮雕细部拓本

（采自《沂南古画像石墓发掘报告》，文化部文物管理局出版社，1956年，图版二七）

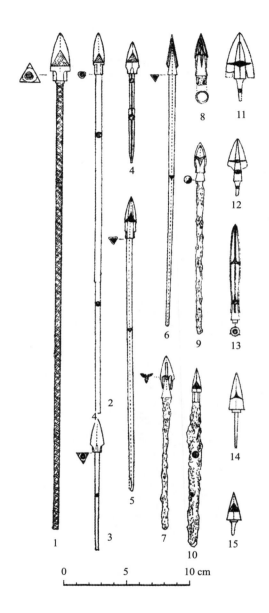

图六　秦始皇兵马俑1—3号坑中出土的箭镞

1—6、11—14：铜镞；7—10：铁铤铜镞；15：铁镞

（采自《秦俑兵器刍论》，《考古与文物》1983年第4期，第61页）

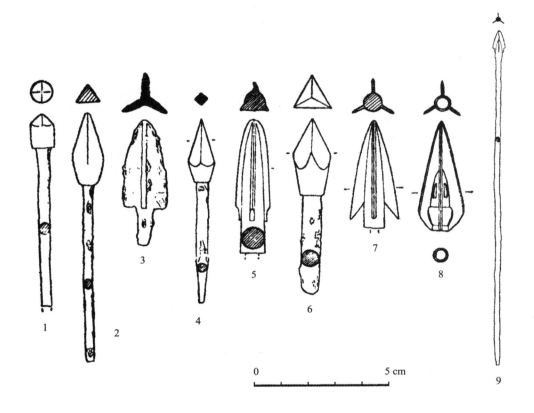

图七 汉长安城7号武库遗址出土的箭镞

1—3：铁镞；4—9：铁铤铜镞

（采自《汉长安城武库遗址发掘的初步收获》，《考古》1978年第4期，第264—265、268页，图版一〇，5—12；图版一一，3）

1.6 三座秦国墓地

近年来，考古工作者在古代秦国所属范围内开展了大量的考古发掘工作。当中有三座秦国墓地的发掘材料，可以为我们研究铁器类型的发展提供系统的资料。其中一处位于陕西省凤翔县高庄，共计发掘墓葬46座；另一处位于陕西省咸阳市黄家沟，西距凤翔县125公里，共计发掘墓葬160座。这两处都曾是秦国的都城。雍城遗址位于凤翔县南，公元前677年秦德公即位以后定都于此，至秦献公二年即公元前383年迁都至秦国东部地近河西的栎阳。咸阳城遗址位于今咸阳市东15公里，秦孝公十二年即公元前350年开始营建，秦孝公十三年即公元前349年由栎阳迁都于此，直到公元前207年秦国灭亡[1]。

凤翔县高庄的46座墓葬被分为五期[2]：

一期：春秋晚期，墓葬2座，没有发现铁器。

二期：战国早期，墓葬16座，出土铁带钩1件[3]。

三期：战国中期，墓葬15座，从其中4座中出土铁带钩1件[4]、铁环5件[5]、环首铁削（ring-handled knife）1件[6]。

---

[1] 关于秦都遗址可参阅李学勤：《东周与秦代文明》，文物出版社，1984年，第229—233页；中国社会科学院考古研究所：《新中国的考古发现和研究》，文物出版社，1984年，第277—278、383—385页；王学理：《秦都咸阳》，陕西人民出版社，1985年；叶小燕：《秦墓初探》，《考古》1982年第1期，第65页；韩伟：《略论陕西春秋战国秦墓》，《考古与文物》1981年第1期。

[2] 吴镇烽、尚志儒：《陕西凤翔高庄秦国墓葬发掘简报》，《考古与文物》1981年第1期。墓葬登记表中的数据与正文部分存在矛盾，如文章中提到共发现3件铁带钩，而在登记表中却是5件，并且这5件铁带钩中有1件实际上是铜制的。这类的印刷错误还有不少。

[3] 吴镇烽、尚志儒：《陕西凤翔高庄秦国墓葬发掘简报》，《考古与文物》1981年第1期。出土于M26。

[4] 吴镇烽、尚志儒：《陕西凤翔高庄秦国墓葬发掘简报》，出土于M14。

[5] 吴镇烽、尚志儒：《陕西凤翔高庄秦国墓葬发掘简报》，出土于M20、M40。

[6] 吴镇烽、尚志儒：《陕西凤翔高庄秦国墓葬发掘简报》，出土于M5，出现在正文中，但不见于墓葬登记表中。

四期：战国晚期，墓葬3座，从其中2座中出土铁带钩1件[1]、环首铁削1件[2]（图八，4）、铁镊子（pincette）1件[3]（图八，7）。

五期：秦代（即秦统一时期，约公元前221年至公元前206年），墓葬10座[4]，从其中8座中出土铁带钩1件[5]、铁环5件[6]、环首铁削6件[7]、铁锸（implement-cap）4件[8]（图八，3）、铁剑5件[9]（图八，1）、铁削（knife）1件[10]、铁釜（fu-pot）5件[11]（图八，2）以及其他杂件若干[12]（图八，5、6、8—10）。

原简报并没有提供铁带钩的图像资料，只是在描述中提到与同期铜带钩相似，如图一〇。

---

[1] 吴镇烽、尚志儒：《陕西凤翔高庄秦国墓葬发掘简报》，出土于M31，在墓葬登记表中M1中也有1件铁带钩，但在正文中的图注中又说此件为铜带钩。

[2] 吴镇烽、尚志儒：《陕西凤翔高庄秦国墓葬发掘简报》，出土于M39。

[3] 吴镇烽、尚志儒：《陕西凤翔高庄秦国墓葬发掘简报》，出土于M39。

[4] 墓葬登记表中，M46记有铁甗1件，但从正文来看此器实为铜甗。

[5] 吴镇烽、尚志儒：《陕西凤翔高庄秦国墓葬发掘简报》，出土于M33。

[6] 吴镇烽、尚志儒：《陕西凤翔高庄秦国墓葬发掘简报》，出土于M21。

[7] 吴镇烽、尚志儒：《陕西凤翔高庄秦国墓葬发掘简报》，出土于M17、M33。

[8] 吴镇烽、尚志儒：《陕西凤翔高庄秦国墓葬发掘简报》，出土于M6、M7，原简报中公布发现铁锸7件，分别出土于M6、M7、M13，但在墓葬登记表中并没有M13的相关信息。

[9] 吴镇烽、尚志儒：《陕西凤翔高庄秦国墓葬发掘简报》，出土于M6、M21、M47。

[10] 吴镇烽、尚志儒：《陕西凤翔高庄秦国墓葬发掘简报》，出土于M6。译者按：原简报中将M6：12定为铁残片。

[11] 吴镇烽、尚志儒：《陕西凤翔高庄秦国墓葬发掘简报》，出土于M21、M32、M35、M45、M46。

[12] M17发现铁钩（hook）1件，M21发现铁环5件、铁凿（chisel）3件与铁钻头（drill-bits）5件，M6与M33分别发现两件不知名器。

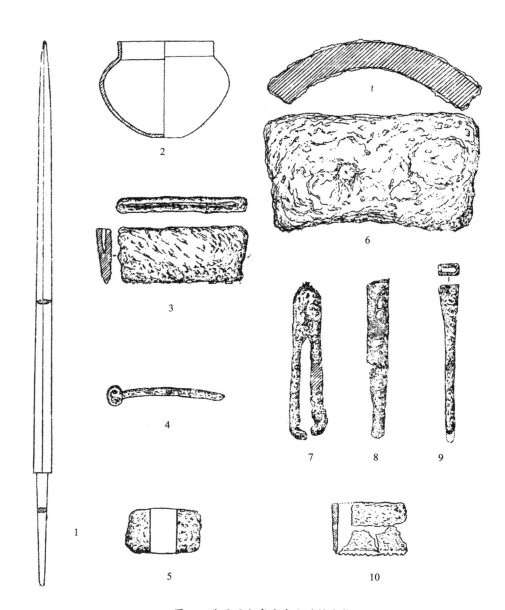

图八　陕西凤翔高庄出土的铁文物

1：铁剑；2：铁釜；3：铁锸；4：环首铁削；5、6：器型不辨；7：铁镊子；8：钻头；9：铁凿；10：锯刃残片

（采自《陕西凤翔高庄秦墓地发掘简报》，《考古与文物》1981年第1期，第33页）

陕西咸阳黄家沟遗址的发掘者将该墓地的48座秦墓分为四期，按照凤翔高庄的分期大致如下[①]：

三期：战国中期，墓葬5座，出土铁带钩1件[②]。

三期至四期：战国中晚期，墓葬4座，出土铁带钩1件[③]。

四期：战国晚期，墓葬33座，从其中9座中出土铁带钩2件[④]、铁削2件[⑤]、铁棺钉（coffin-nail）1件[⑥]、锈损严重器形不明器11件[⑦]。

五期：秦代，墓葬6座，从其中2座中出土铁削1件[⑧]与铁釜1件[⑨]。

西安半坡战国墓地共发现112座秦代墓葬，发掘者将其中42座按照随葬陶器进行了分期。其中，2座属于战国早期，另外40座属于战国晚期[⑩]。余下的70座墓葬虽然大多没有随葬陶器可以证明其年代，但非常可能也是属于战国晚期。在2座早期墓葬中没有发现铁器，其余110座我们所推测的战国晚期墓葬（约当于凤翔高庄四期）中有24座出土铁器。共计出土铁带钩21件[⑪]（图一一）、铁锄1件[⑫]、铁板

---

① 秦都咸阳考古队：《咸阳市黄家沟战国墓发掘简报》，《考古与文物》1982年第6期。

② 秦都咸阳考古队：《咸阳市黄家沟战国墓发掘简报》，出土于M41。

③ 秦都咸阳考古队：《咸阳市黄家沟战国墓发掘简报》，出土于M31。

④ 秦都咸阳考古队：《咸阳市黄家沟战国墓发掘简报》，出土于M8、M14。

⑤ 秦都咸阳考古队：《咸阳市黄家沟战国墓发掘简报》，出土于M42、M47。

⑥ 秦都咸阳考古队：《咸阳市黄家沟战国墓发掘简报》，出土于M32。

⑦ 秦都咸阳考古队：《咸阳市黄家沟战国墓发掘简报》，出土于M14、M19、M24、M45、M46。

⑧ 秦都咸阳考古队：《咸阳市黄家沟战国墓发掘简报》，出土于M48。

⑨ 秦都咸阳考古队：《咸阳市黄家沟战国墓发掘简报》，出土于M34。

⑩ 金学山：《西安半坡的战国墓葬》，《考古学报》1957年第3期。

⑪ 金学山：《西安半坡的战国墓葬》，出土于M3、M9、M11、M14、M21、M51、M52、M78、M79、M81、M83、M92、M95、M101、M103、M105、M107、M108、M110、M116。

⑫ 金学山：《西安半坡的战国墓葬》，出土于M31。

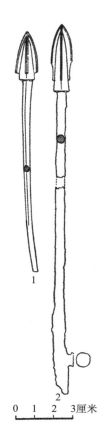

图九　西安半坡战国晚期墓葬出土的箭镞
1：铜镞；2：铁铤铜镞

（采自《西安半坡的战国墓葬》，《考古学报》1957年第3期，第71页，图版一三，4—5）

片1件[①]、铁凿1件[②]和铁铤铜镞1件[③]（图九，2）。

在以上论及的206座各时期秦国墓葬中所发现的铁制兵器较少，只在第五期的3座墓葬中发现有铁剑，另外在第四期的1座墓葬中发现有铁铤铜镞。这是否说明秦国是在很晚的时候才开始使用铁制兵器的呢？王学理[④]与秦鸣[⑤]的研究表明，从秦俑葬坑出土的兵器中，绝大多数属于青铜制品，铜镞数量达6806件，而仅有5件铁铤铜镞与1件铁镞。而反对的观点认为，秦国之所以能够横扫六国，正是因为他们更早掌握了铁制兵器的制造技术。

关于秦国的铁器问题，我在接下来的一章中将会进行更细致的讨论。在这里，我只想说明一个比较容易陷入的误区：事实上，之所以在这三座秦国墓地中只发现极少数量的铁制兵器，是因为这三座墓地所出土的兵器数量本来就非常少。通过表一不难发现，在这三座墓地中，随葬兵器的情况是十分罕见的

①　金学山：《西安半坡的战国墓葬》，出土于M53。
②　金学山：《西安半坡的战国墓葬》，出土于M98。
③　金学山：《西安半坡的战国墓葬》，出土于M86。此器未在墓葬登记表中出现，但在原书正文71页处有描述。译者按：器号为M86：2。
④　王学理：《秦俑兵器刍论》，《考古与文物》1983年第4期。
⑤　秦鸣：《秦俑坑兵马俑军阵内容及兵器试探》，《文物》1975年第11期。

（一期与五期随葬兵器的情况或略高于中间三期）①。

表一 三处秦国墓葬出土兵器统计表

	出土铜兵器墓葬数量	出土铁或铜铁合制兵器数量	出土兵器墓葬占比
第一期			50%
高庄，2墓	1（M10）	0	
第二期			13%
高庄，16墓	2（M3，M18）	0	
半坡，2墓	0	0	
第三期			
高庄，15墓	0	0	
黄家沟，5墓	0	0	
第四期			2%
高庄，3墓	1（M39）	0	
黄家沟，33墓	0	0	
半坡，110墓	2（M86，M110）	1（M86）	
第五期			19%
高庄，10墓	1（47）	3（M6，M21，M47）	
黄家沟，6墓	0	0	
共计	7	4	5%

---

① 需要注意的是，西安半坡战国墓葬M86与M110中所出土的镞是造成墓主死亡的成因（金学山：《西安半坡的战国墓葬》，《考古学报》1957年第3期，第71页），而并非传统意义上的随葬器物。另外凤翔高庄M3与M39所出土的镞情况也与之类似，尽管原简报中并未公布其具体出土位置。如不考虑箭镞，那么各期随葬兵器的情况为：第一期，50%；第二期，6%；第三期，0%；第四期，0%；第五期，19%；总共3%的墓葬随葬兵器。

（采自《陕西凤翔高庄秦墓地发掘简报》，《考古与文物》1981年第1期，第12—38页；《咸阳市黄家沟战国墓发掘简报》，《考古与文物》1982年第6期，第6—15页；《西安半坡的战国墓葬》，《考古学报》1957年第3期，第63—92页）

因此，在讨论秦国墓葬材料中的铁制兵器时，与我们之前所讨论的楚国材料有所不同。在雨台山楚墓发现大量铜制兵器的前提下，铁制兵器的匮乏暗示了其稀有性；而三座秦国墓地中，在随葬兵器整体匮乏的情况下，铁制兵器的匮乏并不能说明太多问题。

铁带钩的情况又不一样。在三座秦国墓地的87座各期墓葬中，共出土带钩97件，其中30%为铁带钩。在二至五期中都有发现，唯不见于一期墓葬。另一方面，雨台山楚墓中的29座墓葬，共出土带钩31件，且均为铜制。根据统计，雨台山楚墓5%的墓葬出土带钩，而三座秦国墓地42%的墓葬出土带钩。从这两方面来看，铁带钩在楚国应是十分罕见的。

1.7 铁带钩

带钩似乎是中国古代唯一一种男性所佩戴的饰品。王仁湘先生收集了大量已发表的带钩材料进行研究，厘清了带钩的起源与发展等问题[1]。图一二所示，为典型的带钩与其各部分名称。图一三所示为带钩的穿戴方法，比较普遍的用法是将钩钮嵌入革带一端（一般为右手端），钩弦向外，与腰腹部贴合，钩首钩挂在革带另一端的穿孔中[2]。图一〇至图一四向我们展示了许多不同种类的带钩，但钩钮与钩首

---

[1]　王仁湘：《带钩概论》，《考古学报》1985年第3期。

[2]　认同带钩的穿戴方式如此的可参阅Fong, Wen（ed.）1980. *The great Bronze Age of China: An exhibition from the People's Republic of China.* London: Thames & Hudson（Orig. New York: Metropolitan Museum of Art / Alfred A. Knopf, 1980.），第369页；Wirgin, Jan 1984. *Kejsarens armé: Soldater och hästar av lergods från Qin Shihuangs grav*（Östasiatiska Museets utställningskatalog, nr. 41）. Stockholm: Östasiatiska Museet, 第47页；王仁湘：《古代带钩用途考》，《文物》1982年第10期，第77—78页。王仁湘在文中还列举了另外两种带钩不常用的穿戴方式。

都是其基本特征。就质料而言，最为常见的为铜、铁两种，也有金、银、玉以及其他一些质料的带钩①。就其造型而言，可以十分朴素（图一〇，14），也可以极尽奢华（图一四），又或者别具玩味（图一三，1）②。

过去史学界一般认为，带钩是在战国中期传入中原，是从北方胡人借鉴而来。这种理论的依据，是建立在一些文献材料以及中原带钩与某些塞西亚出土品的表面联系上③。而王仁湘在其文中证明了带钩在中国的使用可以早到春秋中期，甚至是商代④。战国中晚期至两汉，带钩的使用相当普遍，而到了汉代末期，则迅速被带扣所取代⑤。

从图一一与图一四来看，铁带钩的造型也是从朴素到朴素与奢华兼具。有意思的是图一六中的1、2两件铁带钩，一件错金，十分华丽，而另一件则几乎没有任何装饰。后者似乎是一件奴隶之物，而前者恰恰是属于其主人的。

为什么铁会被用来制作这种物品呢？对于那些素净的带钩而言，用铁来制作很可能就是因为其成本要低于青铜。而对于那些装饰了错金、银、玉等的铁带钩而言（图一四），显然成本问题并不是铁代替青铜的决定性因素。或许选择铁的原因，

---

① Watson, William 1962. *Handbook to the collections of early Chinese antiquities*. London: British Museum，该书指出许多铜带钩的造型技术可以看到木刻工艺的影子，所以可能也有木质带钩，只是还没发现实例。

② Karlgren, Bernhard 1966. 'Chinese agraffes in two Swedish collections', *BMFEA* 38: 83–192 + 95 plates，其中展示并描述了上百件私人收藏的铜带钩。

③ 参阅王国维：《观堂集林》，商务印书馆，1927年，第1—23页；Pelliot, Paul 1929. 'L'édition collective des oeuvres de Wang Kouo-wei', *TP* 26: 113–182，第137–148页；Watson, William 1962. *Handbook to the collections of early Chinese antiquities*. London: British Museum，第68–73页。在王仁湘之前，只有Barnard & Satō在该问题上表示质疑，参阅Barnard & Satō 1975. *Metallurgical remains of ancient China*. Tōkyō: Nichiōsha，第124页。

④ 王仁湘：《古代带钩用途考》，《文物》1982年第10期；一些早期的，如浙江杭州良渚遗址新石器时代墓葬中所出土的玉器，极有可能是带钩的前身，这些玉器的年代大概在公元前3000年左右（参阅王明达：《浙江余杭反山良渚墓地发掘简报》，《文物》1988年第1期，第17—19页；Jacobson, Esther 1988. 'Beyond the frontier: A reconsideration of cultural interchange between China and the early nomads', *EC* 13:201–240，第208、233页）。

⑤ 王仁湘：《带扣略论》，《考古》1986年第1期。

是由于其色泽与纹理。当然，这种假设至少存在一件反例，在William Watson书中就有一件铁带钩，表面完全被镶嵌的金叶所覆盖，以至于完全看不到其下的铁[1]。

使用铁来制作带钩也许具有一定的象征意义，只不过并不那么明显。在西方观念中，铁给人们的直接印象是钢铁战神，是战争与英勇的象征，就像是普鲁士时期的铁十字勋章。我个人认为，在古代中国，青铜才是军事的象征，是战略金属，而铁并没有类似的象征意义。也许铁带钩只是富人们在颁布禁止使用青铜法令时期所使用的替代品，当然这也只是一种没有根据的推测。

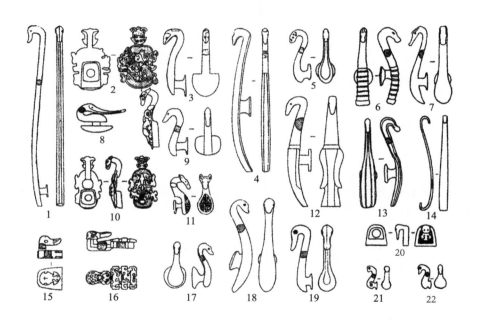

图一〇　陕西凤翔高庄出土的带钩和襟钩

10—11、15—17、20—22：襟钩；余为带钩。15：金质；16：玉质；余为铜质（采自《陕西凤翔高庄秦墓地发掘简报》，《考古与文物》1981年第1期，第30页）

---

[1]　Watson, William 1971. *Cultural frontiers in ancient East Asia*. Edinburgh: at the University Press，第68页。

图一一　西安半坡战国墓葬出土的铁带钩

（采自《西安半坡的战国墓葬》，《考古学报》1957

年第3期，第85页，图版一六）

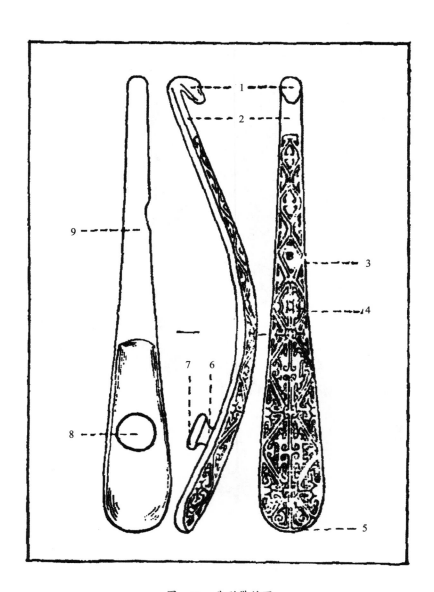

图一二　典型带钩图

1：钩首；2：钩颈；3：钩体；4：钩面；5：钩尾；6：钩柱；7：钩钮；8：钮面；9：钩背

（采自《带钩概论》，《考古学报》1985年第3期，第268页）

1

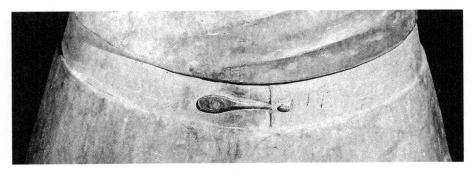

2

图一三 陕西临潼秦始皇陵出土两尊俑细部图
（采自《秦始皇陵兵马俑》，文物出版社，1983年，图一二九）

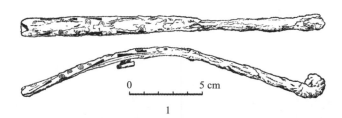

1

2

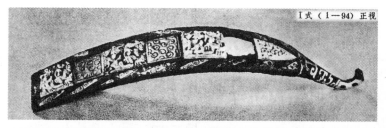

3

图一四　墓葬出土带钩图

（1：采自《辉县发掘报告》，科学出版社，1956年，第132页；
2：采自《湖北江陵三座楚墓出土大批重要文物》，《文物》1966年
第5期，第48页；3：采自《信阳楚墓》，文物出版社，1986年，第63
页，图版六四）

1.8 山西侯马东周殉人墓

在1959年与1969年进行的勘察工作中，考古工作者于山西省侯马市乔村附近共发现东周至两汉时期墓葬200多座。其中70座不属于当时任何一种已知类型墓葬。发掘者对其中的20座进行了发掘，但最终只有2座形成了发掘简报[1]。

图一五所示为侯马二号墓模型，该墓正中东西并列两个奴隶主墓坑，围绕着两墓的围墓沟内有18具殉葬奴隶的骨骸，其中4人脖子上戴着铁颈锁。从骨骸的情况来看，许多人可能是先被奴隶主残酷处死，再摆置成一定的姿势。还有的可以看出是还未死去就被残酷地活埋了，所以反抗挣扎的迹象异常明显。这些都反映出围墓沟内的骨骸主人为殉葬者。中间的两座奴隶主墓可能为夫妻关系，其中奴隶主夫人也极有可能是作为人殉下葬，只是被埋在比较尊贵的位置。

相同葬式的人殉墓还有侯马东周殉人墓M26和M27，不同的是围墓沟内只有4具人殉骨骸[2]。另外一些晚期的此类人殉墓，主墓室已演变成有棺椁的洞室墓，围墓沟又浅又窄，成了象征性的存在，也不再有奴隶殉葬。

侯马二号墓的随葬金属器有铜印2件、错银铜带钩1件、环首铜刀1件、错金铁带钩3件（图一六，1）、铁带钩1件（图一六，2）与铁颈锁4件（图一六，3、4）。

根据骨骸的鉴定，围墓沟内的18具骨骸，可辨别10人为男性，6人为女性。被套上铁颈锁的有4人，其中2人为男性（奴2与奴3），2人为女性（奴10与奴16）。除奴18外，所有的奴隶都正当青壮年。奴18为老年男性，有薄棺1具（木质，长1.9米、宽0.45米），身下有铁带钩1枚（图一六，2）。

这类人殉墓中所发现的可断代物品十分少，给墓葬的断代带来了一定困难。一种观点认为这类墓葬的年代大致在战国中期至西汉初年，墓主身份应是移居到魏国

[1] 山西省文物管理委员会、山西省考古研究所：《侯马东周殉人墓》，《文物》1960年第8、9期；晋侯文：《山西侯马战国奴隶殉葬墓》，《"文化大革命"期间出土文物》，人民出版社，1972年，第46—51页；另参阅中国社会科学院考古研究所：《新中国的考古发现和研究》，文物出版社，1984年，第298页；李学勤：《东周与秦代文明》，文物出版社，1984年，第228—229页。
[2] 山西省文物管理委员会、山西省考古研究所：《侯马东周殉人墓》，《文物》1960年第8、9期；李学勤：《东周与秦代文明》，文物出版社，1985年，第228页。

的秦人①。如果这些墓葬的年代不早于战国中期，那么它们应是除了一些皇陵外中国最晚的人殉墓。

侯马二号墓的发掘者将该墓年代定为公元前4世纪早期，如果这个断代没有问题，那么铁在中国北方最早的应用是用于奴隶的铁颈锁（铁钳）。

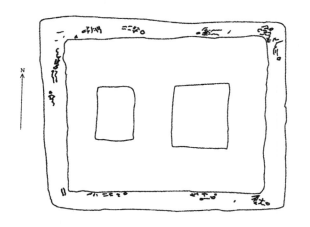

图一五　山西侯马乔村二号墓模型

（采自《侯马战国奴隶殉葬墓的发掘——奴隶制度的罪证》，《文物》1972年第1期，第64页）

图一六　山西侯马乔村二号墓出土铁制品

1：错金铁带钩；2：铁带钩；3：铁颈锁；4：铁颈锁

（采自《侯马战国奴隶殉葬墓的发掘——奴隶制度的罪证》，《文物》1972年第1期，第64、65页）

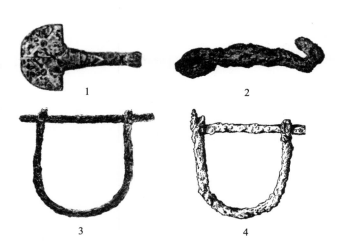

① 文物编辑委员会编：《文物考古工作三十年（1949—1979）》，文物出版社，1981年，第61页。

1.9 铁制镣铐

上一节的讨论中涉及了诸如奴隶颈锁等铁制品。图一七和图一八、图五一，6 与图五三中展示了部分秦国与燕国出土的类似颈锁的铁器。

从图一七，5—9中，可以清晰地看出这种颈锁的制作与使用方式。图一七，5 是一件未被使用过的颈锁。颈锁的制作采用将直铁条与"U"字形铁条扣合在一起 的方式。使用时先将颈锁置于人的脖子上，再将直铁条的一端弯曲，与"U"字形 铁条扣合。在上锁过程中想要不伤及奴隶是不太可能的。经过淬火变形的铁条本身 很难进行反向弯曲还原，直铁条多余的长度将被剪掉，以防奴隶可以利用杠杆原理 自行将颈锁强行打开。图一七，9似乎是一件被主动打开的颈锁。

图一八中展示了另外一些不同类型的铁颈锁，不过由于原图不够清晰，描述也 不够详细，所以无法得知其具体的制作方式。奇怪的是图一八，1、2两件颈锁，有 一根与颈锁垂直的铁条，其延伸的方向具体是向上或向下就不得而知了。

另外还有一些铁桎（图五二）、枷锁（图一七，2、3、10、12）与脚镣（图 一八，4—6）的实例。所有这些铁制镣铐基本上都是永久性的，想要打开只能借助 凿子或是锯子。只有图五二中的手铐可以算半个例外，手铐的一边是用锁锁住的。 遗憾的是并没有关于这件物品的具体信息[1]。

在《史记》和《汉书》中，可以看到许多在奴隶与囚工身上使用这类铁颈锁 的记载。如最为常见的"钳"字，《说文解字》[2]（成书于公元100年），"钳，

---

[1]　郑州市博物馆（于晓兴）：《郑州近年发现的窖藏铜、铁器》，《考古学集刊·第一 集》，中国社会科学出版社，1981年，第184—186页，图版32.1。在郑州发现的一座窖藏中发 现了两件铁锁，年代约为东汉晚期；大英博物馆中也收藏有类似的锁，大约为罗马时期，参阅 Manning, W. H. 1985. *Catalogue of the Romano–British iron tools, fittings and weapons in the British Museum*. London: British Museum Publications Ltd，第88–97页，图版37–43；关于中国的锁具， 参阅Needham, Joseph 1965. S*cience and civilisation in China*. Vol. 4, Part 2: *Mechanical engineering*. Cambridge University Press，第236–243页。

[2]　（东汉）许慎撰：《说文解字》，中华书局，1979年，第296页。

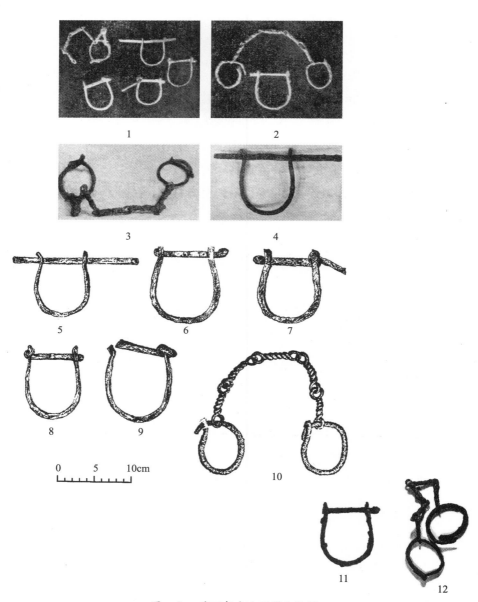

图一七　燕下都出土颈锁和枷锁

1：器型不辨；2：枷锁；3：枷锁；4：未被使用过的颈锁；5—9：铁颈锁；10：枷锁；11：铁颈锁；12：枷锁

（采自《燕下都遗址出土奴隶铁颈锁和脚镣》，《文物》1975年第6期，第90页）

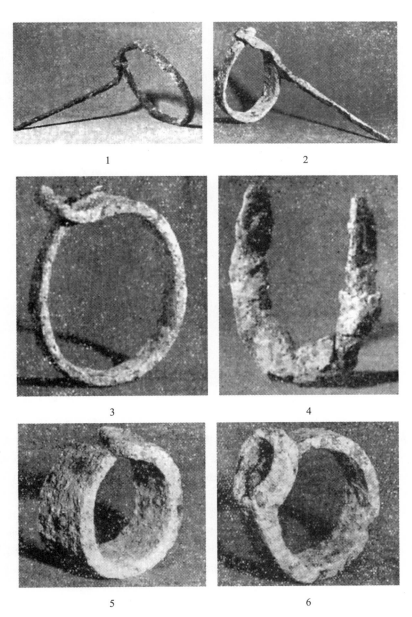

图一八　汉阳陵附近钳徒墓出土铁颈锁和脚镣

1—3：铁颈锁；4—6：脚镣

（采自《汉阳陵附近钳徒墓的发现》，《文物》1972年第7期，第53页）

以铁有所劫束也"①；《汉书》，颜师古（公元581—645年）注，"钳，以铁束颈也"②。《史记》中有一段记录大将军季布的故事，说的是项羽灭亡以后，汉高祖出千金悬赏捉拿季布，季布躲藏在濮阳一周姓人家中的故事。周家说："汉王朝悬赏捉拿您非常紧急，追踪搜查就要搜到我家来了，将军您能够听从我的话，我才敢给您献个计策；如果不能，我情愿先自杀。"季布答应了他。周家便把季布的头发剃掉，用铁箍束住他的脖子（钳），穿上粗布衣服，把他放在运货的大车里，将他和周家的几十个家童一同卖给鲁地的朱家。朱家心里知道是季布，便买了下来安置

<hr />

① （东汉）许慎撰、（清）段玉裁注：《说文解字注》，上海古籍出版社，1983年，十四篇上，十二右（第707页）。

② （东汉）班固撰、（唐）颜师古注：《汉书》，中华书局，1962年，卷一下，第67页注三；卷三六，第1924页注三。另外，"钳"似乎跟"衔"字类似，有口衔的意思，就像将一个木质或是金属的东西如马嚼子那样放进人的口中［参阅诸桥辙次（Morohashi Tetsuji）：《大汉和辞典》，大修馆书店，1960年，卷一一，第513页，40306；Karlgren, Bernhard 1957. 'Grammata Serica recensa', Facs. repr. as a separate vol., Göteborg 1964，第606页i, j, 1］，相较于颈锁而言，这种口衔无疑是一种更残酷的刑具。其他还有一些词汇，如"锁""琅当"等［参阅《汉书》，卷九九下，第4167页，"以铁锁琅当其颈"；卷二四下，第1184页；Dubs, Homer H.（tr.）1938–55. *The history of the Former Han Dynasty*, by Pan Ku, a critical translation with annotations. Vols. 1–3, Baltimore: Waverly Press, 1938, 1944, 1955，卷三，第410页；Swann, Nancy Lee 1950（tr.）. *Food and money in ancient China: The earliest economic history of China to A.D. 25.* Princeton University Press. Repr. New York: Octagon Books, 1974，第353页］，许慎、颜师古以及其他许多古代注释者都认为，"琅当"应是特指的某种铁枷锁；而在Wilbur的翻译中［Wilbur, C. Martin 1943. S*lavery in China during the Former Han Dynasty, 206 B.C. – A.D. 25*（*Field Museum of Natural History publications, no. 525; Anthropological series*, vol. 34）. Chicago: Field Museum，第465页］，他将"琅当"译为囚奴颈部的枷锁碰撞所发出的声音（参阅王先谦：《汉书补注》，中华书局，卷九九下，第12b—13a页；诸桥辙次：《大汉和辞典》，卷七，第924页，21013.17、18）。

在田地里耕作①。还有一段故事说的是汉高祖九年（公元前198年），赵王张敖的丞相贯高欲谋杀刘邦，被贯高的冤家得知，便上书朝廷告发了他们，刘邦立即下令将张敖及贯高等人全部逮捕。与贯高合谋的孟舒等十余人，为证赵王清白，苟延性命，自己剃发②钳颈，扮作赵王家奴，一起被押送至长安③。从这两个故事中我们可以看到，在当时，家童（家奴）是需要使用这种铁钳来束颈的。

另外，这种铁颈锁也被用在囚工身上。《史记·卫将军骠骑列传》中就提到过

① （西汉）司马迁：《史记》，中华书局，1969年，卷一〇〇，第2729页，"及项羽灭，高祖购求布千金，敢有舍匿，罪及三族。季布匿濮阳周氏。周氏曰：'汉购将军急，迹且至臣家，将军能听臣，臣敢献计；即不能，原先自到。'季布许之。乃髡钳季布，衣褐衣，置广柳车中，并与其家僮数十人，之鲁朱家所卖之。朱家心知是季布，乃买而置之田"；Watson, Burton（tr.）1961. *Records of the Grand Historian of China: Translated from the Shi chi of Ssu-ma Ch'ien.* 2 vols., New York & London: Columbia University Press，卷一，第299—300页。另见《汉书》，卷三十七，第1975页；Wilbur, C. Martin 1943. *Slavery in China during the Former Han Dynasty, 206 B.C. – A.D. 25*，第267—268页。故事最后季布被皇上召见，表示服罪，皇上赦免了他，并任命他做了郎中。
② 在一东汉画像石材料中，记有这种对奴隶施以的剃去头发的刑罚，任日新：《山东诸城汉墓画像石》，《文物》1981年第10期，第16、18页；黄展岳：《记凉台东汉画像石上的"髡笞图"》，《文物》1981年第10期，第22—24页。
③ （西汉）司马迁：《史记》，中华书局，1969年，卷八九，第2584页，"汉九年，贯高怨家知其谋，乃上变告之。于是上皆并逮捕赵王、贯高等。十余人皆争自到，贯高独怒骂曰：'谁令公为之？今王实无谋，而并捕王；公等皆死，谁白王不反者！'乃轞车胶致，与王诣长安。治张敖之罪。上乃诏赵群臣宾客有敢从王皆族。贯高与客孟舒等十余人，皆自髡钳，为王家奴，从来"；卷一〇四，第2776页，"汉下诏捕赵王及群臣反者。于是赵午等皆自杀，唯贯高就系。是时汉下诏书：'赵有敢随王者罪三族。'唯孟舒、田叔等十余人赭衣自髡钳，称王家奴，随赵王敖至长安"；Watson, Burton（tr.）1961. *Records of the Grand Historian of China: Translated from the Shi chi of Ssu-ma Ch'ien.* 2 vols., New York & London: Columbia University Press，卷一，第185、557页。另见《汉书》，卷一下，第67页，卷三七，第1982页；Dubs, Homer H.（tr.）1938-55. *The history of the Former Han Dynasty*, by Pan Ku, a critical translation with annotations. Vols. 1–3, Baltimore: Waverly Press, 1938, 1944, 1955，卷一，第122页；Wilbur, C. Martin 1943. Slavery in China during the Former Han Dynasty, 206 B.C. – A.D. 25，第272—273页。

"钳徒"[①]一词。这种将使用在奴隶身上的刑罚用到囚工身上的做法，大约是自公元前167年汉文帝废除肉刑始。肉刑是指墨（刺面并着墨）、刖（断足）、劓（割鼻）、剕（去髌骨）、宫（阴刑）、大辟（死刑）等刑罚。而被判强制服劳役的犯人，同时还可能需要承受墨、刖、劓、剕等刑罚。这种方式作为国家的常刑，秦及汉初相沿不改。直到汉文帝的刑制改革，才用髡钳之刑、笞刑等代替了这些残害肉体的刑罚[②]。在此之前，铁颈锁并未作为一种刑罚出现在文献中。这种刑罚在不影响奴隶与囚工正常劳作的前提下，不仅便于对其进行管理与控制，还在其试图逃跑时易于辨认。

图一六，3—4、图一七与图一八，1—3中所示的枷锁与镣铐（桎）更像是一种控制的工具，而在图一八，4—6中所示的这种置于脚踝上的厚重脚镣，则无疑是一种惩罚的手段。根据部分文献记载，自公元前167年或稍晚时候起，这种安置铁脚镣的惩罚手段被用来代替刖刑与剕刑[③]。

---

① （西汉）司马迁：《史记》，中华书局，1969年，卷一一一，第2922页，"有一钳徒相青曰：'贵人也，官至封侯。'"；Watson, Burton （tr.）1961. *Records of the Grand Historian of China: Translated from the Shi chi of Ssu-ma Ch'ien*. 2 vols., New York & London: Columbia University Press，卷一，第194页。另见《汉书》，卷五五，第2471页。

② 《汉书》，卷二三，第1099页；Hulsewé, A. F. P. 1955. *Remnants of Han law: Introductory studies and an annotated translation of chapters 22 and 23 of the History of the Former Han Dynasty* （*Sinica Leidensia*, vol. 9）. Leiden: E. J. Brill，第128-132、355页；Hulsewé, A. F. P. （tr.）1985. *Remnants of Ch'in law: An annotated translation of the Ch'in legal and administrative rules of the 3rd century B.C. discovered in Yün-meng Prefecture, Hu-pei Province, in 1975* （*Sinica Leidensia*, 17）. Leiden: E. J. Brill，第15-17页。

③ 关于刑罚手段等的研究有很多，但其中许多研究都存在或多或少的矛盾。在这里，我个人比较认同Hulsewé的研究结论。参阅Hulsewé, A. F. P. 1955. *Remnants of Han law: Introductory studies and an annotated translation of chapters 22 and 23 of the History of the Former Han Dynasty* （*Sinica Leidensia*, vol. 9）. Leiden: E. J. Brill，第126页。

1.10 河北易县燕下都 M44

　　河北易县燕下都遗址是战国时期燕国的都城遗址。遗址最初的考古调查始于1929年，至今为止学者在该遗址进行了大量的考古工作[①]。

　　遗址于1965年10月24日由河北省易县武阳台大队社员在村西耕地时发现[②]。墓葬编号易·燕M44（图一九），长方形竖穴土坑墓，坑壁笔直，坑底平坦，南北长7.8米、东西宽1.46—1.64米。墓内填土分为二层，第一层厚0.3米，人骨和遗物皆置于此层填土之上。第二层填土夯打得相当结实，夯窝直径7厘米左右。墓内发现人骨22具，多密集分布在墓的中部和南部，北部有不少兵器，但人骨只存有2具，主要是因墓的北部较南部破坏更为严重。据我估计，北部人骨可能起码还有10具以上。从许多人骨架上可以看到断首离肢的情况，还有一些箭镞是贴在骨上或发现于骨头间。而且从墓中出土了大量的武器，由此可以看出，这应是一座武士丛葬坑。

　　墓葬出土的1360余枚货币是断代的主要依据。根据刘世枢的判断，出土的货币以燕、赵的刀、布为主，其中燕国折背明刀、赵国"甘丹"直布和三晋方足布都是战国后期常见的货币。同时，墓中没有战国时代最晚期的货币。再结合同坑出土的右贯府戈，长胡四穿，刻记年号、职、名等的形制、字体与铭刻内容来看，燕下都44号墓的年代应为战国后期（公元前3世纪早期），但不会晚到战国末年。墓内所

---

① 　英文参阅Chang Kwang-chih（张光直）1977. *The archaeology of ancient China*, 3rd ed. New Haven & London: Yale University Press. Cf. 1986b，第335-339页；Shi, Yongshi （石永士） 1987. 'Xiadu: Beijing's twin capital in Warring States times', *China reconstructs* （《中国建设》），Dec. 1987, 第57-59页；Ferguson, John C. 1930. 'The ancient capital of Yen', *China journal* （Shanghai），12: 133–135；中文参阅李学勤：《东周与秦代文明》，上海人民出版社，2007年，第68—77页；王素芳、石永士：《燕下都遗址》，《文物》1982年第8期；刘炜：《燕下都访古散记》，《文物天地》1981年第6期；中国社会科学院考古研究所：《新中国的考古发现和研究》，文物出版社，1984年，第273页；文物编辑委员会编：《文物考古工作三十年（1949—1979）》，文物出版社，1981年，第42—43页；以及上述文章中所引的大量考古学报告。
② 　刘世枢：《河北易县燕下都44号墓发掘报告》，《考古》1975年第4期。

出土的遗物可能为燕国制造，墓主人应为燕人[1]。

墓葬的位置比较古怪，它并不是处于一座城市的墓地中，而是在两座更像是官殿或祭祀台地基的夯土层附近。根据夯土层等情况判断，墓葬是经过认真准备而建。而从图一九中可以看出，该墓葬在对尸体的处理上又显得十分草率，只是随意地丢弃其中。刘世枢认为这种埋葬情况可能与以敌军尸骨筑"京观"（mound-spectacle）以耀武功有关。《左传》[2]中有记载，公元前579年，楚庄王的军队败晋于邲，大臣潘党对楚庄王说："我们何不用晋军的尸体来筑京观？我听说打败敌军后，要留下纪念物给子孙后代，让他们不忘武功。" 杜预（公元222—284年）注："积尸封土其上，谓之京观。"楚庄王并没有听从他的意见，他说："并不是你所知道的那样，古代圣王是讨伐不敬者，将罪大恶极者筑为京观，是用这种最重的惩罚来警告恶人。"《左传》大约成书于公元前300年，从刘世枢所引的其他一些文献来看，至少在汉末还可以见到关于京观的描述。我们现在无法知道燕下都的44号墓是否曾经有封土，但从其他各方面来看，无论是作为庆祝胜利或是羞辱敌人的建筑，都与我们所知的京观相符。虽然没有具体的历史事件可供参考，但如果这些死者都是燕人的话，那么我们可以推测这些人的身份要么是叛军的头目，要么是燕国逃兵之流。

---

[1]　刘世枢：《河北易县燕下都44号墓发掘报告》，《考古》1975年第4期，第239—240页。

[2]　四部丛刊本《左传·宣公十二年》（卷一一），第7页右—8页左，"丙辰，楚重至于邲，遂次于衡雍。潘党曰：'君盍筑武军而收晋尸以为京观？臣闻克敌必示子孙，以无忘武功。'楚子曰：'非尔所知也。夫文，止戈为武。……古者明王伐不敬，取其鲸鲵而封之，以为大戮，于是乎有京观以惩淫慝'"；（清）阮元校刻：《十三经注疏》，世界书局，1935年，第1882—1883页；杨伯峻：《春秋左传注》，中华书局，1981年，第744—747页。参阅Legge, James（tr.）1872. *The Chinese classics: With a translation, critical and exegetical notes, prolegomena, and copious indexes*. Vol. 5, pts. 1–2: The Ch'un ts'ew, with the Tso chuen. Hongkong: Lane, Crawford; London: Trübner. Facs. repr. Hong Kong University Press, 1960，第320—321页；Couvreur, Séraphin（tr.）1914. *Tch'oun ts'iou et Tso tchouan: Texte chinois avec traduction française*. 3 vols., Ho Kien Fou（河间府）: Imprimerie de la Mission Catholique. Facs. repr. retitled La *chronique de la principauté de Lòu*, 3 vols., Paris: Cathasia, 1951，第635—637页；Karlgren, Bernhard 1969. 'Glosses on the Tso chuan', *BMFEA* 1969, 41: 1–158，第87页。

燕下都44号墓最重要的意义，是为研究者提供了大量当时当地兵士装备方面的信息。不过，若是用其来说明当时一般兵士的装备情况则不太具代表性。因为有理由怀疑当时的普通步兵，大部分是被征召的农民，并没有受过太多训练，他们使用的武器，大多是量产的铸铁斧头（cast-iron axe）。而这里所出土的样品，绝大部分是熟铁（wrought-iron），甚至是钢铁（steel）兵器。因此，那些被选作埋葬在纪念碑下的尸体，可能是比较高级的军官，也就是前文提到的那些罪大恶极（不忠）的人。

从表二中我们可以看出铁兵器的数量要远远超过铜兵器。如墓葬中共发现15柄铁（钢）剑，而不见铜剑；长柄武器中，共有铁（钢）戟（halberd-head）12件、铁（钢）矛（spearhead）19件，而仅发现铜戈（dagger-axe）1件与铜铍头（dagger-spearhead）1件[1]。如发掘者在报告中所说的那样，这些铜制兵器很可能多是侍卫用的仪仗兵器，并非一般战士所使用的实用兵器。让人不禁想起近现代的战争中高级将领身上的佩剑，不仅是其军人的象征；一把品质卓越、精致非凡的佩剑，更是荣誉与地位的象征。

古人之所以用青铜来制作弩机，显然是出于技术上的考量。尽管铁的强度更高，而使用青铜的成本也更加昂贵，但弩机的构造十分精巧，做工须十分精密，采用纯熟的青铜工艺来制作是再适合不过的了。基本上所有中国出土的汉代以前的弩机都是青铜制的[2]。

另外，几乎所有铁剑的剑格与大约一半的镡（ferrule）都是铜制的，虽然这在一定程度上再次显示出优秀的青铜铸造技术所发挥的巨大作用，但显然这些部件完全可以直接用铁来制作。基于青铜昂贵的成本古人却依然选择青铜的原因，很可能是像之前那三件铜带钩一样具有象征意义与基于审美等方面的考虑。

---

[1] 原报告中M44：70作为铜剑公布，经王学理考辨，其应为铍头。参阅王学理：《长铍春秋》，《考古与文物》1985年第2期，第61页；并见附表4.11。

[2] Barnard与Satō将1966年以前，各汉代与汉代以前遗址进行了整理，共发现123件弩机的材料，其中仅有2件东汉时期的弩机为铁制。参阅Barnard & Satō 1975. *Metallurgical remains of ancient China*. Tōkyō: Nichiōsha，第116-117，192-193，286-287页。

表二　燕下都44号墓出土铜、铁器统计表

类型	铁	铜	注释
剑	15	1	图二三，6
环首刀	1		图二〇，2
戟	12		图二三，1、2
矛	19		图二三，3—5、图二九，2
戈		1	图二五，1、图一七、图二九，1
铍		1	图二一
匕首	4		图二〇，1
镈	1		图二二
弩机扣板		1	图二五，2
距末		1	图二〇，5
胄	11	10	图二四，4—11
环	7	1	图二〇，3
钩	1		图二〇，4
带钩	3	4	图二〇，11—13
锄	1		图二四，1
镢	4		图二四，2—3
铁铤铜镞	19		图二〇，6—10

（采自《河北燕下都44号墓发掘报告》，《考古》1975年第4期，第228—240页）

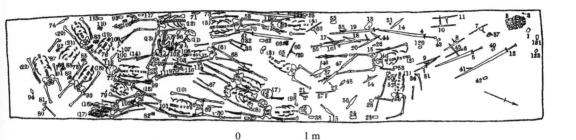

图一九　燕下都44号墓出土遗物的平面图

1、23—25、38、42、43、96、114、121、122：铁镈；2：铁胄；3、15、22、33、34、39、65、76、77、87、88、95、103、116：铁铤铜镞；4、5、12、19、58、59、61、68、100：铁剑；6：铁环首刀；7—11、16、20、31、54、57、60、63：铁戟；13：铁锄头；14、17、18、27、44、45、47—49、56、64、67、69、71、72、74、94、115、119：铁矛；21：弩机扣板；26、30、78、79、90：铁环；28、29、40、53、55、62、93、97、113、117：铜镈；32、80、120：铁器套；35、37、84、92：刀币；36、82、83、85、86、89、99、101、102、106、109、110：布币；41、75、91、107：铁匕首；46、50、52、112：铜带钩；51：玛瑙珠；66、104：刀币和布币；70：铜铍头；73：铜戈；81、98、111：铁带钩；105：铜装饰物；108：铁钩；118：铜距末

（采自《河北易县燕下都44号墓发掘报告》，《考古》1975年第4期，第229页）

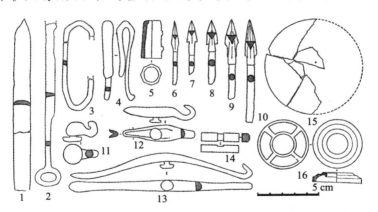

图二〇　燕下都44号墓出土遗物

1：匕首；2：环首刀；3：铁环；4：铁钩；5：铜距末；6—10：铁铤铜镞；11：铁带钩；12：铜带钩；13：铜带钩；14：铜装饰物；15：铜盘；16：类铜环物

（采自《河北易县燕下都44号墓发掘报告》，《考古》1975年第4期，第299页）

图二一　燕下都44号墓出土铜铍

（采自《河北易县燕下都44号墓发掘报告》，《考古》1975年第4期，第299、235页）

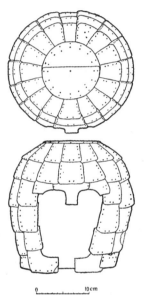

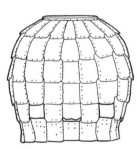

0　　　　10cm

图二二　燕下都44号墓出土铁胄

（采自《河北易县燕下都44号墓发掘报告》，《考古》1975年第4期，第230—231页，图版五，1—2）

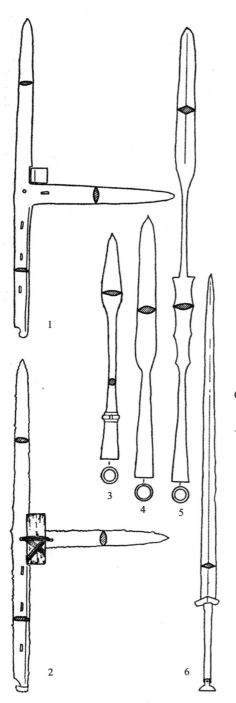

图二三 燕下都44号墓出土铁制遗物

　　1：戟；2：戟；3：矛；4：矛；5：矛；

6：剑

　　（采自《河北易县燕下都44号墓发掘报

告》，《考古》1975年第4期，第233页）

1.11 有柄武器

在燕下都44号墓中，出土了种类多样的铜制与铁制的长柄兵器。从发现的铁镦（图二四，4—10）銎内多存朽木来看，这些武器明显是装在木柄之上使用的。

燕下都M44中共发现铜戈1件（图二五，1），铜铍1件（图二一），铁矛19件（图二三，3—5），铁戟12件（图二三，1—2）。虽然并未发现柄的实物材料[1]，但幸运的是，结合一些其他遗址的发掘与图像资料，可以找到部分关于长柄武器的基本信息与使用方法。

首先，来看一下出土的两件铜戈与铜铍。这两件长柄武器完全为铜制，不含任何铁制部件。石璋如曾尝试对商代的戈进行复原[2]，柄的痕迹是在安阳小屯商代遗址的墓葬中发现的。柄长99.5厘米；横截面呈椭圆形，长径3.6厘米，短径2.6厘米。图二六所示为四件商代礼器上所刻族徽[3]。图像表现的是人舞动戈的形象，人物一手执戈，一手执盾。根据这些线索，石璋如将商代的戈复原为图二七所示。

铜戈的发展演变史一直是一个重要的研究课题[4]，有许多学者对其进行过深入的研究。通过这些研究，我们了解到早期的戈主要采用榫孔式或裂缝式来固定戈

---

[1]　但从墓葬平面图来看（图4.19），一些器首与镦可能是配套的，如其中一枚铁戟头（M44：11）与铜镦（M44：55）有可能源于同一铁戟，只是中间的柄已朽，如果真是这样，该戟的长度大约应在2米。不过，这种推论的前提，是假设该批武器在埋葬时完好无损。

[2]　石璋如：《小屯殷代的成套兵器（附殷代的策）》，《"中央研究院"历史语言研究所集刊》1950年第二十二本，第59—65页。

[3]　关于商代青铜上所发现的族徽，参阅Barnard, Noel 1986. 'A new approach to the study of clan-sign inscriptions of Shang', In Kwang-chih Chang（ed.）. *Studies of Shang archaeology : selected papers from the International Conference on Shang Civilization*. New Haven: Yale University Press. 第141–206页。

[4]　参阅李济：《豫北出土青铜句兵分类图解》，《"中央研究院"历史语言研究所集刊》1950年第二十二本，第1—18页；Loehr, Max 1956. *Chinese bronze age weapons: The Werner Jannings Collection in the Chinese National Palace Museum, Peking*. Ann Arbor: University of Michigan Press / London: Geoffrey Cumberlege, Oxford University Press。

头与戈柲（图二七所示为典型的早期戈）；而晚期的戈则全是采用的裂缝式（图二五，1所示为典型的晚期戈）。在所有发现的戈中，不见铁戈[①]。

石璋如所复原的戈，戈柄长度约为1米[②]。江苏六和程桥二号墓出土的铜戈，戈柄约1.25米（图二八），年代约为公元前5世纪早期。湖南长沙浏城桥楚墓出土的铜戈，戈柄在1.4米左右（图二九，1）[③]，年代大约也为公元前5世纪。短戈可能主要用于近战，是步兵与步兵间的打斗的武器。杨泓先生认为长度超过3米的戈才是中国古代车战中战车所配备的武器，只是其书中所给出的论据还略显单薄。

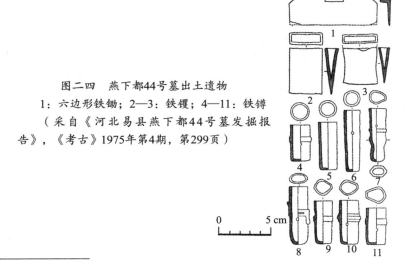

图二四　燕下都44号墓出土遗物

1：六边形铁锄；2—3：铁镬；4—11：铁镈

（采自《河北易县燕下都44号墓发掘报告》，《考古》1975年第4期，第299页）

0　　　5 cm

---

① 这里需要提到Yi Kun Moo在其一篇文章中提到了铁戈，不过本人并未看到这篇文章。参阅Yi Kun Moo 1989. 'Iron ko dagger axes of Horim Museum'（in Korean），Kogo hakchi（Journal of the Institute of Korean archaeology and art history），no. 1, July 1989, 第186页起。

② 在石璋如的结论中，戈柄的长度为1.105米，这明显精确得有点不符合实际了，张光直将其结果取为"大约1.1米"（参阅Chang, Kwang-chih 张光直 1980. Shang civilization. New Haven & London: Yale University Press，第198页）。我本人在精确度这个问题上，觉得用"大约一米"来描述更为合适。

③ 还有一些器柄十分长的材料，如同墓中出土了数件长约3米的器柄，也被定为戈柄，但简报中并未指出认定其为戈柄的具体理由（参阅湖南省博物馆：《长沙浏城桥一号墓》，《考古学报》1972年第1期，第64页）。所有这类器柄，都不具备其两端的具体信息，且对其功能等的判断都值得商榷。

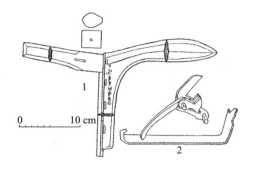

图二五　燕下都44号墓出土铜及铜铁合制兵器

1：戈及镦；2：弩机扣扳

（采自《河北易县燕下都44号墓发掘报告》，
《考古》1975年第4期，第234页）

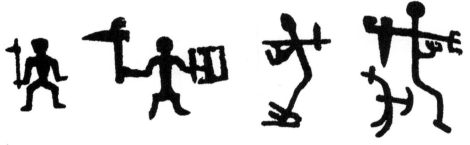

图二六　四件商代礼器上的族徽

（采自《小屯殷代的成套兵器（附殷代的策）》，《"中央研究院"历史语言研究所集刊》
1950年第二十二本，第61页）

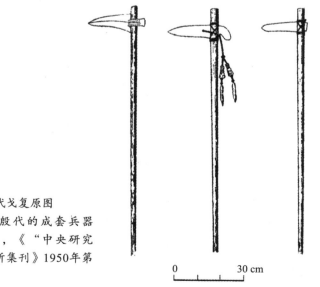

图二七　商代戈复原图

（采自《小屯殷代的成套兵器
（附殷代的策）》，《"中央研究
院"历史语言研究所集刊》1950年第
二十二本，第63页）

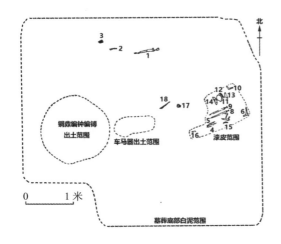

图二八　江苏六合程桥二号墓平面图

1、8、9：青铜剑；2：铜削；3：印纹硬陶片；4、5：青铜矛；6、7、10：青铜戈；11：铜匜；12：青铜残片；13：残陶豆；14：残陶钵；15：铜距；16：铜镦；17：铜连环；18：铁条

（采自《江苏六合程桥二号东周墓》，《考古》1974年第2期，第116页）

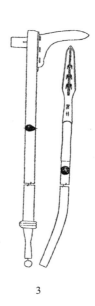

3

1

2

图二九　湖南长沙浏城桥一号墓出土兵器

1：戈；2：矛；3：戈

（采自《长沙浏城桥一号墓》，《考古学报》1972年第1期，第64、65页，图版一五，1—2）

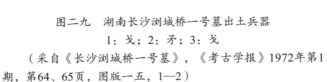

　　和其他一些遗址所出土的同类器物一样，燕下都44号墓的发掘者认为该墓中出土的武器M44：70为铜剑。但根据近来秦始皇兵马俑所执武器的材料来看，这些"铜剑"应该是用铜套固定在长柄一端的某种武器，其长度范围约在3.59—3.82米。这种长柄武器很有可能就是汉代与汉代以前文献中多次提及的铍（或錟，dagger-spear）。在考古材料中还未见有铁制的铍或錟。

　　一般的矛头，骹内中空以装柄（图二三，3—5、图三〇），铜制与铁制皆有发现。最早的铜矛头出土于河南郑州二里岗遗址商代上层地层中，而最早的戈头出土于该遗址商代下层地层中。因此，矛头在年代上略晚于戈头[1]。图二九，2为长沙浏城桥出土的三件铜矛，其矛柄保存完整，长度在2.65—3.2米，年代约为公元前5世纪[2]。

　　戟是一种中国独有的古代兵器[3]，它实际上是矛与戈的结合体。铁戟头通常为一体制作（图二三，1—2），而铜戟头的矛部与戈部通常是分别制作的。图三〇为至今为止唯一一件在商代地层中所发现的戟[4]，该戟出土于河北藁城台西村商代遗

---

① 杨新平、陈旭：《试论商代青铜武器的分期》，《中原文物》1983年特刊，第42页。

② 另一件较完整矛出土于长沙一战国时期墓葬，长度为1.82米（参阅楚文物展览会：《楚文物展览图录》，北京历史博物馆，1954年，第40页）。

③ 在讨论关于戟的问题时，有两个用语上的问题应该先说明一下，一个是英文的，一个是中文的。在英文中，一些学者在书写时，用"halberd"指代"戈"，这完全是错误的。在标准英语中"dagger-axe"才是"戈"的英文翻译。而"halberd"是指斧头与长矛的结合体，虽然欧洲中世纪的这种"halberd"并不能完全准确地描述中国古代这种"戟"，但"halberd"已经确立为"戟"的标准翻译［参阅Hansford, S. Howard 1961. *A glossary of Chinese art and archaeology*（*China Society sinological series, no. 4*）. 1st ed. London: The China Society, 1954; 2nd rev. ed. 1961; repr. 1979，第11页］；张星联编、赵书汉校：《中国考古词汇（英汉对照）》，外文出版社，1983年，第71页）。在中文术语中，"戟"被认为是戈与矛的结合体，现代的考古学界也普遍认同这种观点。但郭德维、孙机等学者曾撰文指出，戟的本义，就应是多戈（如图4.30与4.31所示），有没有刺，不是戟的最主要特征，最主要的特征是枝兵（参阅郭德维：《戈戟之再辩》，《考古》1984年第12期；孙机：《有刃车軎与多戈戟》，《文物》1980年第12期）。

④ 杨新平、陈旭：《试论商代青铜武器的分期》，《中原文物》1983年特刊，第43页。

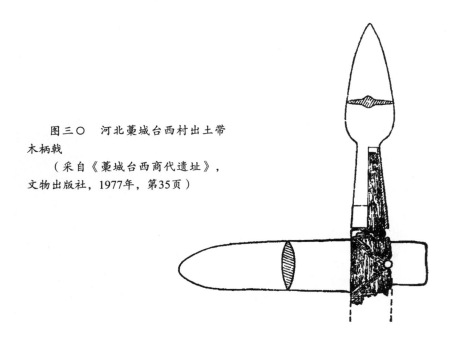

图三〇　河北藁城台西村出土带木柄戟

（采自《藁城台西商代遗址》，文物出版社，1977年，第35页）

址[1]。矛头与戈头的出土大都缺乏完整的环境材料，我们并不清楚它们具体是分开使用还是被合在一起使用，所以戟也有可能是一种常用的武器。图三一与图三二所展示的是多戈戟，即柲上装有多个戈头。这种武器看起来十分具有威慑力，不过很难想象要怎样将其运用到实战之中[2]。

---

[1]　台西村遗址是一处重要的商代遗址，英文资料参阅：Chang, Kwang-chih 张光直 1980. *Shang civilization*. New Haven & London: Yale University Press，第290-293页。中文资料参阅河北省博物馆等：《藁城台西商代遗址》，文物出版社，1977年；中国社会科学院考古研究所：《新中国的考古发现和研究》，文物出版社，1984年，第236—239页；河北省博物馆、河北省文物管理处：《河北省出土文物选集》，文物出版社，1980年，第27—28页；郑绍宗：《河北藁城县商代遗址和墓葬的调查》，《考古》1973年第1期；唐云明、刘世枢：《河北藁城台西村的商代遗址》，《考古》1973年第5期；河北省博物馆、河北省文管处、台西发掘小组：《河北藁城县台西村商代遗址1973年的重要发现》，《文物》1974年第8期；唐云明：《河北藁城台西村商代遗址发掘简报》，《文物》1979年第6期。在该遗址还发现一件铁刃青铜钺，其刃部的铁为陨铁。

[2]　另可参阅湖北省荆州地区博物馆：《江陵雨台山楚墓》，文物出版社，1984年，第82页，图版三十九、四十二。

图三一　湖北随县曾侯乙墓棺木图案
（采自《随县曾侯乙墓》，文物出版社，1980年，第3页，图版四、五）

所幸在考古出土材料中，我们掌握了一些大约公元前5世纪关于战争场景的图像资料[①]。如图三三所示，在该青铜器上可见四件关于战争场景的材料。其中第四件的图像并没有正式发表，但应与图三三，1的图像相仿。从图像的具体装饰（图三四、图三五、图三六）来看，这三件图像应是出自于同一原型。虽然对于这些材料具体的制作年代没有一个最后的定论，但推断其年代在公元前5世纪中期基本上是比较可靠的。在山西侯马青铜铸造遗址出土了大量的陶范残片，其中有一片所描绘的采摘桑葚场景[②]和图三三，2与图三三，3十分相似。因此，这些青铜器可能是在晋国铸造的，而这些图像所描绘的很可能是晋国的一些历史场景，只是我们还无法将其与史料上的具体事件结合起来。

这些青铜器上的图像中有许多吸引人的细节，比如人物的着装。图中有的人物穿着裙子，有的穿着裤子（也有学者认为，其实该图

图三二　湖北随县曾侯乙墓出土多戈戟

（采自《随县曾侯乙墓》，文物出版社，1980年，第7页，图版七四）

---

① 关于战国青铜器的画像艺术，参阅张英群：《试论河南战国青铜器的画像艺术》，《中原文物》1984年第2期。另外，在柬埔寨的卜迭色玛寺（Banteay Chmar）的浮雕上也发现过类似的战争场景，不过其年代相对较晚，参阅Higham, Charles 1989. *The archaeology of mainland Southeast Asia*（*Cambridge world archaeology*）. Cambridge University Press.

② 侯马市考古发掘委员会：《侯马牛村古城南东周遗址发掘简报》，《考古》1962年第2期，图版二：10；另见Weber, Charles D. 1968. 'Chinese pictorial bronze vessels of the late Chou period, part IV', *Artibus Asiae* 30.2/3: 145–236，第177页。该文共分四部分发表（前三部分刊载AA 28.2/3: 107–154; 28.4: 271–311; 29.2/3: 115–192），并于1968年出版了同名专著。

像表达的是裸体的人物①）。图三四中的所有人物腰带上都插有佩剑，而其他的图像中又略有不同。

在研究图像中所出现的武器时，最好是专注于其中的一个版本，必要时再结合其他两个版本进行比较。由于无法得知究竟哪一版本与原型或真实情况更为接近，我仅随机选择了图三六这一版本以作研究。

图三六是四川成都百花潭中学十号墓中出土的一件铜壶的第三层图像细节。其左半部分描绘的是一幅攻城的画面，有一条水平的直线代表城墙，防守者在城墙之上站作一排②。进攻方在这幅图像中没有使用云梯（见图三四与图三五），而是沿所画的两条斜线"蒙橹（大盾）俱前"。这种攻城方法大概就是所谓"羊黔"。即在敌城下强行堆积薪土，将薪土作为登城的凭借③。图像的右半部分所描绘的是水战。画面中的楼船上层有执武器相战的武士，下层有划桨的划手④，但Charles Weber认为画面中下层中人物的姿势并不符合划桨的动作⑤。

戈　从图三六中我们可以看到，墙上左起第四名人物一手执盾另一手执"T"字形武器，在考古发掘及其他绘画材料中都未见类似后者的武器。不过，从图三五的拓片来看，其中人物手中所持类似兵器则明显为戈。城墙之下左起第三名人物似乎也手执戈与剑。另外，还有两名进攻者也似持戈。上述所有的戈，都是用一只手挥舞的短柄戈。而楼船上最左边的一件器物看上去则更像是旗子一类的东西。

矛　图三六中有一名防守者与一名进攻者持矛。在水战图中，交战双方的楼船

---

① Von Erdberg Consten, Eleanor 1952. 'A hu with pictorial decoration: Werner Jannings Collection, Palace Museum, Peking', *Archives of the Chinese Art Society of America*, 6:18–32, 第26、27页。

② 四川省博物馆：《成都百花潭中学十号墓发掘记》，《文物》1976年第3期，图版二。

③ 杜恒：《试论百花潭嵌错图像铜壶》，《文物》1976年第3期，第50页。

④ 夏鼐：《考古学和科技史——最近我国有关科技史的考古新发现》，《考古》1977年第2期，第83页；Needham, Joseph 1971. *Science and civilisation in China*. Vol. 4, part 3: *Civil engineering and nautics*. Cambridge University Press，第424、441页。另见刘敦愿：《青铜器舟战图像小释》，《文物天地》1988年第2期；周世德：《中国古船桨系考略》，《自然科学史研究》1989年第2期。

⑤ Weber, Charles D. 1968. 'Chinese pictorial bronze vessels of the late Chou period, part IV', *Artibus Asiae* 30.2/3:145–236，第168页。

上各有一名持矛者。这些图像当中，矛柄都十分长，需用双手挥舞。而另一方面，在图三四的右下部分，有一名进攻者是单手执矛，另一手执盾的。

戟 在图三六的攻城场景中，靠近下方中间的一名进攻者一手执盾一手执戟（也可能为戈）。从图三四中，可以看出中等长度柄的戟（稍矮于一人高度），无疑是这个场景中最重要的武器。而在所有三个版本的水战场景中，最为重要的武器则明显是长柄戟其长度应在3米或以上。

本节所论及的还残存柄部的有柄武器均为铜制。那些在战争场景图像中所出现的有柄武器也应当是铜制的。虽然并没有直接证据，但我们有理由相信，汉代以前的铁制长柄武器在使用方式上应当与铜制武器是一致的。图三七、图三八与图四九所示为汉代矛与戟，使用方式的典型代表。

图三三 三件战国时期嵌错图像青铜器

（1：采自《山彪镇与琉璃阁》，科学出版社，1959年，第18—23页，图版一九，2；2：采自《战国绘图资料》，中国古典艺术出版社，1957年，第2—3页，图版二〇；3：采自《成都百花潭中学十号墓发掘记》，《文物》1976年第3期，43—44，46页，图版二）

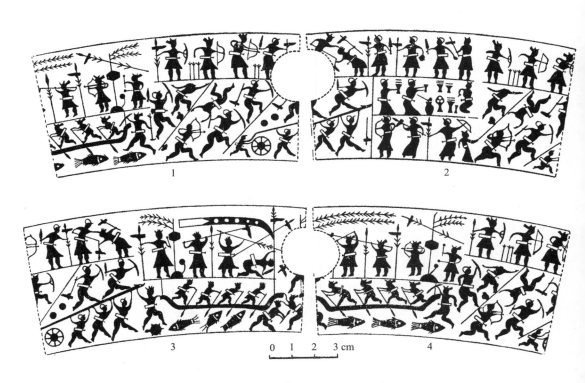

图三四　河南山彪镇出土铜鉴上的战争图像
（采自《山彪镇与琉璃阁》，科学出版社，1959年，第20—22页）

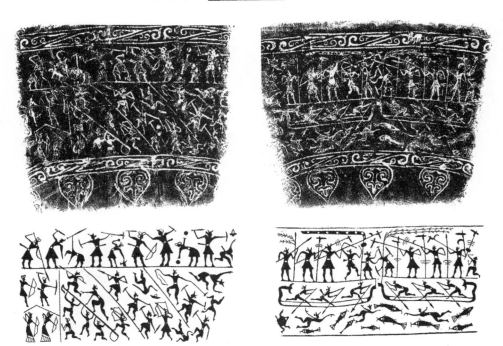

图三五　嵌错铜壶上的图像及拓片

（采自*The Palace Museum: Peking. Treasures of the Forbidden City*. New York: Harry N. Abrams，第137页；另参阅《试论百花潭嵌错图像铜壶》，《文物》1976年第3期，第51页）

图三六　四川成都百花潭中学十号墓出土嵌错铜壶花纹摹本
（采自《成都百花潭中学十号墓发掘记》，《文物》1976年第3期，图版二）

图三七　甘肃武威汉墓出土骑马武士铜俑
　（采自《中国古青铜器选》，文物出版
社，1976年，图版九五）

图三八　湖北江陵凤凰山持戟木谒者俑
　（采自《江陵凤凰山一六七号汉墓发
掘简报》，《文物》1976年第10期，第33
页，图版二，3）

1.12 剑

在介绍铁剑之前，我们可以先回顾一下铜剑的研究情况。西方的古文物与艺术史研究者撰写了大量关于铜剑的研究文章。这里我们仅概括地介绍一下。

剑是一种明显不同于前节所讨论过的戈、矛与戟的武器。它应是用于近战一对一的战斗（步兵或骑兵），可能是短柄戈的替代品。相比使用有柄武器而言，使用剑来战斗需要更多的训练。而铸剑比铸造有柄武器需要更多的金属，所以成本更高，且铸造的难度也更大。因此，铜剑应该并不是一般步兵的标准配备，而是在军中有一定地位的精英才能佩带的。

杨泓将剑的出现追溯到陕西张家坡西周墓里出土的原报告中称作匕首的一把青铜短剑（图三九）[1]。而直到东周时期，铜剑才成为一种主流武器。从公元前5世纪战争场景的图像材料（图三四—图三六）来看，虽然大多数战士腰间都佩带有剑，但真正使用剑来战斗的却十分罕见。图四〇所示为部分常见款式的东周时期铜剑[2]，其中图四〇，4就是一件典型的中国古代铜剑[3]。我们从部分出土状况较好的标本可以发现剑柄上残留有绳子缠绕过的痕迹（图四一）。

早期铜剑的长度很少有超过50厘米的，所以一般也称为青铜短剑。大约在公元前3世纪中期，青铜"长"（大约1米）剑突然有了巨大的发展。图四二为秦始皇兵马俑一、二号坑中出土的一把铜剑，剑长91.5厘米。这在铁剑普及以前从未见过的，而绝大多数的铁剑则都是这种长剑（表三）。

---

[1] 杨泓：《中国古兵器论丛》，文物出版社，1980年，第116页。

[2] 更多东周时期的铜剑图片可参阅Janse, Olov 1930. 'Notes sur quelques épées anciennes trouvées en Chine', *Bulletin of the Museum of Far Eastern Antiquities* 2:67-134 + planches 1-21.Janse 提及了一种武器，从柄来看应该是剑，但其剑锋仅有3—5厘米长。这种器物在正式的发掘中是从未见到过的，显然是古董商们用断剑重新打磨、做旧的产物。

[3] 另见Loehr, Max 1956. *Chinese bronze age weapons: The Werner Jannings Collection in the Chinese National Palace Museum, Peking*. Ann Arbor: University of Michigan Press，第77-79页；Trousdale, William 1975. *The long sword and scabbard slide in Asia* （*Smithsonian contributions to anthropology*, 17）. Washington, D. C.: Smithsonian Institution Press，第52-54页。

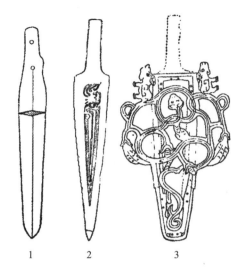

1   2   3

图三九　西周时期两件青铜短剑（匕）

1—2：剑；3：剑鞘

（1：采自《沣西发掘报告》，文物出版社，1962年，第118—119页，图版七〇，3；2—3：采自《甘肃灵台百草坡西周墓》，《考古学报》1977年第2期，第114—115页，图版一四，3—4）

图四〇　东周时期四件青铜剑

（1：采自《洛阳中州路（西工段）》，文物出版社，1959年，第97页，图版四六；2：采自《上村岭虢国墓地》，科学出版社，1959年，第19页，图版三五，1；3：采自《长沙发掘报告》，科学出版社，1957年，第42—43页，图版一五，5；4：采自《洛阳中州路（西工段）》，科学出版社，1959年，第98—99页，图版五八，9）

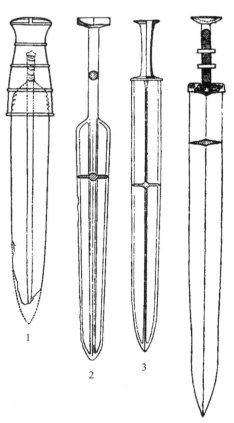

1   2   3   4

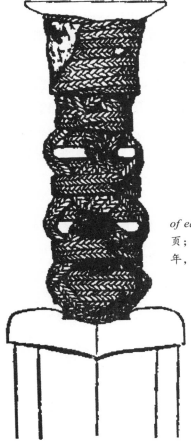

图四一　中国古代缠绕绳子的青铜剑柄

（采自Watson, William 1962. *Handbook to the collections of early Chinese antiquities*. London: British Museum，第60页；另一例参见《新中国的考古收获》，文物出版社，1961年，图版六五）

图四二　秦始皇陵出土青铜剑

［采自Wirgin, Jan 1984. *Kejsarens armé: Soldater och hästar av lergods från Qin Shihuangs grav*（Östasiatiska Museets utställningskatalog, nr. 41）. Stockholm: Östasiatiska Museet，第78页；总长91.5厘米］

就现有材料来看，中国古代所有铁剑都是用熟铁或钢铁锻造而非铸造的。只要顾客付得起钱，一个优秀的铁匠能够将熟铁或钢铁锻造成所需长度的剑，通常为70—100厘米长，也有长度达到1.2甚至是1.4米的（见表三）。如果愿意，就算是2米长的铁剑也是完全有可能做到的。铁剑的长度在对阵铜剑时无疑是一种巨大的优势。不过在品质上，铁剑与铜剑孰优孰劣则是一个比较复杂的问题。熟铁在硬度上并没有超过青铜很多，有研究者对图四五中的短剑进行了金相分析（见第三章，附表3.10下部），结果该剑成分为碳含量0.5%的钢，不过由于经过某种退火处理使其所具备的微观结构又变得十分柔软。如果送检样本具有代表性，那这类铁剑还不如一把品质优良的铜剑。

那么单从技术上看，在古代要铸造一把具有实用性的青铜长剑又是否可行呢？图四二中的铜剑长度约为1米，我们无法确切指出它究竟是作为实用器还是被当作铁剑的青铜复制品而作为一种象征物品来使用。不过，青铜长剑在中国历史上出现时间如此之晚说明青铜长剑在铸造上确实存在一定的难度。要铸造一把1米长的青铜长剑绝对是一项艰巨的任务，因为任何在铸造过程留下的微小裂痕都会导致剑身在实战中非常容易断裂。

考虑到这一点，我们可以做如下的一些假设[1]：最早铁剑是用熟铁锻造的，它的出现仅是因为可以造得比铜剑更长（当然铁剑的成本可能更低，不过这一点比较难衡量）。而在铁制长剑得以发展后不久青铜长剑就出现了。这种青铜长剑可能仅仅是一种象征性的武器，抑或在初期时这种青铜长剑的实用性还略优于铁剑。但当

---

[1] 这种假设是受到Trousdale的启发［Trousdale, William 1975. *The long sword and scabbard slide in Asia*（*Smithsonian contributions to anthropology*, 17）. Washington, D. C.: Smithsonian Institution Press，第52页起］。虽然他的观点由于一些逻辑疏漏显得十分复杂难懂，如他在原书57页所强调的："有人可能会问，如果中国古代的步兵在战斗中佩带这样的长剑，是否会比早期所佩带的短剑，具备明显的优势。我会回答：'为什么战士需要这种长剑？'在白刃战中，当然，除非你的对手都佩带了长剑，否则长剑短剑孰优孰劣则很难说。"经由这种论证，Trousdale得出的结论是骑兵才会使用这种长剑，而非步兵。但他只提出了极少的实例证据（文献或考古学证据），来证明汉代晚期以前有骑兵使用剑。而步兵使用长剑，可以在大量汉代图像材料中得到证明（如图四七、图四八）。

铁匠们了解到铁作为锻造材料的潜力并开始使用淬火技术锻造钢剑之后（如第三章中所检测的，附表3.4、3.5及3.7），铜剑就完全丧失了竞争力从而退出了实用的舞台（大约在公元前3世纪末期，这种情况便遍及整个中国）。

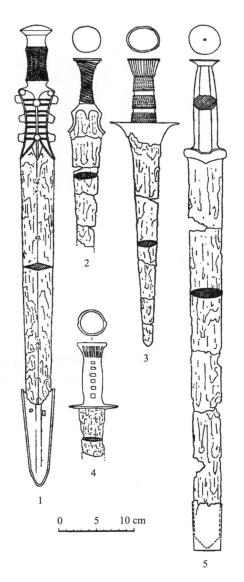

图四三　江川李家山出土秦汉铁剑

1：M26：14；2：M21：26；3：M3：19；

4：M26：23；5：M3：20

（采自《云南江川李家山古墓群发掘报告》，《考古学报》1975年第2期，第141页）

图四四　宜昌前坪23号墓出土铁
剑（M23：9）

（采自《宜昌前坪战国两汉
墓》，《考古学报》1976年第2期，第
119页，图版二，6）

图四五　长沙杨家山76号墓出土钢剑

（采自《长沙新发现春秋晚期的钢剑和铁
器》，《文物》1978年第10期，第44、48页）

表三 汉代以前的铁剑与钢剑统计表

省份	市、县	遗址描述	数量	剑的描述				出处
河南	陕县	M2040位于后川，时代为战国晚期	1	金剑首及格，尺寸不详				考古通讯1958.11：74页
湖北	宜昌	23号墓位于前坪，时代为战国晚期	1	如图4.43，长1.2米				管维良1976：121页
湖南	郴州	2号楚墓位于马家坪，时代为战国晚期	1	长1.4米				张中一1961：496页
	长沙	209座楚墓	7	"长72厘米"，一些有铜柄或铜格				文道义1959a：53页
		沙湖桥61座楚墓中3座		严重腐蚀不完整				李正光、彭青野1957：44页
				残长	柄长	刃宽		
		墓号A27	1	73厘米	9厘米	4厘米		
		A61	1	87厘米	断	4厘米		
		B7	1	97厘米	断	4.5厘米		
		杨M65，位于杨家山	1	如图4.44，总长38.4厘米，剑首已残，茎作圆柱形。茎长7.8厘米；铜格；身长30.6厘米、身宽2—2.6厘米、脊厚0.7厘米				陈慰民，1978：45页
	益阳	赫M11	1	剑长78厘米、茎长14厘米、剑宽3.5厘米，金相检测硬度为HRC20—22				盛定国1985：108、109页
		赫M16	1	剑长88厘米、茎长13厘米、剑宽3.6厘米				

续表三

省份	市、县	遗址描述	数量	剑的描述	出处
陕西	凤翔	高庄5期10座墓中3座，时代为秦			吴镇烽、尚志儒1981：32页
		墓号M6	2	无描述	
		M21	1	如图4.8:1，通长105厘米、茎长21厘米、剑身宽3.2厘米	
		M47	2	无描述	
河北	易县	M44埋葬多名士兵，时代为公元前3世纪早期	15	如图4.23:6，其中两件仅存锋刃之残部，四件仅得剑首，一件仅有部分剑格，完整或基本完整的共八件，形制没有显著区别，长73.2—100.4厘米	刘世枢1975：231、232页
云南	江川	21号墓位于李家山（可能为汉代前期）	1	如图4.42，铜茎，残长26.6厘米	张增祺、王大道1975：140、141页

（采自《1957年河南陕县发掘简报》，《考古通讯》1958年第11期，第74页；《宜昌前坪战国两汉墓》，《考古学报》1976年第2期，第121页；《湖南郴州市马家坪古墓清理》，《考古》1961年第9期，第496、503页；《长沙楚墓》，《考古学报》1959年第1期，第141—160页；《长沙沙湖桥一带古墓发掘报告》，《考古学报》1957年第4期，第44页；《长沙新发现春秋晚期的钢剑和铁器》，《文物》1978年第10期，第45页；《益阳楚墓》，《考古学报》1985年第1期，第89—117页；《陕西凤翔高庄秦墓地发掘简报》，《考古与文物》1981年第1期，第32页；《河北易县燕下都44号墓发掘报告》，《考古》1975第4期，第231—232页；《云南江川李家山古墓群发掘报告》，《考古学报》1975第2期，第140、141页）

表三所列为所有已发表的中国汉代以前铁剑与钢剑的统计材料。在此共列举37件标本，其中15件出自同一墓葬，即前节所述燕下都44号墓葬。值得注意的是，燕下都这批材料与其他墓葬材料不同，这里所发现的武器并不是一般意义上的随葬品，而很可能是士兵们在活着的时候所佩带的武器，所以在下结论时需特别小心。如果我们假设同时期墓葬中的随葬品也代表了当时生人使用武器的情况，那么我们将被迫接受燕国在铁制武器的使用上要远远超过中国其他地区的结论。当然这不是完全不可能，只是这种可能性非常小。所以，一个更为可信的结论是在汉代以前的墓葬中，铁制兵器的使用可能远比墓葬中的线索所指要广。

带着这样的"小心"，我们再来看看从表三中能得到些什么信息。首先，在云南发现的那一件铁剑可能并不是汉代以前的，它在风格上与其他的标本相去甚远，所以将其排除。湖北、湖南的遗址属于楚国势力范围，而陕西的遗址属秦国地界。河南的遗址属于魏国势力范围，但其十分靠近秦国的边境[1]。这个地理分布十分有意思，因为在提及中国古代使用铁器最早的地区时的两种主流观点分别就认为是楚国和秦国。

关于楚国的情况，在1.3节中介绍过，根据423座墓葬可以得到一个比较可靠的年代序列，一直到公元前278年秦国灭楚。湖北江陵雨台山楚墓出土的铁器年代较早（第四期，约公元前4世纪初至公元前4世纪中期），但在数百件铜制兵器中，发现的铁制兵器仅有两件铁尾铜镞。大约三成墓葬中发现有铜剑，却未见一件铁剑。正如在1.3节中所说，在楚国这样大比例随葬剑的情况下，一件铁剑都未发现可能表明铁剑的使用在雨台山楚墓时期的楚都地区并不广泛。而湖北其他楚墓出土的铁剑，发掘者认为其年代应在公元前278年秦灭楚之后。

如表三中所显示的那样，考古工作者在湖南的楚墓中发现的铁剑数量更多，特别是在长沙。但不幸的是，湖南省楚墓年代序列的疑问还比较大。我在另一篇文章中详细讨论过湖南省楚墓的年代最多也就是确切定义到"汉代以前"，即公元前

---

[1] 《中国古代历史地图集》编辑组：《中国古代历史地图册》（上册），辽宁人民出版社，1984年。

179年以前①。而秦灭楚于公元前278年，所以这些材料并不能成为楚国使用铁剑的证明。

同样地，在秦国范围内也没有在公元前221年以前就使用铁剑的证据。但在1.6节中也说过，与楚墓的情况不同，秦墓中所发现的随葬兵器本身就非常少，所以铁制兵器的匮乏并不能说明什么实际问题。不管怎样，目前我们尚且没有证据可以证明铁剑在秦国的使用最早可以追溯到何时。

有一点需要指出，技术先进的铁匠铺可谓是制造铁剑或钢剑的先决条件之一，雨台山楚墓（1.3节）所出土的铁器均为铸铁，而三座秦国墓地（1.6节）所出土的铁器既有铸铁也有熟铁。这或可说明秦早期已具备制作铁剑所需要的技术背景；而并没有证据可以表明秦灭楚以前，楚国同样也具备这样的技术背景。

若干年前，关野雄（Sekino Takeshi）曾提出，仅从文献材料来看，秦国之所以能统一中国，很可能与秦人在铁制兵器制作技术上所具备的优势密不可分②。而目前考古学上所发现的证据是符合他的假设的。我们将在接下来的一章从历史角度更广泛地来探讨这个问题。

Trousdale认为中国最早的铁剑是根据铜剑的样子来仿造的，尽管铁剑在形制上进行了一些简化并且通常比铜剑更长③。他还认为在汉代流行一种环首铁刀（ring-pommeled sabre，如图四六），其使用方法可以参照图四九。

最后，在结束关于剑的讨论之前，让我们先来看一看图五〇中这件十分罕见的

---

① Wagner, Donald B. 1987. 'The dating of the Chu graves of Changsha: The earliest iron artifacts in China?', *Acta Orientalia*（Copenhagen），48: 111–156。

② Keightley, David N. 1976. 'Where have all the swords gone? Reflections on the unification of China', *EC* 2: 31–34。另见Trousdale, William 1977. 'Where all the swords have gone: Reflections on some questions raised by Professor Keightley', *EC* 3: 65–66；Barnard, Noel 1979. 'Did the swords exist? Some comments on historical disciplines in the study of archaeological data', *EC* 4（1978/79）: 60–65。

③ Trousdale, William 1975. *The long sword and scabbard slide in Asia*（*Smithsonian contributions to anthropology*, 17）. Washington, D. C.: Smithsonian Institution Press，第55页。

器物。李京华认为这是一件钩镶[1]，其使用方式如图四九所示[2]。《释名·释兵》[3]（大约成书于公元200年）中曰："钩镶，两头曰钩，中央曰镶。或推镶，或钩引，用之之宜也。"

图四六　河南陕县刘家渠东汉墓出土环首铁刀（M8：62）

（采自《河南陕县刘家渠汉墓》，《考古学报》1965年第1期，第157—158页，图版二六，1）

图四七　二桃杀三士

［采自洛阳烧沟西汉墓M61画像砖，参阅Holzer, Rainer 1983（tr.）1983. Yen-tzu und das Yen-tzu ch'un-ch'iu（Würzburger Sino-Japonica, 10）. Frankfurt a.M. & Bern: Verlag Peter Lang.］

---

① 李京华：《汉代的铁钩镶与铁钺戟》，《文物》1965年第2期。

② 另外关于钩镶使用方式的汉画像石等可参阅张道一：《徐州汉画像石》，江苏美术出版社，1985年，图67、265；Finsterbusch, Käthe 1966—71. *Verzeichnis und Motivindex der Han-Darstellungen*. Bd. 1:Text, 1966. Bd. 2:*Abbildungen und Addenda*, 1971. Wiesbaden: Otto Harrassowitz，图288、330、437、459、539、611、825。

③ 四部丛刊本《释名·释兵》（卷七），商务印书馆，第53页右—54页左。另可参阅王先谦：《释名疏证补》，上海古籍出版社，卷七，第16页左。

图四八　洛阳博物馆藏持剑武士画像砖
（采自《洛阳西汉画像空心砖》，人民美术出版社，1982年，第10、28页）

图四九 江苏铜山县汉墓浮雕细部
（采自《徐州汉画像石》，江苏美术出版社，1985年第5期，图九三）

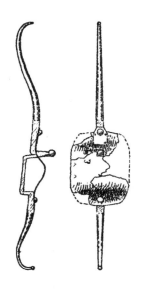

图五〇　鹤壁汉墓出土的铁钩镶

（采自《汉代铁钩镶与铁钺戟》，

《文物》1965年第2期，第47页）

1.13 河南辉县的战国墓葬

　　辉县，战国时期隶属魏国领土。从20世纪20年代开始，辉县是中国受到盗墓活动破坏十分严重的地区之一[①]。1935年与1937年，郭宝钧带队在辉县琉璃阁进行了正式的考古发掘。1936年，河南省博物馆也组织人员进行了一些发掘活动[②]。

　　1937年，日军侵华战争迫使郭宝钧停止了发掘工作。发掘材料与记录先是被转移到了中国西南地区，在战后送到了南京，其中一大部分又从南京被劫往台湾，剩下的一部分在郭宝钧1957年开始编写报告以前又经过了多次辗转，所以报告在许多方面都有缺失。其中缺失最多的是关于墓葬信息与标本描述等的细节，该报告中并未提及任何铁器，但在同一地区发掘的同类型墓葬中发现了一些铁器。由于早期材料中一些重要信息可能有缺失，或在台湾并没有受到重视，所以最好是不将这些材

---

①　Karlbeck, Orvar 1952. 'Notes on a Hui Hsien tomb', *Röhsska Kunstslöjdmuseets årstryck*（Göteborg），1952:41−47。

②　郭宝钧：《山彪镇与琉璃阁》，科学出版社，1959年，第1、53页。

料列入这项研究中①。

1950年至1952年，中国科学院考古研究所在辉县进行了三次发掘，郭宝钧仍作为主要发掘者之一主持了发掘②。发掘工作分若干地区进行，包括琉璃阁、固围村、赵固村、褚丘村以及百泉村，他们发现了大量商代、战国以及汉代的遗存，但却没有发现任何西周与春秋时期的遗存（约公元前11世纪至公元前6世纪）。

令人感兴趣的是这里发现的54座战国时期墓葬。其中的52座被发掘者分为三期，另外2座无法断代。而第三期的年代大约在公元前3世纪，第一、二两期只知道要早于第三期但不知道其具体的时间。

表四为辉县墓葬中出土的铁器与铜器的数量对比。铁器数量明显随时间而增长。从表的最后一栏来看，第一期墓葬中并没有发现铁器，而在第二期与第三期的墓葬中分别有6%与38%发现有铁器。

第二期所发现的2件铁器，一件是我们在1.7节中提到过的错银铁带钩（图一四，1）；另一件发掘者认为是一件斧（axehead，图五四），不过从其形制来看，也可能是在墓葬挖掘时所使用过的锸或镢（mattock-head，见1.15节）。

第三期所出土的159件铁器中，有143件是从一座墓葬（固围村M1）中被发现的。固围村M1是一座等级极高的"中"字形贵族大墓，其开口位置长18.8米、宽17.7米、墓底长8米、宽6.65米、深达17.4米。该墓墓道（approach ramp）极长，北

① 其中有一件战国时期的墓葬材料可能对我们的研究十分重要，即琉璃阁M79［郭宝钧：《山彪镇与琉璃阁》，科学出版社，1959年，第68页；Cheng Te-k'un（郑德坤）1963. *Archaeology in China. Vol. 3: Chou China. Cambridge*: Heffer. 第82-83页］。该墓是一个窄长而浅的沟形，东西向，东西长1.2米，南北宽11米，而深不满1.5米。沟中埋葬无头人骨架六十余具。如郭宝钧所推测，该墓似系战败俘虏，掘长沟丛葬于此。如果能将该墓中所发现的兵器，与之前燕下都44号墓中的兵器进行对比，定是十分有意义的研究。遗憾的是，该墓的随葬品并未在报告中列出。唯一提及的，仅是在几具尸骨的肋间，发现有铜镞，至于是否存在有其他的兵器，则并未提及。该墓的年代，大致与燕下都44号墓相近，如果士兵的兵器也同他们一起埋葬的话，将两墓的材料进行对比，对于了解当时中国不同地区士兵所使用兵器的情况，将具有重要的意义。
② 中国科学院考古研究所：《辉县发掘报告》，科学出版社，1956年。法语参阅Paul-David, Madeleine 1954. 'Les fouilles de Houei-hien', *Arts asiatiques*, 1.2:157-160。另见安志敏：《中国考古学的新起点——纪念辉县发掘四十年》，《文物天地》1990年第5期。

边墓道长度超过47米，南边墓道长度更是超过了125米，两边的墓道都未能进行完全的发掘。发掘者在墓中两处地点发现了铁器，在椁外发现了44件挖掘用的铁器（表四）；另外在南边墓道的墓室中，发现了20件铁制工具（表四）与79件铁尾铜镞。

表四　河南辉县52座战国墓葬中出土的铜、铁制品统计表

遗物类型		第一期8座墓	第二期31座墓	第三期13座墓
1 带钩	铜		9	2
	铁（图一四，1）		1	
2 铲及各种类挖土工具	铜			
	铁（图五四、五五，1—2、六四3—4、五八，1—4）			54
3 犁铧	铜			
	铁（图五五，4—5；图五六，3）			7
4 斧	铜		2	5
	铁（图五七，1—2）		1	8
5 锥	铜			1
	铁			1
6 镰	铜			
	铁（图五五，3）			1
7 各类刀	铜			2
	铁			8
8 剑	铜		3	3
	铁			

续表四

遗物类型		第一期8座墓	第二期31座墓	第三期13座墓
9 戈、矛、戟	铜	1	5	9
	铁			
10 钉	铜			7
	铁			1
11 箭镞	铜	6	25	120
	铜铁合制	0	0	79
	铁	0	0	0
合计	铜	7	42	148
	铜或铜铁合计	0	2	159
出土铁器墓	数量	0	2	5
	比例	0	6	38

（采自《辉县发掘报告》，科学出版社，1956年）

据发掘者推测，这批铁制工具可能是在墓葬修建过程中工人用来挖掘泥土、置备棺椁以及士兵卫戍所用，但对于为何会有如此大量的工具遗留在墓中，却不甚清楚。在中国古代墓葬中，经常可以发现个别工具被遗留在墓中，这些工具应该是工人和士兵在修建墓葬过程中不经意遗失的。而这里发现的这些工具看上去更像是被有意留在了墓中。但不管怎么说，我们都应该对当初采集这些材料的工作者心存感激，正因为他们的努力，才使我们获得了大量公元前3世纪有关铁制工具的材料。图五四—图五八所示为部分出土工具，图五九为发掘者对工具使用方式复原的初步尝试。我们在1.15节中将看到，虽然后来的研究对这些工具的使用方式有一定程度的拓展，但根本上与这里所提出的观点是一致的。

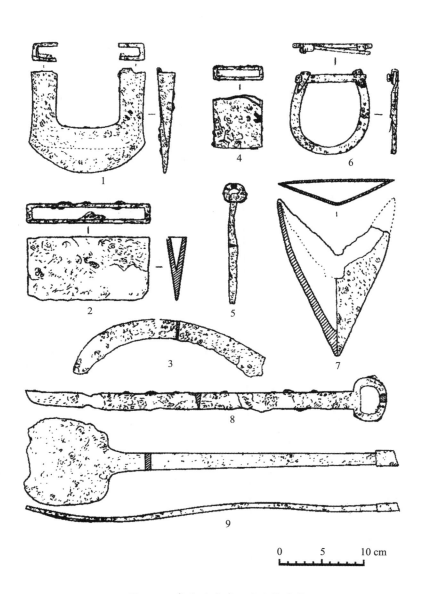

图五一　秦代陶窑遗址出土铁遗物

1：凹字形器套；2：直口锸；3：镰刀；4：直口锸；5：环首刀；6：铁颈锁；7：铁犁；8：环首刀；9：铁铲

（采自《秦代陶窑遗址调查清理简报》，《考古与文物》1985年第1期，第21页）

图五二　陕西西安临潼郑庄秦石料加工场出土铁桎

（采自《临潼郑庄秦石料加工场遗址调查简报》，《考古与文物》1981年第1期，第41页，图版一二，3）

图五三　陕西西安临潼郑庄秦石料加工场出土铁颈锁

（采自《临潼郑庄秦石料加工场遗址调查简报》，《考古与文物》1981年第1期，第41页，图版一二，4）

图五四　河南辉县琉璃阁战国墓出土铁器套
（采自《辉县发掘报告》，科学出版社，1956
年，第45页，图版二二，13）

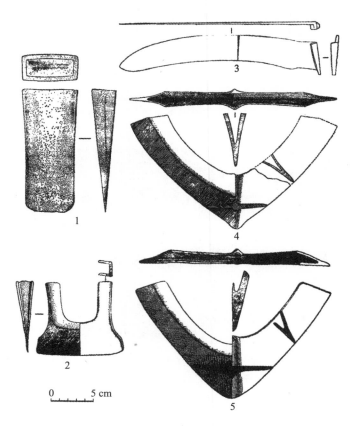

图五五　河南辉县固围村2号战国墓出土铁农具
1：直口锸；2：凹字形器套；3：镰刀；4—5：铧
（采自《辉县发掘报告》，科学出版社，1956年，第91、92页，图版六四）

图五六　河南辉县固围村1号战国墓出土铁器

1—2：镬；3：铧；4：铁铲；5：直口锸；6：凹字形器套

（采自《辉县发掘报告》，科学出版社，1956年，第82、83页，图版五六）

图五七　河南辉县固围村1号战国墓出土铁农具

1—2：斧；3—4：直口锸；5：凿

（采自《辉县发掘报告》，科学出版社，1956年，第82、83页，图版五七）

图五八　河南辉县固围村战国5号墓出土铁农具

1—2：铲；3—4：直口锸

（采自《辉县发掘报告》，科学出版社，1956年，第105页，图版七六）

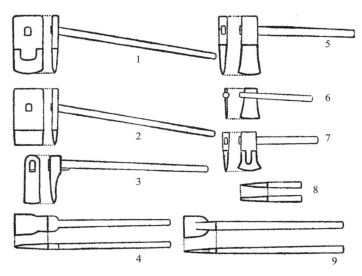

图五九　河南辉县出土铁农具使用方式复原图
（采自《辉县发掘报告》，科学出版社，1956年，第83页）

1.14 秦始皇时期的作坊遗址

根据《史记》记载，公元前212年，秦始皇兴七十万劳工建阿房宫与始皇陵[①]。如此庞大的劳动人口，带来的不仅是食、宿等问题，还有如何管理这些被迫进行工作的劳工这个巨大的难题。难以置信的是他们最终却完成了如此伟大的工程。可能有人会对古代历史学家所记载的"七十万"存有质疑，但通过过去十年间考古工作

① （西汉）司马迁：《史记》，中华书局，1969年，卷六，第256、265页；Chavannes, Édouard（tr.）1895-1905, 1969. *Les mémoires historiques de Se-ma Ts'ien.* T. 1, 1895; t. 2, 1897; t. 3, 1898; t. 4, 1901; t. 5, 1905; t. 1-5 repr. Paris: Maisonneuve, 1967. T. 6, ed. and completed by Paul Demiéville, Max Kaltenmark, & Timoteus Pokora, Paris: Maisonneuve，第175-176、193-194页；Yang Hsien-yi & Yang Gladys（杨宪益与戴乃迭译）1974. *Records of the historian.* Written by Szuma Chien. Hong Kong: Commercial Press，第179、186页。

者对陕西西安附近秦始皇陵俑坑等遗址的发掘工作来看，史书上所记载的工程量可能也并非是夸大其词。

对于我们现在的研究而言，正如1.9节中所讨论过的，这类劳工墓地（图一九）以及皇陵周边所发掘的一些生产遗址的意义，可能要高于秦始皇陵本身。这些遗址的年代都在修建皇陵的时期，约公元前212年至公元前209年。而这70万劳工中的大部分人，正是在这些地点制作建造皇陵所需的砖瓦、石条以及陶俑等。皇陵俑坑出土的铁器出奇的少，但在这些生产遗址中却发现了大量各式可以准确断代的铁制工具（图五一、图六〇与图六一）。

图六〇与图六一中所展示的，为陕西临潼郑庄秦石料加工场遗址出土的铁器[①]。主要出土有：

铁錾（chisel）12件（图六〇，6；图六一，7、8）

铁锤3件（图六一，4）

铁削11件（图六〇，14；图六一，3、9）

铁锸13件（图六〇，8；图六一，5、6）

铁钳9件（见1.9节，特别是图一六，3、4；图一七；图一八；图五一，6）

铁桎1副（见1.9节，特别是图一七；图五二；图六〇，1）

1973年以来，考古工作者在秦始皇陵园周围进行调查钻探，曾在赵背户村、上焦村、西黄村、陈沟村、下和村以及鱼池村陆续发现和清理了一些秦代陶窑遗址。他们清理了其中7座大型的陶窑遗址并发表了简报[②]。图五一为陈沟村陈家沟遗址所出土的铁制工具，主要有：

---

① 秦俑坑考古队：《临潼郑庄秦石料加工场遗址调查简报》，《考古与文物》1981年第1期，第39—43页。

② 秦俑考古队：《临潼县陈家沟遗址调查简记》，《考古与文物》1985年第1期，第19—22页；秦俑考古队：《秦代陶窑遗址调查清理简报》，《考古与文物》1985年第5期，第35—39页。

铁锸9件（图五一，1、2、4）

铁削2件

铁钳2件

以及大量桯的残片

此外，从图中还可以看到许多其他种类的铁器。我已在1.9节中对其中铁钳与铁桯进行了讨论，将在接下来的章节中对锸做一步的讨论。

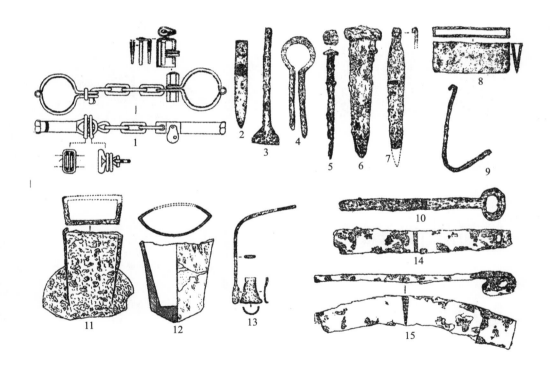

图六〇　陕西临潼郑庄秦石料加工场出土铁器线图

1：桯；2：铣；3：小铲；4：钉；5：长钉；6：鏊；7：匕；8：直口锸；9：钩；10：环首削；11：铲；12：铧；13：带咀工具；14：削；15：镰

（采自《临潼郑庄秦石料加工场遗址调查简报》，《考古与文物》1981年第1期，第41页）

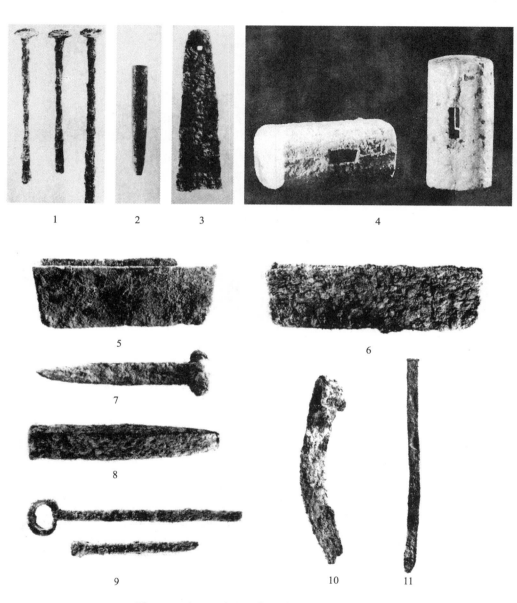

图六一　陕西临潼郑庄秦石料加工场出土铁器

1：钉；2：铳；3：匕；4：锤；5—6：直口锸；7—8：鏊；9：削；10：镰；11：铁棍

（采自《临潼郑庄秦石料加工场遗址调查简报》，《考古与文物》1981年第1期，图版一二、一三）

1.15 铁制生产工具

从辉县战国墓葬与始皇时期作坊遗址的发掘中，我们看到了大量种类各异的铁制工具（图五一、图五八—图六一）。而另有一些铁制工具的出土环境稍有不同，如铜绿山古矿冶遗址[①]出土的采矿工具（图六二—图六三）[②]。

大部分工具的功能是显而易见的，也有一部分若是对中国古代农业、矿业、手工业等生产行业没有相当了解的话，是难以弄清楚的。另外，还有少部分工具的功能可以通过那些其木柄或木叶得以完好保存下来的标本以及古代描述生产活动的绘画、雕刻等图像艺术中得到验证。如图五五，3、图六〇，15[③]与图六一，10中所示的镰，虽然并未在任何汉代的绘画与雕刻上发现这种镰，但我们曾发现一件完整的带木柄的标本（图六四）。而同样作为收割工具的长柄镰刀（图六五），在四川地区汉代的考古学材料中，不仅可以从成都羊子山东汉2号墓中出土的画像砖上找到线索，并且在绵阳还出土了一件实物材料（图六六）[④]，史占扬在其文中还列举了另外三件同类的标本[⑤]。

燕下都44号墓与铜绿山古矿冶遗址所出土的一种锄面呈六边形的锄（hexagonal hoe-head，图二四，1、图六三，2与图一〇七），似乎是一种战国时期比较流行

---

① 湖北省黄石市博物馆：《铜绿山——中国古矿冶遗址》，文物出版社，1980年。

② 另在楚都纪南城遗址发现了一件铁鱼钩，参阅《楚都纪南城的勘查与发掘（上）》，《考古学报》1982年第3期，第348页；Höllmann, Thomas O. 1986. *Jinan: Die Chu-Hauptstadt Ying im China der späteren Zhou-Zeit. Unter Zugrundelegung der Fundberichte dargestellt.* （Kommission für Allgemeine und Vergleichende Archäologie des Deutschen Archäologischen Instituts Bonn, *Materialen zur allgemeinen und vergleichenden Archäologie*, Bd. 41）. München: Verlag C. H. Beck.

③ 秦俑坑考古队：《临潼郑庄秦石料加工场遗址调查简报》，《考古与文物》1981年第1期，第41页。

④ 全国基本建设工程中出土文物展览会工作委员会编：《全国基本建设工程中出土文物展览图录》，中国古典艺术出版社，1956年。

⑤ 史占扬：《从陶俑看四川汉代农夫形象和农具》，《农业考古》1985年第1期，第68页图三。

的工具类型。雷从云在其文中也列举了部分这类战国时期的锄①。图六七是一件山东泰安出土的东汉锄草画像石②，从中我们或许可以看出这类工具的具体使用方式③。不过在兵士墓葬中发现这种锄显得十分古怪，或许是在修建墓葬的过程中所遗留下来的。这种六边形锄也发现有铜制的。图六八中的标本明显可以看出是锄的一个残片④。图六九为部分木制与铜制的工具，这些工具是在信阳楚墓中出土的一个书写工具箱中发现的，显然是用作修治竹简的工具。虽然这些工具是铜制的，但它们能为我们了解诸如铁锯⑤（图八，10）与铁锛（图五五，1、图五七，3）等铁制工具的使用方式提供一定的帮助⑥。

---

①　雷从云：《战国铁农具的考古发现及其意义》，《考古》1980年第3期，第260—262页。

②　陈文华：《从出土文物看汉代农业生产技术》，《文物》1985年第8期，第45页。

③　荆三林与李趁有认为这类六边形锄面的锄应该是流行于公元前1世纪代田制度兴起之时（荆三林、李趁有：《中国古代农具史分期初探》，《中国农史》1985年第1期，第41页。），但根据考古出土材料来看，这类锄早在很早以前就已经普及。关于代田制度（alternating fields system），参阅Swann, Nancy Lee（tr.） 1950. Food and money in ancient China: The earliest economic history of China to A.D. 25. Princeton University Press. Repr. New York: Octagon Books, 1974，第184-191页；Hsu, Cho-yun（许倬云）1980. *Han agriculture: The formation of early Chinese agrarian economy*（206 B.C.-A.D. 220）（*Han Dynasty China, 2*）. Ed. by Jack L. Dull. Seattle & London: University of Washington Press，第112-117页、295-299页；Bray, Francesca 1984. Joseph Needham, *Science and civilisation in China, vol. 6, part 2: Agriculture*. Cambridge University Press，第105-106页。

④　在江苏北部还发现了一件形制类似的新石器时期的石锄（袁颖：《江苏赣榆新石器时代到汉代遗址和墓葬》，《考古》1962年第3期，第131页，图三：1）。

⑤　吴镇烽、尚志儒：《陕西凤翔高庄秦墓地发掘简报》，《考古与文物》1981年第1期，器号为M21：4。

⑥　在*Sekai kōkogaku taikei*（世界考古大系）卷七第67中，有一件的相似的铁斧。

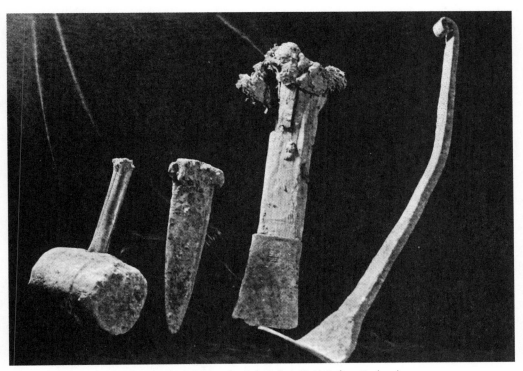

图六二　湖北铜绿山铜矿遗址出土铁制开采工具（一）
1：木柄铁锤；2：铁钻；3：木柄铁锸；4：铁凿
（采自《铜绿山——中国古矿冶遗址》，文物出版社，1980年，第27页）

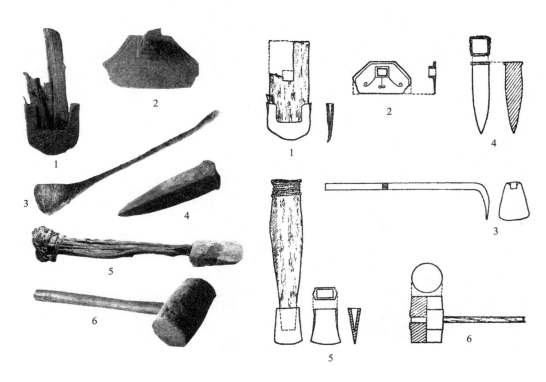

图六三　湖北铜绿山铜矿遗址出土铁制开采工具（二）

1：凹字形铁口锄；2：六边形铁锄头；3：铁凿；4：铁钻；5：木柄铁錾；6：木柄铁锤

（采自《湖北铜绿山春秋战国古矿井遗址发掘简报》，《文物》1975年第2期，第7页，图版四）

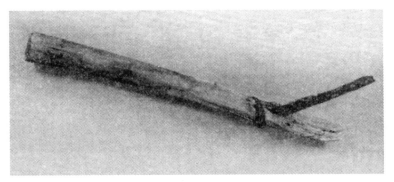

图六四　新疆民丰尼雅汉代遗址出土木柄铁镰

（采自《从新疆历史文物看汉代在西域的政治措施和经济建设》，

《文物》1975年第7期，第31、33页）

图六五　四川成都羊子山2号东汉墓出土秋收画像砖

（采自《新中国的考古收获》，文物出版社，1961年，第76、77

页，图版八四）

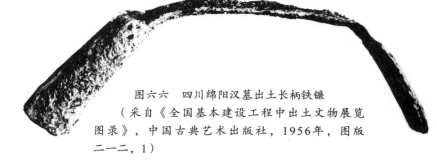

图六六　四川绵阳汉墓出土长柄铁镰
（采自《全国基本建设工程中出土文物展览图录》，中国古典艺术出版社，1956年，图版二一二，1）

图六七　山东泰安出土东汉锄草画像石

（采自《从出土文物看汉代农业生产技术》，《文物》1985年第8期，第45页）

1

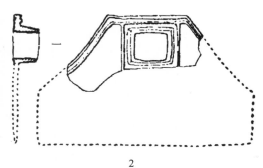

2

图六八　湖北铜绿山铜矿遗址出土六边形铜锄残片
（采自《湖北古矿冶遗址调查》，《考古》1974年第4期，第252页，图版七，3）

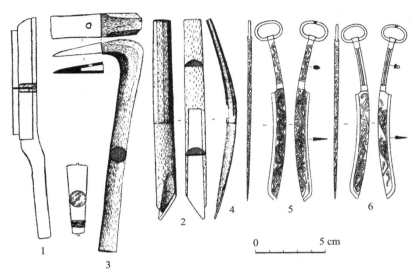

图六九　河南信阳长台关1号墓书写工具箱出土木制及铜制工具
　　1：锯；2：锥；3：扁斧；4：修治竹简刀；5—6：环首刀
（采自《信阳楚墓》，文物出版社，1986年，第64—67页）

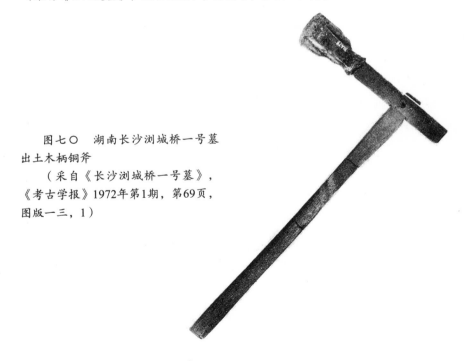

　　图七〇　湖南长沙浏城桥一号墓
出土木柄铜斧
　　（采自《长沙浏城桥一号墓》，
《考古学报》1972年第1期，第69页，
图版一三，1）

图五八，1及图六〇中所展示的两件铁制工具通常被认为是一种铲（方档铲），其安装方式如图五九，9中所示。不过由于这种铲的形制较小，通常只有8至11厘米长，所以有学者曾对这类器物的判定存有疑问[1]。图七〇中的木柄铜斧为我们提供了一种可能性，虽然它看上去十分笨拙，但无疑是一件小型的斧头，应该是用于制作书写材料的工具。虽然这件器物的刃宽仅为4.8厘米，但有形制稍大一些的也是很有可能的。

图五六，1、2中所展示的工具为钁（镐），似乎没什么争议，其装柄方式如图五九，3所示，主要用于敲碎坚硬的地面。而图五四、图五五，1及图五七中的器物有时也被认为是钁或是斧。关于这种器物的铜器原型，能找到最早的材料来源于甘肃安西榆林窟中的一幅西夏壁画（图七一），其年代大约为公元1038年至公元1227年[2]。壁画里所绘的工具中有一种类似的器物，通过壁画可以看出这种器物有可能是当作斧头使用的。当然，像这种晚期的证据并不能证明早在战国时期就有使用这种斧头，或者这种器物就不能使用在像镐或是其他工具上。

最后要说的是一种呈矩形的工具锋套，如图五一，2、图五六，5、图五八，3、图六〇，8以及图六一，5、6所示。在考古报告中，这种器物通常被认定为锄套（见图五九，2）或是铲套。考虑到这种器物功能上的多样性，不便列举太多材料来说明。但从这种器物可以看出，尽管某一种器物可能做一些特殊用途，但这并不表示该种器物就不能做他用。很多时候这些工具都是一器多用的。

[1]　Rostoker, William 1983. 'Casting farm implements, comparable tools and hardware in Ancient China', by Rostoker, William, B. Bronson, J. Dvorak and G. Shen. *World archaeology*, 15.2:196–210, 第198页。

[2]　王静如：《敦煌莫高窟和安西榆林窟中的西夏壁画》，《文物》1980年第9期，第49页；史金波、白滨、吴峰云：《西夏文物》，文物出版社，1988年，第291页，图版三十六。

图七一　甘肃安西榆林窟壁画墓所绘工具

（采自《敦煌莫高窟和安西榆林窟中的西夏壁画》，《文物》1980年第9期，图版六，2）

1

2

图七二　18世纪水彩画上所绘铁器套工具在制瓷工序中的使用
（采自 Huard, Pierre & Wong, Ming 1962. 'Un album chinois de l'époque Ts'ing consacré à la fabrication de la porcelain', *Arts asiatiques*, 9.1/2: 3–60）

　　图五一，1、图五五，2、图五六，6以及图六三，1，是一种凹字形器套。这类器物通常被认为是一种铲套①，有时也被认为是锄套或者斧套（如图五九，1、7）。这种器套的形制通常十分小，这也是一些学者对该器作为铲或锄存在质疑的原因②。不过，就近代的木制挖掘工具而言，却也鲜有宽刃工具的存在，可能就是由于宽刃更容易裂损。图七三与图七四中的器物，其刃宽分别仅有10厘米与14厘米③。爱尔兰发现过15件木制铁锹，其中只有2件的刃宽超过16厘米。这批标本虽然没有确切的年代，但大致是在中世纪或更早④。

　　图七五—图七九及图八六是一些汉代及汉代以后的画像及雕刻材料中所涉及的

①　于豪亮：《汉代的生产工具——锸》，《考古》1959年第8期及1960年第1期。

②　Rostoker等人在其文中驳斥了众中国考古学者的观点，并一口咬定这类器物的形制大小作为挖掘工具而言过于小了，他们以芝加哥菲尔德自然史博物馆中的一件藏品为例，其对角长度约为16厘米，远大于绝大部分的凹字形工具。同时，他们却选择无视那些汉代画像艺术中所包含的证据，认为它们是没有帮助的，并且，他们似乎也没有注意到那些中国考古发掘中所出土的，木柄部分尚保存完好的早期发掘工具的材料。[参阅Rostoker, William.（et al.）1983. 'Casting farm implements, comparable tools and hardware in Ancient China', by Rostoker, William, B. Bronson, J. Dvorak and G. Shen. *World archaeology,* 15.2:196−210，第198页。]

③　另外一些关于木锹的例子，可参阅长沙市文化局文物组：《长沙咸家湖西汉曹（女巽）墓》，《文物》1979年第3期；陈文华：《试论我国农具史上的几个问题》，《考古学报》1981年第4期，第415页。关于欧洲的木锹，可参阅Myrdal, Janken 1982. 'Jordbruksredskap av järn före år 1000'（'Iron agricultural implements before the year 1000'），*Fornvännen: Tidskrift för svensk antikvarisk forskning,* 77:81−104. English abstract, 第81页与Myrdal, Janken 1983. 'Grepar, hackor, spadar och skovlar i hundratal'（'Forks, hacks, spades and shovels in hundreds'），*Fataburen: Nordiska Museets och Skansens årsbok,* 1983:153−164. English abstract, 第163−164页。

④　Gailey, Alan 1968. 'Irish iron-shod wooden spades', *Ulster journal of archaeology*（Dublin: Ulster Archaeological Society），31:77−86。

凹字形器套①。图六三，1（凹字形铁口锄）、图八〇（铁口锸）以及图八一（罕见的双齿耒耜）是三件汉代以及汉代以前木制铁口工具的实物材料。由于这种凹字形器套在出土时，其套接锋刃的木柄与木叶绝大部分已腐朽不存，从而失去复原全器的直接依据。黄展岳将这类凹口器按其刃部形制不同分为四型：

第一型：刃口圆弧，两侧角外撇（图八二，1、2）。

第二型：刃口、刃角平直（图八二，3）。

第三型：刃口、刃角圆弧（图八二，4）。

第四型：刃口三角形或近三角形（图八二，5）。

黄展岳又提出以古文献中的定义，视其形制大小，轻重厚薄，以及刃部圆弧平撇的不同，将凹口器分别归入凹口锄、手锄、凹口锸以及铁口耒之中。其中，凹口锄的铁口宽、高都在10厘米以上，刃口圆弧、两侧角外撇（第一型），或刃口、

---

① 更多汉代及汉代以前有关铲的画像及雕刻材料可参阅Scherman, L. 1915. 'Zur altchinesischen Plastik: Erläuterung einiger Neuzugänge im Münchener Ethnographischen Museum', *Sitzungsberichte der Königlich Bayerischen Akademie der Wissenschaften, Philosophisch-philologische und historische Klasse*, Jhrg. 1915, 6. Abhandlung, S. 3–62，第13页；Torrance, T. 1931. 'Notes on the cave tombs and ancient burial mounds of western Szechwan', *Journal of the West China Border Research Society*（Chengtu），1930/31, 4: 88–96 + plates，第91页；中国科学院考古研究所：《长沙发掘报告》，科学出版社，1957年，第125页；Hentze, C. 1928. *Chinese tomb figures: A study in the beliefs and folklore of ancient China*. London: Edward Goldston; repr. New York: AMS Press, 1974. *Tr. from Les figurines de la céramique funéraire*, Hellerau bei Dresden, 1928，第23页；Caroselli, Susan L.（ed.）1987. *The quest for eternity: Chinese ceramic sculptures from the People's Republic of China*. Los Angeles & London: Los Angeles County Museum of Art & Thames and Hudson，第16、114、116页；Wang Zhongshu（王仲殊著 张光直译）. *Han civilization*. Tr. by K. C. Chang a.o. New Haven & London: Yale University Press. Tr. of 1984，第78页；王仲殊：《汉代考古学概说》，中华书局，1984年，第11页；李京华：《持耒俑》，《农业考古》1981年2期；陈文华：《中国汉代长江流域的水稻栽培和有关农具的成就》，《农业考古》1987年1期，第102—110页；山东省博物馆、山东省文物考古研究所编：《山东汉画像石选集》，齐鲁书社，1982年，第168页图377、第185页图427、第200页图473。

刃角都平直（第二型）；凹口锸铁口宽、高都在10厘米以上，刃口、两侧角都呈圆弧状（第三型），或刃口呈三角形（第四型）；手锄锄口宽、高都在10厘米以下，刃口圆弧、两侧角外撇（第一型）；铁口耒锄口宽、高都在10厘米以下，刃口、两侧角都呈圆弧状（第三型）[①]。黄展岳没有给出这样定名的具体理由，大概是根据他在研究这类器物时的一种主观印象。黄展岳是农业考古领域的一位权威，他所提出的定义当然不应被轻视，但他在这里所给出的定义却略显轻率。例如，按照他的定义，图六三，1显然是一件锄，但这件器套又符合刃口、刃角圆弧，即第三型的特征，那么就应该定义为锸；而图八一的耒又符合第一型特征，所以应该定义为手锄。因此，如果按照以上的区分定名方法，那在这三件功能明确的器物之中，有两件就会被冠以错误的定名了。

我认为现在要确定不同凹形器的具体功能还言之尚早，因为它们大部分都存在一物多用的情况。例如图六三，1的凹字形铁口锄以及图八〇的铁口锸，形制、大小都十分相似，看上去在功能上应该也可以互通。

根据黄展岳的研究，凹口锄在今广西、云南和越南北方地区仍沿用[②]。而饭沼二郎的研究指出凹口锄与凹口锸在日本与韩国从早期一直沿用到20世纪[③]。在西方国家，比如罗马时期[④]，以及19世纪的爱尔兰[⑤]与瑞典[⑥]也使用这类锄或锸，只是其

---

① 黄展岳：《古代农具统一定名小议》，《农业考古》1981年第1期，第41—43页。

② 黄展岳：《古代农具统一定名小议》，《农业考古》1981年第1期，第41页。

③ Iinuma, Jiro（饭沼二郎）1982. 'The development of ploughs in Japan', *TT* 4.3:139−154 + 157。

④ Corder, Philip 1943. 'Roman spade-irons from Verulamium, with some notes on examples elsewhere', *Archaeological journal*（London: Royal Archaeological Institute of Great Britain and Ireland），100:224−231；White, K. D. 1967. *Agricultural implements of the Roman world.* Cambridge University Press，第27−28页。

⑤ Gailey, Alan 1968. 'Irish iron-shod wooden spades', *Ulster journal of archaeology*（Dublin:Ulster Archaeological Society），31:77−86。

⑥ Myrdal, Janken 1982. 'Jordbruksredskap av järn före år 1000'（'Iron agricultural implements before the year 1000'），*Fornvännen: Tidskrift för svensk antikvarisk forskning*, 77:81−104. English abstract，第81页；Myrdal, Janken 1983. 'Grepar, hackor, spadar och skovlar i hundratal'（'Forks, hacks, spades and shovels in hundreds'），*Fataburen: Nordiska Museets och Skansens årsbok*, 1983: 153−164. English abstract，第163−164页。

凹形器套通常都是熟铁制造而非铸铁[①]。

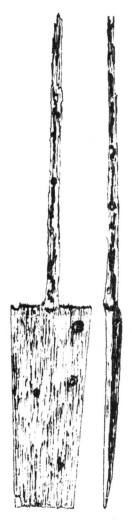

图七三　江苏苏州新庄东周遗址出土木耒

（从图上来看该木锹不像曾安装过金属器套。采自《苏州新庄东周遗址试掘简报》，《考古》1987年第4期，第316，317页）

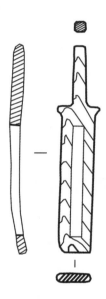

图七四　江西九江一口古井出土木耜

（采自《江西九江神墩遗址发掘简报》，《江汉考古》1987年第4期，第20页）

---

① 在Corder文中所论及的几件罗马时期的锸套，看上去很可能是由铸铁制造，特别是其图1.3中这一件，年代大约为公元3至4世纪。如果可以仔细检视一下标本，或是进行一些金相检测，会是十分有意义的［参阅Corder, Philip 1943. 'Roman spade–irons from Verulamium, with some notes on examples elsewhere', *Archaeological journal*(London:Royal Archaeological Institute of Great Britain and Ireland), 100:224–231］。

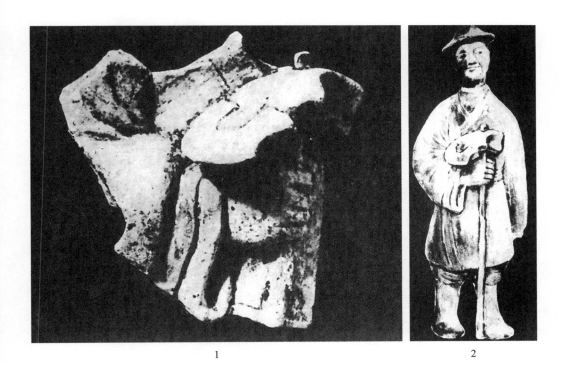

1   2

图七五　四川广汉汉墓出土执锄俑

（采自《全国基本建设工程中出土文物展览图录》下册，中国古典艺术出版社，1956年，图
版二一七，1）

1

2

图七六 18世纪水彩画中展现制瓷时混合黏土的场景
（丹麦哥本哈根皇家图书馆藏，编号346d，3）

图七七　河南邓县出土南北朝时期郭巨埋儿奉母图画像砖
（采自《邓县彩色画像砖墓》，文物出版社，1958年，第17页）

图七八　四川成都郫县出土持筐、木柄铁锹俑
（采自Glukhareva, O. 1956 Izobrazitel'noe
iskusstvo Kitaya. Preface by Glukhareva, O. Moskva:
Gosudarstvennoe Izdatel'stvo Izobrazitel'nogo
Iskusstva.）

图七九　威廉·亚历山大于1793年绘"农民、船夫掷骰图"

（采自Alexander, William & Mason, George Henry 1988. *Views of 18th century China: Costumes, history, customs*. London: Studio Editions. Interleaved repr. of separate books by Alexander and Mason, each titled *The costumes of China*, publ. in 1804 and 1805 respectively.）

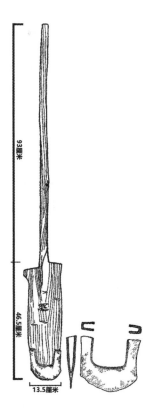

图八〇　湖南长沙马王堆3号墓出土带铁口锸的木铲
（采自《马王堆三号墓出土的铁口木臿》，《文物》1974年第11期，第46页）

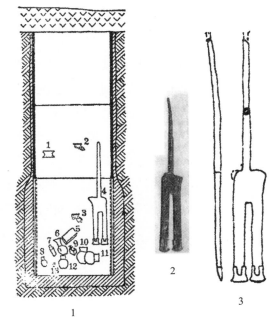

图八一　湖北江陵楚纪南城古井示意图及出土带凹字形器套双齿耒耜
（1：采自《一九七九年纪南城古井发掘简报》，《文物》1980年第10期，第43页；2：采自《一九七九年纪南城古井发掘简报》，《文物》1980年第10期，第45、47页；3：采自《古代农具统一定名小议》，《农业考古》1981年1期，第44页）

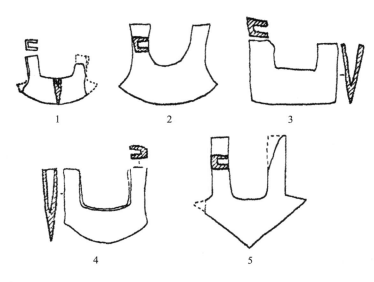

图八二　凹字形器套
（采自《古代农具统一定名小议》，《农业考古》1981年1期，第42—43页）

　　图八一中所示的这种耒早在汉代的画像石材料中就已出现，这主要与中国传统神话中的神农与禹有关。在汉代的画像石材料中经常可以看到神农与禹手持耒的形象（图八三—图八六）。耒给人的第一印象并不像是一种工具，我曾认为它并不具备任何实用功能，应该只是汉代艺术家们所设想的一种古代挖掘工具的形象。所幸在这件材料发现以前，我还没有将我的这种想法作为结论发表出来。而且不只是这件耒有实际用途，有更多研究显示这种工具的使用已经历了相当长的时间。比如在陕西临潼姜寨仰韶文化灰坑[①]、陕西庙底沟龙山文化灰坑[②]以及河南安阳殷墟305号

---

① 　西安博物馆等：《陕西临潼姜寨遗址第二、三次发掘的主要收获》，《考古》1975年第5期，第283页。

② 　中国科学院考古研究所：《庙底沟与三里桥》，科学出版社，1959年，第23页图版九二。

灰坑壁上①都曾发现清晰的木耒痕迹②。

近代爱尔兰的某些地区仍使用着一种与耒十分相似的工具，一位学者在记录1802年梅奥郡（County Mayo）的艾瑞斯地区（Erris）③时这样写道④：

他们使用的是一种十分特别、古怪的铲子，这种铲子有两个刃，本地人称之为gowl–gob。其形状就像是两个单独的铲子如双叉一样被固定在一起，每个铲子大约7.5厘米宽，中间间隔约4厘米。这种工具十分适用于当地疏松的沙质土壤，并且相比一般同样大小但中间没有间隔的铲子而言要更轻便。

这种gowl–gob无论是形状还是大小，都与图八一的耒十分接近。耒之所以要做成双刃，我想可能是因为宽的木耒在使用中比较容易裂损。若使用两片独立的、较窄的刀刃，则可有效地解决裂损问题。图七四中的耒也运用了相似的原理，刀刃中间矩形的孔，使得其刃部在弯曲的同时不易裂损。

艺术史研究学者们通常倾向于将汉代墓葬画像及雕刻中执耒图像的人物释读为神农。不过保罗·安德森（Poul Andersen）认为这些图像绝大部分应该为禹。我们

① 中国科学院考古研究所安阳工作队：《1958–1959年殷墟发掘简报》，《考古》1961年第2期，第66页图一。
② 更多可参阅陈文华、张忠宽：《中国古代农业考古资料索引2：生产工具》，《农业考古》1981年第2期，第160—161页。
③ 译者注，爱尔兰西北部一片私有土地，隶属梅奥郡。
④ Ó Danachair引用McParlan, Statistical survey of County Mayo, Dublin 1802。［参阅Ó Danachair, Caoimhín 1963 'The spade in Ireland', *Béaloideas: The journal of the Folklore of Ireland Society*（Dublin），31:98–114，第113页。］Ó Danachair还提到一些其他19世纪旅行者报道中也提到了gowl–gob的使用，以及一些老人在1959年时回忆他们的祖父所告诉他们的关于这类工具的种种，并提及在爱尔兰国家博物馆中收藏有两件gowl–gobs实物样本。另可参阅Gailey, Alan 1968. 'Irish iron–shod wooden spades', *Ulster journal of archaeology*（Dublin: Ulster Archaeological Society），31:77–86，第84页注12。另外，Dr. Michèle Pirazzoli–t'Serstevens 告诉我在法国，也曾有使用过这种类型的双刃铲（耒），她是参阅Brunhes Delamarre Mariel J. Hairy, H. 1971, Mariel J. & Hairy, H. 1971 *Techniques de production:l'agriculture.*（Musée des Arts et Traditions Populaires, *Guides ethnologiques*, 4/5）. Paris，第12–13页。

图八三　武梁祠神农画像砖
（采自Wu Hung 1989. *The Wu Liang shrine: The ideology of early Chinese pictorial art*. Stanford University Press）

图八四　武梁祠持双齿铲的大禹
（采自Wu Hung 1989. *The Wu Liang shrine: The ideology of early Chinese pictorial art*. Stanford University Press）

可以特别注意一下图八三与图八四中的两个人物，这两幅图像都来自于武梁祠的画像石。通过图像旁边的文字可知，这两个人物分别为神农和禹（图八七）。在汉代雕刻中，像这种具有决定性意义的文字虽然十分稀少，但通常还可以通过禹身后的翅膀、独特的斗笠、月中兔、飞鸟、北斗七星以及有翼兽等形象来鉴别①。

① 参阅Andersen, Poul 1990. 'The practice of bugang: Historical introduction', *Cahiers d'Extrême-Asie*, 1989/90, 5:15−53，第45页注69。

图八五　江苏茅山汉墓出土
大禹浮雕拓本
　　（采自《徐州汉画像石》，
江苏美术出版社，1985年，第5
页，图九〇）

图八六　大禹浮雕拓本中所
持的耒

图八七　山东嘉祥武梁祠的石刻浮雕

（采自《武梁祠》，生活·读书·新知三联书店，2015年，第177、178、190页）

　　禹在中国神话传说中是一位十分重要的人物，他与早期道教的萨满行为关系十分密切[1]。从图八八的陶俑形象，我们或许可以看出一些联系。这尊陶俑出自河南省灵宝张湾汉墓[2]，俑的造型看上去是一名巫师，手持耒，脚穿虎爪，脸部涂有类似猫一样的妆[3]。而在图八九中，两只有翼兽在搬运耒，应该同样也与巫术有关。不管怎样，在这里值得我们关注的是禹手执的这件工具，应该就是他在移山治水的传说中所使用的挖掘工具[4]。

　　另一方面，神农所执的用于耕种土地的工具同禹的工具是有所区别的。神

①　Granet, Marcel 1959. *Danses et légendes de la Chine ancienne*（*Annales du Musée Guimet: Bibliothèque d'études*, T. 64）. Nouv. éd., 2 vols. with continuous pagination, Paris: Presses Universitaires de France，第466-590页；Andersen, Poul 1990. 'The practice of bugang: Historical introduction', *Cahiers d'Extrême-Asie*, 1989/90, 5: 15–53，第16–17页。

②　河南省博物馆：《灵宝张湾汉墓》，《文物》1975年第11期，第80—81页。

③　另参阅Hentze, C. 1928. *Chinese tomb figures: A study in the beliefs and folklore of ancient China*. London: Edward Goldston; repr. New York: AMS Press, 1974. Tr. from Les figurines de la céramique funéraire, Hellerau bei Dresden, 1928，第72页图版23；李士星：《记山东嘉祥发现的一批汉画像石》，《考古与文物》1988年第3期，第23页图三。

④　也有部分汉代画像材料显示，禹有手执普通的单刃锸的情况（参阅山东省博物馆、山东省文物考古研究所编：《山东汉画像石选集》，齐鲁书社，1982年，图版168，图377，图版185，图427）。

农的工具带有一点S形曲线，用途可能也不尽相同。其功能与犁（图九〇，摄于1935年，阿富汗东部纽里斯坦）类似。图九一所示为该工具的实际使用情况[①]：

当地人通过一种以圣栎（holm oak，or Quercus Balout）的树枝或根部制成的，名为kirau的简单木叉，以令人难以想象的方式耕种着自己的土地。其中一人扶着犁杆，另外一人以绳索或是衣物拧成绳状来牵引犁，并以一定的节奏慢慢地牵引及放开。在这种无法利用耕畜耕作位于斜坡上的小块土地上，通过这种独创的方式也可以进行简单地耕作。

[①] 参阅Scheibe, Arnold 1937. *Deutsche im Hindukusch: Bericht der Deutschen Hindukusch–Expedition 1935 der Deutschen Forschungsgemeinschaft*（*Deutsche Forschung: Schriften der Deutschen Forschungsgemeinschaft*, N.F., 1）. Berlin: Karl Siegismund Verlag，第104页；Lennart Edelberg描述的同一地区1947年所使用的方法与Scheibe的描述基本一致［参阅Edelberg, Lennart 1952. 'Træk af Landbrug og Livsform hos Bjergstammer i Hindukush', s. 14–35 i *Næsgaardsbogen*, udg. af og for gl. Næsgaardianere（Næsgaard Landbrugsskole），Nykøbing Falster 1952］；另外，在Johannes所描述的阿富汗南部与Ikromiddin所描述的塔吉克苏维埃社会主义共和国等地挖掘灌溉水渠的过程中，也有出现这种两人配合的挖掘方式［参阅Humlum, Johannes 1959. *La géographie de l'Afghanistan: Étude d'un pays aride*（*Publications de l'Institut de Géographie de l'Université d'Aarhus*, no. 10）. Copenhague: Gyldendal; Oslo: J. W. Cappelen; Helsinki: Akateeminen Kirjakauppa，第193–195，215–216页；Mukhiddinov, Ikromiddin 1979. 'Spade digging by means of andzhan traction in the West Pamirs in the 19th and early 20th centuries', *TT* 3.4:245–248］。另可参阅王静如：《论中国古代耕犁和田亩的发展》，《农业考古》1984年第1期，第65、69页，图131；胡德平、杜耀西：《从门巴、珞巴族的耕作方式谈耦耕》，《文物》1980年第12期；Vavilov, N. I. & Bukinich, D. D. 1929. Zemledel'checkii *Afganistan / Agricultural Afghanistan: Composed on the basis of the data and materials of the Expedition of the Institute of Applied Botany to Afghanistan*. Leningrad. English summary 第535–610页，图17。

图八八　灵宝张湾出土持双齿耒的陶俑

（采自《灵宝张湾汉墓》，《文物》1975
年第11期，第80、81页）

0　　　5 cm

图八九　武梁祠画像石早期拓本（或复原图？）

［采自Chavannes, Édouard 1909–15 *Mission
archéologique dans la Chine septentrionale*（*Publications
de l'École Française d'Extrême-Orient*, 13）. 2 albums
comprenant 488 planches en 2 cartons, 1909; t. 1, 1ére partie,
1913; 2ême partie, 1915. Paris: Ernest Leroux］

图九〇　阿富汗东部Nuristan的
"犁"与"耒"

［采自Scheibe, Arnold（Hrsg.）
1937. *Deutsche im Hindukusch:
Bericht der Deutschen Hindukusch-
Expedition 1935 der Deutschen
Forschungsgemeinschaft*（*Deutsche
Forschung: Schriften der Deutschen
Forschungsgemeinschaft*, N.F., 1）.
Berlin: Karl Siegismund Verlag，第104
页，图三二］

图九一　Nuristan"犁"的使用方法

［采自Scheibe, Arnold（Hrsg.）1937 *Deutsche im Hindukusch: Bericht der Deutschen Hindukusch-Expedition 1935 der Deutschen Forschungsgemeinschaft*（*Deutsche Forschung: Schriften der Deutschen Forschungsgemeinschaft*, N.F., 1）. Berlin: Karl Siegismund Verlag，第104页，图三三］

　　在19世纪的中国，阮福的《耒耜考》中，记录了中国西南地区一支少数民族也有在用类似的耕作方式[①]：

_____

① （清）阮福：《耒耜考》，严杰补编：《经义丛钞》（《皇清经解》卷一三八四，第二十六页左，清咸丰十年学海堂刻本）；孙常叙也引用过同一段文字，只是有一个印刷错误（参阅孙常叙：《耒耜的起源及其发展》，上海人民出版社，1959年，第57页）。

今黔中爷头苗全用人力不用牛，其法，一人在后推耒首，一人绳系磐折之上，肩其绳，向前曳之，共为力。此即耦耕之遗欤！

"耦耕"一词，多次出现在中国古典文本之中，有很多学者尝试对其进行阐释[1]。孙常叙采纳了阮福的观点，认为耦耕是一种使用耒耜的方法，并尝试根据大量的文字材料来对耦耕作更可靠的考释。他的工作曾被认为是空谈臆说、望文生义[2]，但事实上也只有他对耦耕的考释是有民族志学依据的。他所引用的阮福的观点，加上上文所述的阿富汗的例子，都证实了耦耕其实就是一种使用耒耜的方法。我不知道孙常叙有没有考释出"耦耕"正确的意思（我认为根本也没必要一定要有一个明确或一定的意思），但他的论证清楚地说明中国古代确有这种双人配合的耕作方式，不论人们当时是怎么称呼它的。

在辉县固围村以及临潼秦代作坊遗址发掘出土的战国时期铁制工具里包含了一些犁（ploughshare）和铧（ploughshare cap）（图五一，7、图五五，4—5、图五六，3及图六〇，12）。其他一些遗址也出土少量战国时期的犁与铧，汉代的材料就非常多了，图九二—图一〇二中作了部分列举[3]，同时还发现有大量以耕作为主题的汉代考古材料（图一〇三、图一〇四、图一〇五）[4]。

---

[1]　汪宁生：《耦耕新解》，《文物》1977年第4期，第74页。

[2]　参阅Bodde, Derk 1975 *Festivals in classical China: New Year and other annual observances during the Han dynasty, 206 B.C. – A.D. 220*. Princeton University Press & The Chinese University of Hong Kong，第236页注54；汪宁生：《耦耕新解》，《文物》1977年第4期，第75页。

[3]　陈文华与张忠宽列举了10个战国时期、45个秦汉时期的铁制犁铧（陈文华、张忠宽：《中国古代农业考古资料索引2：生产工具》，《农业考古》1981年第2期，第163—164页）。

[4]　陈文华与张忠宽还列举了大量的材料（陈文华、张忠宽：《中国古代农业考古资料索引4：农作图》，《农业考古》1984年第1期，第308—310页）。

图九二　河北满城汉墓2号出土的犁

（采自《满城汉墓发掘报告》，文物出版社，

1980年，第279—280、281页，图版一九六，1）

图九三　陕西咸阳姚店出土的犁

（采自《"文化大革命"期间陕西出土文

物》，陕西人民出版社，1973年，第14页）

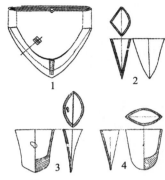

图九四　陕西永寿窖藏出土的汉代铁农具

1：铧；2：犁；3：犁；4：犁；5：犁

（采自《陕西永寿出土的汉代铁农具》，

《农业考古》1982年第1期，第87—88页）

图九五　河南渑池窖藏出土疑为

汉代的犁

（采自《从出土文物看汉代农业

技术》，《文物》1985年第8期，第

43页）

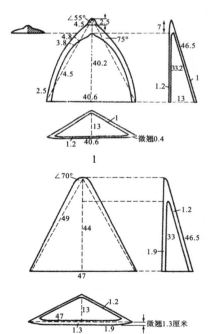

图九六　辽宁辽阳三道壕及山东

滕县长城村出土两件汉代大铁犁

（采自《两汉大铁犁研究》，

《北京大学学报（哲学社会科学

版）》1985年第1期，第253页）

1　　　　　　　　　　　2

图九七　河南渑池县发现的古代窖藏铁器

1：犁；2：铧

（采自《渑池县发现的古代窖藏铁器》，《文物》1976年第8期，第47—48页）

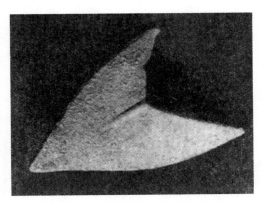

图九八　秦始皇陵附近出土的铁犁

（采自《秦始皇陵附近新发现的文物》，

《文物》1973年第5期，第66—67页）

1

2

图九九　陕西长安发现的汉代铁铧和铧土

1：铁铧与铧土；2：两件器物的套合

（采自《陕西省发现的汉代铁铧和铧土》，《文物》1966年第1期，第20
页，图版三，1—2）

1

2

3

4

图一○○　陕西省礼泉县发现的汉代铁铧、铧土和凹字形器套

1：铁铧、铧土和凹字形器套；2-4：三件器物套合的三视图

（采自《陕西省发现的汉代铁铧和铧土》，《文物》1966年第1期，
第20页，图版三，3—6）

图一〇一　陕西蒲城县冲全村出土的5件犁

（采自《陕西省发现的汉代铁铧和鐴
土》，《文物》1966年第1期，第19—20页）

图一〇二　陕西陇县高楼村出土
的铁器

1：带 V 字形器套的犁；2：铧；
3：铧；4：铲；5：鐴土；6：犁

（采自《陕西省发现的汉代铁铧
和鐴土》，《文物》1966年第1期，第
20—21页，图版四）

图一〇三　江苏睢宁双沟出土的疑为汉代耕作场景画像石

（采自《徐州汉画像石》，江苏美术出版社，1985年，第11页，图二四三）

图一〇四　甘肃武威磨咀子48号墓出土牛拉犁木制模型

（采自《武威磨咀子三座汉墓发掘简报》，《文物》1972年第12期，第22、13—14页）

图一〇五　汉代艺术品中所表现的耕作场景

1：甘肃武威木俑；2：山西平陆壁画墓；3：陕西绥德画像石；4：江苏睢宁画像石；5：陕西米脂画像石；6—7：山东滕县画像石；8：甘肃武威壁画墓；9：内蒙古和林格尔壁画墓

（采自《泗洪重岗汉代农业画像石刻研究》，《农业考古》1984年第2期，第78页）

　　关于中国古代犁耕发展的论述已有许多[①]，这里不再做深入的探讨。这里要提到的是，根据Francesca Bray的权威调查，她通过大量各时期、不同地点的证据证明

①　参阅徐中舒：《耒耜考》，《"中央研究院"历史语言研究所集刊》第二本第一分册；Bodde, Derk 1975. *Festivals in classical China: New Year and other annual observances during the Han dynasty, 206 B.C.–A.D. 220*. Princeton University Press & The Chinese University of Hong Kong，第228–241页；Sekino, Takeshi（关野雄）1967. 'New researches on the lei–ssu', *Memoires of the Research Department of the Toyo Bunko*（Tokyo），25: 59–120；孙常叙：《耒耜的起源及其发展》，上海人民出版社，1959年；王静如：《论中国古代耕犁和田亩的发展》，《农业考古》1983年1、2期，1984年第1、2期；杨宽：《关于西周农业生产工具和生产技术》，《历史研究》1957年第10期；陈文华：《试论我国农具史上的几个问题》，《考古学报》1981年第4期。

了远在新石器时代中国就已有了畜力犁耕。并且在中央集权高度集中的商代，也只有使用犁耕技术才能满足当时的农业生产需求。尽管完全以木制工具进行耕作可能有点让人难以想象，不过实际上我们发现一些骨器、石器与蚌器等也都是可以作为犁铧使用的。还有一些铜制的犁铧，只是在当时并没有引起大家多大的重视①。中国最早的铁犁铧即之前图五一，7与图六〇，12中看过的，年代大约为公元前3世纪中期或晚期。至于在这以前，到底多早就开始使用犁铧都只能是一种推测，没有实际证据可以证明。

诸如图五五，4—5、图五六，3、图九四，1、图九七，2、图一〇二，2—3中的这种V字形器套（犁铧）是一种非常普及的器形，在河南渑池县发现的古代窖藏铁器遗址中出土了上千件②。在数年前，一般认为这种器套是用来套在木制工具上，就像凹字形器套在木制挖掘工具上的使用一样。不过令人疑惑的是，他们是如何将 工具的木制部分与器套之间足够强力地结合在一起的。我们从图一〇〇、图一〇一、图一〇二，1中可以看到还带有铧冠残片的巨大铁铧。这种V字形器套显然是作为一种可更换的器套套在铧的前端，从而防止木铧本身过度地磨损。

图九九、图一〇〇是一些汉代的鐴土（mould-board）标本以及它们是怎么样安装在犁铧上的。鐴土是耕犁的翻土器，可以将耕起的土翻转并弄碎。至于在汉代以前是否有使用鐴土尚不清楚③。

---

① 参阅陆懋德：《中国发现之上古铜犁考》，《燕京学报》1949年第37期；徐中舒：《耒耜考》，《"中央研究院"历史语言研究所集刊》第二本第一分册，第36—41页［参阅Waley, Arthur 1948. 'Note on iron and the plough in early China', *Bulletin of the School of Oriental and African Studies*（University of London）1947/48, 12:803–804］；Watson, William 1952. 'Chinese weapons and a ploughshare', *British Museum quarterly*, 15: 95–99；中航：《济南市发现青铜犁铧》，《文物》1979年第12期。

② 渑池县的窖藏遗址是一处惊人的大发现，共计出土六十多种器形的四千一百九十五件窖藏铁器，总重达三千五百公斤。其埋藏年代约为公元4世纪，但其中许多器物的年代可以早到公元前1世纪（渑池县文化馆、河南省博物馆：《渑池县发现的古代窖藏铁器》，《文物》1976年第8期）。

③ 关于鐴土的使用以及其设计构思，可参阅Bray, Francesca 1984. Joseph Needham, *Science and civilisation in China*, vol. 6, part 2: *Agriculture*. Cambridge University Press，第171–179页。

1.16 河南洛阳附近的东周时期墓地

东周都城遗址位于今河南省洛阳西部，于公元前771年平王迁都沿用至公元前256年秦灭周。除考古调查所发现的城墙遗址，都城遗址的考古工作十分薄弱。中州路工程施工时，考古工作者在工程范围内抢救发掘了260座东周墓葬，这是研究古城遗址的一批重要材料。中州路墓地的年代自春秋早期一直到战国晚期，逾五个世纪。相邻的烧沟遗址曾发掘了59座战国墓葬，发掘者认为两处墓地年代十分接近，均为汉代以前，约相当于中州路战国墓葬七期，为中州路墓地墓葬的年代分期提供了有力的补充。

这几个遗址中所发现的铁器数量极少（图一〇七）。表五是出土铜器与铁器的具体情况。其中，表的第三列给出的是出土铜器墓葬在各期墓葬中的百分比。该数据并不十分精确，是为了解墓地各时期繁荣程度提供一个大致的统计数据。结果显示相较其他时期，第四期即战国早期时墓地的使用者们明显更为富有。

中州路墓地出土的所有铁器都是出自相对繁盛的第四期。其中，M2717出土了一把铁刀，M1808乙出土四件形状难辨的铁片。M2717是中州路墓地随葬品最丰富的墓葬，出土铜器99件（另墓地有铜镞187枚），远高于该墓地的其他墓葬。

相比之下，烧沟遗址出土的铁器相对较多，在59座墓葬中共有11座出土铁器（约19%），包括铁尾铜镞1件、铁带钩9件以及在一座墓葬的填土中还发现2件挖掘工具。

一般可能会认为烧沟战国墓葬与中州路七期墓葬的情况应该十分相似，因为两墓地在年代与地域上都十分接近，但结果不然。其中差异之一，烧沟战国墓葬随葬带钩的情况要比中州路七期多得多，并且带钩通常为铁制。进一步的研究为我们揭示出更多方面的差异，包括随葬品以及墓葬形制等方面[1]。至于为什么会存在这

---

① 在这里详细讨论这些差异有点离题，所以仅给出两处墓地墓葬的长、宽平均值、标准差以及长宽比例。中州路七期墓葬长2.30±0.26米，宽1.24±0.31米，长宽比1.96±0.44；烧沟战国墓葬长2.22±0.17米，宽0.87±0.10米，长宽比2.59±0.32。

样的差异，或是由于墓主来自于两个不同的社会群体，所以在葬式上也存在小小的差异，即为死者随葬腰带及带钩。烧沟战国墓葬发现铁器较多是因为铁带钩的数量多，而出土铁带钩较多又恰好是由于这里带钩的使用比较普及。烧沟战国墓葬填土中所发现的铁制挖掘工具，应是填埋过程中不小心遗失或是丢弃的。

对于存在这种差异的解释，我想为未来的相关研究提出另一种假设：也许这批墓葬的断代并不像它看上去那么精确，烧沟战国墓葬的年代很可能比中州路七期晚。比如，绝大部分中州路墓葬的年代是在秦灭周以前（公元前256年），而绝大部分烧沟战国墓葬的年代是在这之后。我们在1.6节中了解到，带钩在秦国墓葬中十分普及，大约42%的各期秦墓中都有出土，这意味着几乎每一位秦墓中的死者都穿戴带钩随葬。如果将烧沟战国墓葬的年代定为秦灭周以后，那么该墓地出土带钩以及使用铁制工具与铁尾铜镞的情况，可能是受到秦文化的影响。在未来的研究工作中，应将两座墓地进行细致地对比，希望能够发现其他秦文化影响的因素。

表五为洛阳地区铁器使用的一些基本情况，通过该表我们可以做出一些大胆的推论：在战国早期，有一名十分富有的人被埋葬于此并随葬一把铁刀；另有一人随葬一些铁片（器形不辨）。由此看来，在这一时期铁器是作为一种昂贵的新奇玩意儿通过富人被引进到洛阳的。除此之外并没发现其他铁器的考古学材料，似乎直到很晚的时候铁器的使用在周地都没有正式普及开来①。

---

① 虽然我认为这种假设是最接近真实情况的，但仍需以大量功能相同的铁器与铜器材料进行比较研究作为支持，不过遗憾的是这类材料十分稀少。铁器的匮乏也可能是由于当时当地选择随葬品风俗的一种偶然结果。

表五　中州路及烧沟遗址出土东周时期铜铁遗物统计表

	墓的数量	出土铜器墓的比例	铜鼎	镞和箭头		铜带扣	带钩		铜柄武器	铜剑	刀		工具		其他铁器
				铜制	铜铁合制		铜	铁			铜	铁	铜	铁	
中州路 一期 春秋早期	6	17%	1	5					1	1					
二期 春秋中期	30	20%	6	10			1		5		1				
三期 春秋晚期	37	22%	3	21		1	1		3	7					
四期 战国早期	26	38%	5	243		8			8	12	2	1	12		4
五期、六期 战国中期	37	16%		2			3			3					
七期 战国晚期	29	7%		7			1			1					
烧沟 战国晚期	59	24%		1	1		10	9							2

（采自《洛阳中州路（西工段）》，科学出版社，1959年，第151—163页）

1.17 结论

本章所论及的绝大部分器物来自于墓葬，所以我们需要认识到我们的结论是存在一定偏见的。生活用器与随葬用器在时间与空间上的各种联系既不单纯也不恒定。我们看过两个十分清楚的例子，包括随葬带钩与兵器的情况。在1.6节讨论过的秦国墓地，其中有42%的墓葬包含带钩。这接近50%的数据告诉我们几乎是每一个被埋葬的男性都穿戴有带钩。那么这是否表示秦国绝大部分生人就穿戴带钩呢？可能人们最自然的反应都会给出肯定的答案。而另一面，1.3节中雨台山楚墓里，只有5%的墓葬随葬带钩。若按照同样的理论反推，就是说在楚国男性穿戴带钩的情况十分稀少，但这种情况也有可能是因为在楚国很少为下葬男性穿戴平日的衣物。这两种解释都显得有理，让人难以抉择。

在研究秦楚两国墓葬中随葬兵器的时候，我们发现情况恰恰相反。大约40%的楚国墓葬随葬兵器，而只有5%的秦国墓葬出土兵器。很难通过表象来解释这些数据，因为光看数据，它可能代表楚人比秦人更加好战，而这种释读明显是错误的[①]。

在研究秦楚两国铁器的使用情况时，我们必须考虑到它们在选择随葬品器物类型上的差异，并对比铁器与其他不同质地但功能相似器物的出现情况。带钩的情况就是一个对我们有帮助的例子。因为几乎每个秦国墓地中所葬男性都穿戴了带钩，且30%为铁带钩。这说明铁在带钩上的应用在秦国十分普及。而在雨台山楚墓总共发现了31件带钩，而没有一件为铁制。说明在楚国，铁并没有运用在带钩上。不过，由于雨台山楚墓仅5%的墓葬出土有带钩，所以也不能确定这一部分人群是否是代表一个特殊的群体，而且其他方面也有一定差异。前文提到了湖北江陵与河南荥阳（见图一四，1—2）两座高等级楚墓中出土的五件错金、错银与错玉的铁带钩。江陵楚墓的可靠年代为公元前4世纪。由此可知，在楚国，铁确曾被使用在带钩上，只是靠现有材料无法得知其到底达到何种程度，也许仅仅是供权贵使用。

再谈铁制兵器的问题，我们发现，几乎每位葬于雨台山楚墓的男性都随葬有一件或多件兵器。在所发现的数以百计的兵器之中却无一件纯铁制兵器，仅有少量箭镞的杆为铁制。我认为这很清楚地说明楚国几乎不使用铁制兵器作为随葬。在选择随葬品时，铜器无论在其象征意义还是审美角度来说，显然都要优于仅有实用价值的铁器[②]。1.10节讨论过的燕下都44号墓，其墓葬性质则有所不同，出土兵器应为士兵生前所使用过的。出土的铁器数量要远大于铜器数量，这说明了铁制兵器多使用于现实生活中而非用作随葬。而雨台山楚墓所发现的铁足铜鼎，又说明了在

---

① 另有一点奇怪的是，在雨台山楚墓的墓葬中，带钩与武器从不共出。让人不禁疑惑，该情况是否具有特殊意义，是否与秦楚两国的风俗差异有关系。

② Trousdale, William 1977. 'Where all the swords have gone: Reflections on some questions raised by Professor Keightley', *EC* 3: 65–66. Cf. Keightley 1976; Barnard 1979.

随葬品中，铁器也不是完全被拒之门外。此外，还在雨台山楚墓发现有锡制与木制的"兵器"。总的来看，兵器在楚人墓葬中很可能是作为一种必需随葬品，即使在没有条件随葬真正兵器的情况下，也会想办法使用一些其他质地的替代品。在数百件铜、锡以及木制的戟、矛、匕、剑中，没有发现器形与之对应的铁制兵器。我认为综合考古材料来看，在楚国铁制兵器的使用相当少，即使有，也多是用于有刃武器[①]。但如1.1节中所述，《荀子》中的一段记载暗示了早在公元前300年，楚国在宛城（今河南南阳）就可以造出优质的钢铁兵器。那么应该怎样看待这种考古学证据与文献材料间的矛盾呢？根据对《荀子》一书年代上的严密考证，《荀子·议兵》一文应写于公元前259或258年，是在秦灭楚之后很久。有一种可能是在荀子写《议兵》之时，宛城的钢铁产业确实十分繁盛，但荀子错以为早在公元前300年时也是如此。并且在2.4节中也将会讨论到，在秦灭六国的过程中，秦国在所征服的土地上大力发展自然资源。还特别提到强制将其他地区的铁器制造业者，举家搬迁至宛城，以发展当地的制铁业。如果说宛城当时已有繁荣的兵器产业，那么这一段记录就显得十分奇怪了。另外，发现钢铁兵器的材料极度匮乏，或也说明了在秦灭楚以前，该地并不具备繁盛的制铁业。

在河南辉县魏国地区（1.13节表四）发现的青铜兵器有：

铜剑6件

有柄武器首15件

铜镞120件

铁尾铜镞79件

跟楚国的情况一样，所发现的唯一铁制武器是镞的尾部。而实际发现的绝对数量还要少得多，所以我推测在魏国除了铁尾铜镞基本也没有使用铁制兵器。

---

① 我们还应注意到江陵楚纪南城出土的三件铜制兵器，分别为两件镞与一件矛（参阅湖北省博物馆：《楚都纪南城的勘察与发掘（上）》，《考古学报》1982年3期，第348页；湖北省博物馆：《楚都纪南城的勘察与发掘（下）》，《考古学报》1982年4期，第483、487页）。

雨台山楚墓为楚国的年代学提供了考古学证据，一直到公元前278年郢城被秦军所毁。燕下都44号墓（1.3节）也是源自这一时期，其中发现大量的兵器几乎全为铁器。根据这些铁器的金相分析（第三章，附表3.4）显示，其中一部分铁器为淬火钢，是一种相当高级的技术。其他一些可比较的古代列国铁器使用的证据，通常在年代上要晚一些。

前文所述的秦国墓地中，可用作比较的材料主要为第二期一座墓葬中出土的铜剑与铜戈，与第五期三座墓葬中出土的五把铜剑。其中第五期墓葬的可靠年代大约在公元前221年至公元前206年，第二期的具体年代并不重要，重要的是它远早于第五期。所以这批过于零碎的材料并不足以解答我们的疑问。另外，这四座墓葬所包含的随葬兵器也说明它们并非该时期典型的秦国墓葬，可能是属于外来者或是某一特殊群体的。因此，我们也无法确定这些兵器是否为当时秦国的典型兵器。但从这三座第五期的墓葬可以看出，在秦始皇时期已出现了铁剑。而像燕国这样的小国都在数十年前就已经在使用钢制武器，所以自然而然让人觉得作为征服了整个中国的胜利之师也应该拥有钢制武器，并且肯定远比燕国早。

那么为什么秦始皇的兵马俑全部装备的是铜制武器呢？很可能是因为青铜具有某些特殊的象征意义[1]。

我一般倾向于选择一些可能与中国古代物质文化的实际情况存在一定偏颇的比较材料进行探讨。但剑是一个特殊的情况。在表三中收录了已发表的所有考古出土汉代以前的铁剑材料。在1.12节中我们曾对这些材料进行了讨论并做出了一个结论，即中国古代一直到公元前3世纪才出现了铁剑，其传播在很大程度上是受秦国的影响。不过，到目前为止还很难确立这种说法。

再看铁制工具的使用情况。这里所使用的样本问题又有些不一样，因为我们无法假设大部分的农民与工匠有意地将他们所使用的工具用来随葬。一般来讲，我们在墓葬中所发现的工具有两种情况：一是被墓葬修建者偶然遗落在墓葬中的挖掘

---

[1] 当然，也有可能秦国是以青铜武器征服六国的。燕国在公元前222年成为六国中最后一个被征服的国家，那五把秦墓中出土的铁剑也有可能是征服燕国战争的战利品。不过总的说来，这种假设的可能性比较低。

工具；二是用于制作书写材料的工具。在前文图六九与图七〇中，我们提到过从两座楚国大墓中出土的一些铜制工具。在雨台山楚墓（见1.3节）15座第三至第六期墓葬中，出土了15件类似的环首铜削刀[1]。这类工具的随葬显然与它们本身所具有的文化性质有关，但也未必就与那些没有受过什么教育的工匠们所使用的木工工具完全无关。另外，秦始皇时期作坊遗址出土了一些矩形铁制器套与铁削（图五一，5、8、图六〇，10；图六一，9）。

在秦、燕、魏及周国墓葬中都出土有铁削（1.6、1.10、1.13与1.16节），而雨台山楚墓中却没有发现。其中特别有趣的是中州路周国墓葬中唯一可辨别的铁器，是年代很早的第四期墓葬中出土的一件铁刀。在3.3节中我们还将看到一些汉代的钢刀。

在本章中，我们探讨了大量汉代及汉代以前的铁制农具，如锸、锄、犁、镰等。总的来说，在公元前三百年，铁制农具的使用在中国十分的广泛，但再往前推就很困难了，只有极少部分相关材料可以推到公元前4世纪或更早。这样的结论，还必须是建立在发掘者所给出的墓地相对年代的基础上而非绝对年代。

在雨台山楚墓（1.3节）第五期墓葬中，发现一件铁锸套，可能来自于挖掘墓葬所使用的锸。发掘者根据江陵望山楚墓一号墓中的相似器物[2]，将雨台山楚墓第五期的可靠年代定为公元前4世纪后半叶。我们因此将这件器套的大致年代定在公元前4世纪。铜绿山古矿冶遗址所出土的采矿工具（图六二—图六三）的年代大约也为公元前4世纪，但其可靠程度不及雨台山楚墓的器套。其他年代大约在公元前4世纪的还有江陵溪峨山楚墓出土的铜锛[3]（图一〇九，5），其造型几乎与雨台山楚墓出土的铁锸完全一致。

那么早期铁制农具在中国的使用情况是怎样的呢？由于材料十分缺乏，我们目前只能说公元前4世纪晚期在楚国出现了铜制与铁制农具，而无法得出更深远的结论。至于中国古代其他列国，则还没有任何公元前3世纪以前的相关材料。

---

① 湖北省荆州地区博物馆：《江陵雨台山楚墓》，文物出版社，1984年，第89页。
② 方壮猷：《初论江陵望山楚墓的年代与墓主》，《江汉考古》1980年第1期。
③ 湖北省博物馆江陵工作站：《江陵溪峨山楚墓》，《考古》1984年第6期，第523页。

但通过材料的启发，我们可以做出一些不完全的推测，如我在《中国科学技术史·冶金卷》[①]中提到的，铁在中国最早的使用可能是在东南部的吴国。年代大约在公元前5世纪早期，受使用铜制农具的影响催生了铁制农具的发展。之后，铜制与铁制农具的使用可能首先从吴国传播到楚国，稍后又由楚国传播到其他列国。也许当技术从楚国传到秦国以后，秦国使其进一步发展并在制作铁制工具的同时也开始制造铁制的兵器。

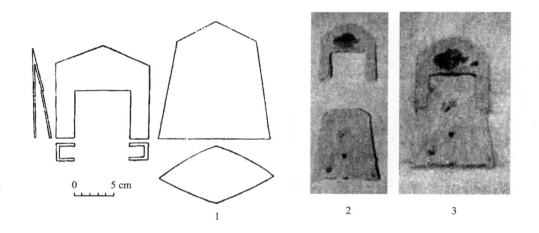

图一〇六　陕西蓝田出土汉代铁器

1—2：凹字形器套与犁；3：设想套合使用的两件器物

（采自《陕西省发现的汉代铁铧和犁土》，《文物》1966年第1期，第19、26页）

①　Wagner, Donald B. 2007. *Science and civilisation in China. Vol. 5, part 11: Ferrous Metallurgy.* Cambridge University Press.

图一〇七　烧沟战国墓葬出土的铁器
1：直口器套；2：六边形锄；3：带钩
（采自《洛阳烧沟附近的战国墓葬》，《考古学报》1954年第8期，第
155—156页，图版八）

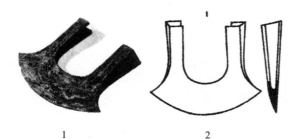

图一〇八　湖北江陵雨台山第五期楚墓出土的凹字形器套

（采自《江陵雨台山楚墓》，文物出版社，1984年，第86页，图版五一）

图一〇九　挖掘用具上的铜器套

（1：采自《江苏六合程桥二号东周墓》，《考古》1974年第2期，第119页；2：采自《安徽舒城九里墩春秋墓》，《考古学报》1982年第2期，第237页；3：采自《近年江西出土的商代青铜器》，《文物》1977年第9期，第60、61页；4：采自《舟山发现东周青铜农具》，《文物》1983年第6期，第86页；5：采自《江陵溪峨山楚墓》，《考古》1984年第6期，第522页；6：采自《浙江永嘉出土的一批青铜器简介》，《文物》1980年第8期，第16页；7—11：采自《苏州封门河道内发现东周青铜文物》，《文物》1982年第2期，第91页，图二；图四，1）

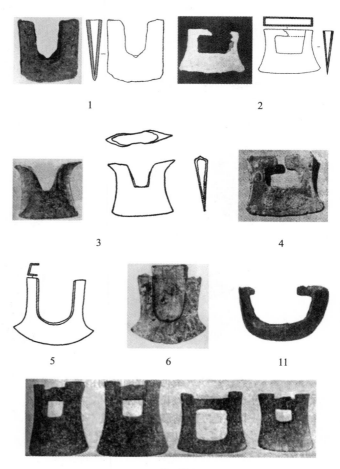

第二章

公元前 3 世纪的冶铁工业

第一章以大量考古学材料为基础探讨了中国古代铁器的使用。本章将以文献材料为基础来讨论铁器的生产情况。若对这些材料进行适当的分析，可以对有关公元前3世纪冶铁工业的结构得出十分有趣的信息。

关于铁器纯技术水平方面的信息，可以通过铁器微观结构的研究来实现，在第三及第四章中会进行详细地讨论。而在2.5节中也可以看到，对于铁器生产工艺的研究，文献材料也可以为我们提供少许帮助。虽然我们更希望可以从冶铁遗址发掘中得到直接的证据，但目前为止已发表的冶铁遗址发掘报告，仅有公元前117年汉代实行铁器生产官营以后[1]的一处遗址。这是一处规模十分宏大的冶铁遗址，其所使用的工艺十分精良，但它却无法为两百年以前所使用的工艺提供任何确切的信息。

2.1 文献记载的早期铁矿

《山海经》是一部富于神话传说的最古老的地理书，其中提及了39处铁矿存在

---

① 关于汉代实行盐、铁、酒官营可参阅Twitchett, Denis & Loewe, Michael（eds.）1986. *The Cambridge history of China. Vol. 1: The Ch'in and Han empires, 221 B.C.–A.D. 220.* Cambridge University Press，第160–163页。

的地点①。该书记录了一系列山脉与水道的描述。例如书中关于铁矿的第一段描述为：

> 又西八十里，曰符禺之山，其阳多铜，其阴多铁。其上有木焉，名曰文茎，其实如枣，可以已聋。其草多条，其状如葵，而赤华黄实，如婴儿舌，食之使人不惑。符禺之水出焉，而北流注于渭。其兽多葱聋，其状如羊而赤鬣。其鸟多鴖，其状如翠而赤喙，可以御火。②

《山海经》中的大部分描述都与之类似，并经常伴随着一些让人难以置信的关于植物与动物的描述。其对矿物资源的描述通常都十分简略，提及的地点都十分难以定位。学者们对考证书中的地点做了许多尝试，只是对于一本明显基于民间传说的作品，并不能对其地理学上的准确性有过多期望③。

但如果能确定这39处古代中国铁矿的发现或使用年代与源流，那对于我们的研究会有巨大的帮助。蒙文通发表过一篇对于《山海经》的研究，做得非常仔细透彻④。研究中指出现传《山海经》十八篇至少可分为三个部分：《山经》《海经》与《大荒经》，应当是属西南地区的作品，成书年代应不晚于公元前4世纪早期，

---

① 参阅袁珂：《山海经校注》，上海古籍出版社，1980年。另外，在第三章中还有一条关于磁石的信息，但不清楚当时是否已可以从熔炼磁石中获得铁。
② 四部丛刊本《山海经》卷二，商务印书馆，第2页右；参阅袁珂：《山海经校注》，上海古籍出版社，1980年，第23—24页。
③ 对于符禺山的位置有三种猜测，推测它可能在今陕西省的渭南（杨宽：《中国土法冶铁炼钢技术发展简史》，人民出版社，1960年，第50页）、华县（谢寿昌：《中国古今地名大辞典》，商务印书馆，1931年，第843页）或华阴（杨宽：《战国史》，人民出版社，1980年，第31页）。这些地点分布于今西安市东北60至100公里。
④ 蒙文通：《略论<山海经>的写作时代及其产生地域》，《巴蜀古史论述》，四川人民出版社，1981年。

但在汉代早期又加入了大量的补充材料①。

在39处铁矿矿床的描述中，除了其中两处出现于第十六及十八卷，其余都出现在第二、三及第五卷中。因此，我们可以将注意力多集中在第一到第九卷上。其中第一到第五卷组成了《海内经》，按照南、西、北、东、中的顺序描述，前文便是引自第二卷《海内西经》。第六到第九卷为《海外经》，按照南、西、北、东的顺序进行描述。第六到第九卷的描述中，出现了诸如长羽毛的人、可以喷火的人等离奇神怪之事。相比之下，第一到第五卷中所涉及的这类描述就比较少。蒙文通认为第一到第九卷的成书年代应该最晚。我们可以想象书中反映的是对未知世界进行探索的一段时期，那么理所当然的，这些离奇神怪的东西应该多发生在已知世界外围的那些未知区域。其中第五卷《海内中经》所指地域应为巴、蜀及楚国西部（大约今四川省、重庆市、湖北及湖南省局部）。

关于铁矿矿床的描述，有可能在公元前4世纪原书成书时就已记录在书中，但都极其简短，也没有书中其他部分内容记叙的那么有趣，所以它们看起来却像是后期补充进入的材料。但无论如何，最重要的问题是这些信息最初是怎么得来的，作者或编者是如何获取这些关于矿藏的信息的。这种关于资料来源的问题，在中西方都经常被研究中国古代史的历史学家们所忽略。但在研究中使用这种古代叙事材料时，是有必要对其资料来源问题做一定考证与说明。有趣的是，在这一点上我们发现所有关于铁矿的描述都来自于第二、三及第五卷，即西、北、中，而在南与东都没有发现。铜、锡、银矿的情况也是一样。但金矿又有所不同，不仅在前面的所有五卷中都有出现（另在第十八卷中出现一次），且出现次数多于其他所有金属出现

---

① 高本汉（Karlgren）提出《山海经》应为汉代文献，因为其中所述相关文化传统，有九成九都不见于其他汉代以前文献（Karlgren, Bernhard 1946. 'Legends and cults in ancient China', *Bulletin of the Museum of Far Eastern Antiquities*（Stockholm）18:199–365，第204–205；另见Mänchen–Helfen, Otto 1924. 'The later books of the Shan–Hai–King（with a translation of books VI–IX）', part I, *Asia Major*（Leipzig），1:550–586.（Further parts, and the translation mentioned, appear not to have been published）。他忽略了蒙文通所提出的《山海经》是唯一一部保存下来的，有关中国古代西南地区地方文化的代表作品。无论如何，在这里我所关心的并不是原书的成书年代，而是后补充进去材料的年代与出处。

次数的总和①。

我想提出这样一种假设：在稍晚时期，也许是公元前2世纪或公元前1世纪时，一位晚期的《山海经》编者掌握了整个中国金矿的分布，以及西、北与中部等部分地区铁、铜、锡、银等矿床的分布。有趣的是这一部分地区在公元前3世纪中叶，恰好是秦国征服东部及东南地区以前的领土②。所以极有可能是秦国对所征服土地上的矿产资源特别关注，所以汇编成表以作行政用途。而这表可能就是编者的资料来源。在后文中我们会更详细地讨论有关秦国的工业政策问题。

如果《山海经》中铁矿矿床的记录可以定在公元前3世纪的话，那说明这些地点很可能其实就是生产铁的地点，因为冶铁作坊的存在就是铁矿床最明显的标志③。那么这一时期冶铁生产的大致地理分布为：

南部：无

西部：处

北部：6处

东部：无

中部：23处

我们不必去寻找这37处地点的准确位置，因为我们也不清楚《山海经》中所涉及的地名是否可以被精确定位，即使可以，也无法确定一位西汉的编者是否可以正确辨别这些地名。蒙文通文中虽未对《山海经》中的地名一一鉴别，但其关于"中

---

① 参阅袁珂：《山海经校注》，上海古籍出版社，1980年，第20、29、30、42、58、71、98、99、109、123页。另外，其他自然资源，如石材、各种木材等在第二、三及第五卷中出现的次数也都要超过其他卷。

② 根据史记里的信息，《历史教学》1981年9期的封底上有一幅十分有用的地图，展示的是秦国征服六国的过程。

③ 也不能完全排除表中的铁矿床代表的是勘探者未经检验的判断。表中39处铁矿床的24处在山阴，只有一处描述在山阳，或许加强了我的这种怀疑。这可能反映了一些我所没有察觉的实际地质情况，抑或是与某些已失传的关于勘探者为什么喜欢在山阴勘察寻矿的原理有关。

部"位置是巴、蜀以及楚西的结论应当是比较可靠的。综合《山海经》中的不完整信息来看，这个中部区域应是一个十分兴旺的冶铁生产地区。

2.2 私营铁工场主

司马迁在《史记》中记录了公元前2世纪一些建立冶铁作坊的著名手工业者（1.1节）。这实际上也是我们仅有的有关战国时期与汉初一百年的政治事件相关资料。不过其中的记叙带有鲜明的个人观点，所以在使用的时候需要十分谨慎。其中《货殖列传》中记叙了几位从事货殖活动的杰出人物：

请略道当世千里之中，贤人所以富者，令后世得以观择焉。

蜀卓氏之先，赵人也，用铁冶富。秦破赵[1]，迁卓氏。卓氏见虏略，独夫妻推辇，行诣迁处。诸迁虏少有余财，争与吏，求近处，处葭萌。唯卓氏曰："此地狭薄。吾闻汶山之下，沃野，下有蹲鸱，至死不饥。民工于市，易贾。"[2]乃求远迁。致之临邛，大喜，即铁山鼓铸，运筹策，倾滇蜀之民，富至僮千人[3]。田池射猎之乐，拟于人君。

程郑，山东迁虏也，亦冶铸，贾椎髻之民，富埒卓氏，俱居临邛。

宛孔氏之先，梁人也，用铁冶为业。秦伐魏，迁孔氏南阳。大鼓铸，规陂池，连车骑，游诸侯，因通商贾之利，有游闲公子之赐与名。然其赢得过当，愈于织纴，家致富数千金，故南阳行贾尽法孔氏之雍容。[4]

---

[1] 赵国，包括今山西、陕西与河北三省的部分地区。

[2] 《汉书》中作"民工作布易贾"[参阅（东汉）班固撰、（唐）颜师古注：《汉书》，中华书局，1962年，卷九一，第3690页]。一般文献学上倾向于《史记》中的记载，但此处在前后文中比较难理解。

[3] 《汉书》中仆僮数作八百人[（东汉）班固撰、（唐）颜师古注：《汉书》，中华书局，1962年，卷九一，第3690页]。

[4] （西汉）司马迁：《史记》，中华书局，1969年，卷一二九，第3277—3278页。

在关心这些材料所传达的信息前，我们应先仔细推敲一下资料本身的问题，特别是这些材料的来源。

关于卓王孙、程郑等的故事，我们可以做一些猜测。司马迁在《史记·司马相如列传》中讲述了司马相如（公元前179年—公元前117年）与卓王孙女儿卓文君浪漫的爱情故事[①]。卓王孙在临邛地区富甲一方，家里有仆童逾八百人。他的朋友程郑也十分富有，在该故事中也扮演了一个小角色。司马相如通过临邛令王吉与卓王孙一家结识。之后，便有了司马相如与卓文君大约发生在公元前144年[②]的私奔。司马迁对于卓、程两家历史材料的记录，似乎很可能是源自所流传的，或是司马相如自己所作与卓文君的爱情故事与歌曲。

前文所引用的描写卓家的文章中，只提及"卓氏"而并未表明其名。《汉书》中类似的记载则明显是直接抄自《史记》，只是将卓氏拥有一千仆童，改为卓王孙拥有仆童八百。因此，可以说是班固（公元32年—公元92年）将卓王孙认定为《史记》中的卓氏（至于他是有确切的理由，还是仅仅是源于猜测则另当别论）。如果司马迁在《史记》中指出卓王孙是在公元前222年被放逐的有钱人，那他自己应该也很清楚，这个卓王孙不太可能在公元前144年有这么一个年轻漂亮的女儿。故，司马迁只是用了"卓氏之先"而非卓王孙。而涉及程郑的信息本来就极少，很难说这个程郑就是那个公元前206年以前被放逐的程郑，也就没必要在故事中隐藏他的名字。所有这些都趋于对司马迁资料的可靠性产生怀疑，它可能只是源自一段半虚构的浪漫史。

司马迁是一位伟大且复杂的作者，他的立场不是那么容易被揣摩的。《货殖列传》以对"素封"者的赞美作为结尾，可以当作是对当时上层社会传统特权成见下的素封者的一种维护[③]。在这里，司马迁的立场似乎与他所描述的富裕平民是一致的。但在《史记》其他部分的一些零星评论中，可以看出他实际上又是赞同上层社

---

① （西汉）司马迁：《史记》，中华书局，1969年，卷一一七，第2999—3074页。

② 司马相如先是在梁王门下做了门客，梁王死后，回到了成都老家［参阅（西汉）司马迁：《史记》，中华书局，1969年，卷五八，第2086页；卷一一七，第3000页］。

③ 很早以前就存在类似的成见，如公元前199年针对商人的节约法令（东汉）班固撰、（唐）颜师古注：《汉书》，中华书局，1962年，卷一·下，第65页。

会的特权成见的①。《汉书》中类似章节对这种成见也是同样的态度，可能是因为该书中的早期材料几乎都是来源于《史记》的缘故②。

对于研究汉代与汉代以前历史的学者而言，让他们感到头疼的一个问题是绝大部分事件都仅有一处记载。而这里，关于卓、程两家，所幸还可以从《华阳国志》中找到记载。《华阳国志》是由常璩在公元4世纪时所编，是一部专门记叙古代中国西南地区地方历史、地理等的地方志著作。下面是其中一段关于卓、程两家的记叙，作者抨击了这些新移民入蜀致富后的奢侈之风：

> 然秦惠文、始皇，克定六国，辄徙其豪侠于蜀；资我丰土，家有盐铜③之利，户专山川之材，居给人足，以富相尚。故工商致结驷连骑，豪族服王侯美衣，娶嫁设太牢之厨膳，归女有百两之徒车，送葬必高坟瓦椁，祭奠而羊豕夕牲，赠襚兼加，赙赗过礼，此其所失。原其由来，染秦化故也。若卓王孙家僮千数，程、郑各八百人；而郄公④从禽，巷无行人；箫、鼓歌吹，击钟肆悬；富侔公室，豪过田文⑤；汉家食货，以为称首。盖亦地沃土丰，奢侈不期而至也。⑥
>
> 临邛县郡西南二百里。……有古石山，有石矿，大如蒜子，火烧合之，成流

---

① 例如，（西汉）司马迁：《史记》，中华书局，1969年，卷三〇，第1425页。

② 例如《汉书》中有一段控诉卓、孔两家目无法纪、荒淫无度与强取豪夺的记叙［（东汉）班固撰、（唐）颜师古注：《汉书》，中华书局，1962年，卷九一，第3694页］。

③ 这里的"铜"可能是抄录中或是其他原因的误传，其实应该作"铁"，通常在言及古代中国都是"盐与铁"关系密切，而"盐与铜"的组合则非常罕见。

④ 郄公，古代蜀地豪侠，左思（公元3世纪）的《蜀都赋》［（西晋）左思：《蜀都赋》，（梁）萧统编、（唐）李善注：《文选》，上海古籍出版社，1986年，第186—187页］中有类似记载。任乃强提到扬雄（公元前53年至公元前18年）的《蜀都赋》中也出现了郄公，但根据他的考证，认为郄公是在公元168年至188年间十分活跃的郄俭，所以他怀疑该赋是晚期的造假作。不过任乃强所给出的证据却难以令人信服。但不管这个郄公到底是谁，重要的是他很可能和卓王孙与程郑是同一时期的人。

⑤ 即孟尝君。

⑥ 四部丛刊本《华阳国志·蜀志》（卷三），商务印书馆，第8页左、右；刘琳：《华阳国志校注》，巴蜀书社，1984年，第225页；任乃强：《华阳国志图注》，上海古籍出版社，1987年，第148页。

支铁，甚刚，因置铁官，有铁祖庙祠。汉文帝时，以铁铜赐侍郎邓通，通假民卓王孙，岁取千匹[1]；故王孙赀累巨万，邓通钱亦尽天下。王孙女文君能鼓琴。时有司马长卿者，临邛令王吉与之游王孙家，文君因奔长卿。[2]

　　历史学家对《华阳国志》的使用并不多，对于该书的性质与可靠性的研究也相对较少。然而该书中有一些十分有趣的材料，是值得进行深入研究的。从《华阳国志》的内容来看，其资料一部分应源自《汉书》。而其中关于司马相如与卓文君的故事，要么是引自《史记》，要么就是引自《汉书》。尚不清楚该书是否使用了其他的资料。比如有关被秦国放逐者的记载可能是源自当时一些反对者的抨击。而这里也出现了"八百"这个数字，只是其所指为程郑的家童而非卓王孙的。这段记载明确与"卓王孙""程郑"相关，却又有少许出入，可能是源于某种与《史记》密切相关的资料。

　　文献中对于秦国放逐权贵家族至四川等边远地区的政策有着明确的记载。马非百附带提及了早期材料中涉及该放逐政策的信息不下47处（同一事件的多源引用只算作一处，因其各来源间可能并不是独立的）[3]。他提出秦国这项政策包含了政治、经济与军事目的。每当一个权贵家族搬离某地区时，便可用忠于秦国的官员替换之。而这些家族到新的地方重新定居下来，其财富、技术与组织力等又会推动新一轮的经济发展。这些没有地方联系的外来移民在边界地区定居，也使得边界区域相对更加稳定。

---

① 《史记·佞幸列传》中有一段关于邓通的介绍［（西汉）司马迁：《史记》，中华书局，1969年，卷一二五，第3192—3193页］。描述邓通好逸恶劳，善于溜须拍马，是汉文帝身边的男宠、红人。文帝将临邛附近严道县的铜山赐给邓通，并允许他铸钱。邓通从此富可敌国。相较之下，《华阳国志》中邓通获得了临邛附近某处铜铁资源的生产权的记载，显得更为可信。《史记》列传中这种白手起家抑或暴贫暴富的故事，可能多源于空想，对其可靠性应相当地怀疑。
② 四部丛刊本《华阳国志·蜀志》（卷三），商务印书馆，第10页右—第11页左；刘琳：《华阳国志校注》，巴蜀书社，1984年，第244—245页；任乃强：《华阳国志图注》，上海古籍出版社，1987年，第157页。
③ 马非百：《秦集史》，中华书局，1982年，第916—929页。

这个政策的另一个影响表现在引起了被放逐者定居地区大量的社会紧张情绪。这不禁令人联想到19世纪德国贵族与平民间煽起的反资本主义（以及反犹太主义）风潮。

长期以来大家都推测秦国的崛起是源于铁制武器生产的技术优势[①]。不过，关于这种推测的文献证据十分薄弱，而本书第一章中所审视过的考古学材料对于该推测的帮助亦不大。目前的考古学证据依然十分零碎，新观点的提出还须建立在新材料的发现以及更全面、系统的研究之上。我们也仍需思考David Keightley所提出的，"……关于为什么秦国最终可以取得胜利的问题，不是简简单单就能说清楚的。即使仅从纯军事角度来说也并不易回答，必须要从多方面进行考量，仅从技术等物质角度来思考是远远不够的。"[②]我本身并不反对技术决定论，我相信对特定时间、特定地点技术与科技的仔细研究是可以为当时经济、社会与政治史等研究做出重要贡献的[③]，我的许多研究也都是以此为基础进行的。但与其狭隘地将注意力都集中在铁器生产技术上，可能对更多地去思考组织因素与技术因素间的相互作用会更有帮助。

秦国在意识形态与实际政策上，似乎是倾向于工业发展的，特别是钢铁工业。根据现代不发达国家的经验显示，科技知识（包括书籍、人才等）虽然相对容易引进，但在社会条件与政治环境等改善以前还是难以发挥作用。秦国通过削弱传统豪

[①]　Needham, Joseph 1956. *Science and civilisation in China. Vol. 2: History of scientific thought*. Cambridge University Press，第215页；Keightley, David N. 1976. 'Where have all the swords gone? *Reflections on the unification of China*', *EC* 2:31–34；Trousdale, William 1977. 'Where all the swords have gone: Reflections on some questions raised by Professor Keightley', *EC* 3:65–66；Barnard, Noel 1979. 'Did the swords exist? Some comments on historical disciplines in the study of archaeological data', *EC 4*（1978/79）:60–65。

[②]　Keightley, David N. 1976. 'Where have all the swords gone? Reflections on the unification of China', *EC* 2:31–34，第33页。

[③]　Donald MacKenzie最近在科技史研究中提出一种可以称为"新决定论"的方法，将技术的选择在广泛的历史现象中，视为既因又果的因果关系（MacKenzie, Donald 1984. 'Marx and the machine', *Technology and culture: The international quarterly of the Society for the History of Technology* 25.3:473–502）。

门贵族来巩固中央集权的政策，无疑是有利于瓦解传统土地适用价值，并由原来只重农业转为兼重工业。上文所引资料显示出秦国的统治者充分意识到了所谓"原始资本家"的可用性，让富人投资于工业而非农业，有效地帮助秦国积累强大的政治与军事力量。

就这一点而言，秦国的崛起让人联想到19世纪普鲁士王国的崛起与德意志帝国的建立。俾斯麦（Bismarck）确实利用了金融家与工业家以达到他自己的政治目的。弗里茨·斯特恩（Fritz Stern）对俾斯麦以及他的私人银行家格森·布雷施劳德（Gerson von Bleichröder）做了细致的研究①。他的研究基于详细的档案资料，研究十分清楚地显示出在德国工业大发展时期，金融、工业、军事以及政治力量间的相互依存关系。另外需要强调的一点是，在斯特恩的研究之前，历史学家们很少注意到俾斯麦对于金融势力的关心。但在俾斯麦的自传中曾公开地提及其当权期间，几乎每天都与布雷施劳德保持通信往来。虽然几乎看不到有关方面的记载，但秦帝国的建立与大汉王朝的巩固，都毫无疑问地离不开对工业与金融持续不变的关注。不过在没有更好材料的支持下，也很难在这个有趣的问题上有更大突破。

2.3 铁器作坊

要想了解公元前3世纪铁器作坊的情况，《盐铁论》无疑是我们必须了解的材料之一。《盐铁论》由桓宽大约在公元前73年至公元前49年间所著。其中有记载：

> 往者②，豪强大家，得管山海之利，采铁石鼓铸、煮盐。一家聚众，或至千余人，大抵尽收放流人民也。远去乡里，弃坟墓，依倚大家，聚深山穷泽之中，成奸伪之业，遂朋党之权，其轻为非亦大矣。③

---

① Stern, Fritz 1977. *Gold and iron: Bismarck, Bleichröder, and the building of the German Empire.* New York: Vintage Books。

② 在公元前117年，汉代实行盐铁资源官营以前。

③ 四部丛刊本《盐铁论》卷一，商务印书馆，第12页左；参阅王利器：《盐铁论校注》，古典文学出版社，1958年，第42页。

　　《盐铁论》被认为是桓宽根据汉昭帝时所召开的盐铁会议（公元前81年）记录整理而成的一部著作。这段引文是对实行盐铁资源官营（公元前117年）的一种辩护。说这段话的人，可能是当时的御史大夫桑弘羊，即实行盐铁资源官营的始推动者。正因为他既是发起者又是组织者，所以他必然对实行官营以前的冶铁产业有着相当的了解，至于其中的真实性有多少我们就无从得知了。

　　关于这段描述的真实性显然具有相当大的争议，因为桑弘羊的这番言论显然是出于辩论之中，而非对于事实的陈述。然若抛开这些争论不谈，我们还是可以从中发现一些关于这些早期铁厂的有趣的东西。这些铁厂的设置与18世纪美洲和更晚时候瑞典北部一些炼铁厂的设置十分相似。这些炼铁厂设立于一大片森林的中央，形成一个大型的自给自足的社会体系。在这个体系下，人们几乎将所有的精力都集中于钢铁的冶炼与生产，从木材的采集到烧制木炭、矿石的采集或挖掘、高炉（blast furnace）的制作等，仅有少部分的农业行为。他们居住在森林中所形成的这种与世隔绝主要是由于高炉冶炼对于木炭燃料的绝对依赖。炼铁厂的工人身份也有很大的不同，在美国的弗吉尼亚州（Virginia）使用的是奴隶，而在宾夕法尼亚州（Pennsylvania）所使用的是自由劳动者。桑弘羊的描述似乎更加接近于宾州炼铁厂的情况，就连所描述的土匪与从事违法勾当的企业都是一样的。而瑞典北部那些炼铁厂的运作方式看起来则更像是封建庄园[1]。

---

① 　Byrd, William 1966. 'A progress to the mines in the year 1732', 第337–378页, in *The prose works of William Byrd of Westover: Narratives of a colonial Virginian*, ed. by Louis B. Wright. Cambridge, Mass.: Harvard University Press；Ronald Lewis 1974. 'Slavery on Chesapeake iron plantations before the American Revolution', *Journal of Negro history*, 59.3:242–254；Bining, Arthur Cecil 1933. 'The iron plantations of early Pennsylvania', *The Pennsylvania magazine of history and biography*（Philadelphia）, 57.2:117–137；Bining, Arthur Cecil 1938. *Pennsylvania iron manufacture in the eighteenth century*. Harrisburg, Pa.: Pennsylvania Historical Commission. Repr. New York: Augustus M. Kelley, 1970, 第29–48页；Bergkvist, Sven O. & Olls, Bert 1971. *Gamla smeder och bruk*. Stockholm: Rabén & Sjögren；Wertime, Theodore A. 1961. *The coming of the age of steel*. Leiden: E. J. Brill, 第111–113页；Heckscher, Eli F. 1954. *An economic history of Sweden*（*Harvard economic studies, 95*）. Cambridge, Mass.: Harvard University Press, 2nd printing 1963, 第97–100页。

William Byrd于1732年访问了两座弗吉尼亚州的炼铁厂，他的旅行游记中记录了许多有趣的传闻和炼铁厂经营与管理的相关信息。一座标准炼铁厂大约每年可以生产800吨的生铁[1]，需要大约四平方英里（约十平方公里）的森林提供燃料支持，120个奴隶进行非技术性工作以及约10名技术工人，包括矿石采集者（mine raiser）、负责烧制木炭的监管人员、仓管人员、文职人员、铁匠、木匠、车匠各一名以及数名车夫。高炉必须设立于合适的河流旁边以便于使用水力进行鼓风。Byrd写到炼铁厂附近的地面都由铁矿铺成，看起来是够一个炉子烧上许多年的[2]。在现在，一座标准的高炉年产量至少在一百万吨以上。而弗吉尼亚州也没有什么重要的铁矿储备了。

或许现代读者会感到十分奇怪，但有一点需要强调的是在古代的冶铁生产中受限的资源是木材而非铁矿。从某种意义上来看，这些炼铁厂所起的作用，实际就是将森林资源转化为一种比木材更易于运输至市场的产品。要为一座年产生铁仅数百吨的炼铁厂找一个可以提供充足铁矿的地方是轻而易举的。几乎都不用涉及深井开采，由地表裸露的矿石、河流中的铁砂以及沼铁（bog iron）就完全可以满足炼铁厂需要。说矿石的"采集"可能会比"开采"更为确切。

弗吉尼亚州所使用的冶铁技术与中国古代的冶铁技术十分相似，我们或可以通过William Byrd对弗吉尼亚的炼铁厂的描述而对战国时期的铁厂有一个大致了解，（在2.5节将会进一步讨论）。这些战国时期铁厂的生铁产量与木炭消耗量可能都与弗吉尼亚的炼铁厂相仿，对于技术工种的需求量可能也差不多，数量上相比非技术工种而言要少得多；对非技术工种工人的需求量可能更大，以应对伐木、烧制木炭、矿石提炼与材料运输等工作。另外，在高炉鼓风时通常是使用劳工人力鼓风而不是水力鼓风。

从经济效益上讲，在冶铁生产中使用奴隶其实并不划算。与棉花种植园的情况

---

[1] 这个产量并不大，一立方米的铁大约重7.8吨，所以800吨生铁的年产量大约相当于100多立方米，可以轻易地叠放于一间教室大小的空间。现代高炉的日产量都要数倍于这个数字。

[2] Byrd, William 1966. 'A progress to the mines in the year 1732', 第337–378页, in *The prose works of William Byrd of Westover: Narratives of a colonial Virginian*, ed. by Louis B. Wright. Cambridge, Mass.: Harvard University Press, 第348、354、360、366页。

不同，奴隶们的工作成效易于审查，并且可以在监管中适当地使用体罚使其专心工作。而在炼铁厂工作的奴隶可以找到许多怠工的机会，虽然他们的工作大多没有什么技术含量，但监管起来却比棉花采摘更为困难。在炼铁厂工作的奴隶还必须受到优待，如果工作做得好还会得到金钱或假期奖赏。这些奴隶通常是租来的而非买来的，可能是因为这种工作需要年轻力壮的小伙子，而很少用到老人与妇孺[1]。

不论他们使用的是自由劳工或是奴隶，这种炼铁厂都存在着一个问题，即数以百计血气方刚的青年男性聚集在一处隔绝的环境中[2]。从前文《盐铁论》的引文中，可以看到"放流之民""远去乡里""弃坟墓"等描述，这无疑对战国时期社会、政治甚至军事等方面都可能会产生严峻的影响。这可能也是导致之后汉代确立盐铁资源官营制度的原因之一。

2.4 官营冶铁工业

之前我们看过一些大致可以算作秦国工业发展政策的暗示，看上去秦国似乎通过向这些资源丰富却发展落后的地区输送并安置富裕的手工业者以开发这些资源。从2.2节中所引文献来看，国家对冶铁工业的介入可能是以完全间接的形式，就像现代的资本主义国家一样。虽然国家所制定的政策是为实现国家利益而设定，但实际生产却掌握在私人手中的，而这些人首要关心的是自己的利益。我们接下来将要讨论的这些材料，或表明了当时的这种介入可能并非完全是间接的，秦国的官员们很可能直接介入了铁器生产技术工艺的部分环节。

对此，有一些早已被大家所熟知的材料。如司马迁在他的自传中提到，其高

---

① Ronald Lewis 1974. 'Slavery on Chesapeake iron plantations before the American Revolution', *Journal of Negro history*, 59.3:242–254。

② Bining, Arthur Cecil 1933. 'The iron plantations of early Pennsylvania', *The Pennsylvania magazine of history and biography* （Philadelphia）, 57.2, 第127–129页。

祖司马昌曾任秦国的铁官①。《汉书·食货志》中有一段引文，大约是公元前100年时，董仲舒说秦国"又颛川泽之利，管山林之饶"。如淳（公元3世纪）注，"秦卖盐铁贵，故下民受其困也"。②而《华阳国志》中也有记载，公元前312年秦灭蜀以后，在成都"内城营广府舍，置盐铁市官并长、丞"③。这些材料模糊地表明秦国直接介入到了冶铁的生产与销售体系之中。另有一条新材料更加明确地指出了这一点。

1975年，在今湖北云梦县睡虎地发现了一批秦简，此地在古代位于楚国境内。从简文推知，墓主是一位名叫喜的男性，死于公元前217年，年约46岁。喜似乎是秦国征服楚国后在楚国设立的一位地方小官。简文涉及了许多秦国的法律制度，大量摘录了秦律中的内容。这些关于法律制度的简文中又有一些是有关铁的：

> 采山重殿，赀啬夫一甲，佐一盾；三岁比殿，赀啬夫二甲而法（废）。殿而不负费，勿赀。赋岁红（功），未取省而亡之，及弗备，赀其曹长一盾。大官、右府、左府、右采铁、左采铁课殿，赀啬夫一盾。④

中国古代史官的记录大都仅有笼统的行政事件而无具体细节的情况。但这里的情况刚好相反，我们看到了一些细节的记录，但却很难明白其背后的整体背景。

关于这批秦简的性质还没有最终尘埃落定，中日双方的学者对此一直存在许多争论。随着时间的推移，这些真相也终将浮出水面。但目前为止，至少在冶铁生产

---

① "秦主铁官"［（西汉）司马迁：《史记》，中华书局，1969年，卷一三〇，第3286页］；《汉书》中的类似记载为"秦王铁官"［（东汉）班固撰、（唐）颜师古注：《汉书》，中华书局，1962年，卷六二，第2708页］。

② （东汉）班固撰、（唐）颜师古注：《汉书》，中华书局，1962年，卷二四（上），第2137页，2138页注六。但Swann对这段引文有不同的解读［Swann, Nancy Lee（tr.）1950. *Food and money in ancient China: The earliest economic history of China to A.D. 25.* Princeton University Press. Repr. New York: Octagon Books, 1974，第181页］。

③ 四部丛刊本《华阳国志·蜀志》（卷三），商务印书馆，第4页右。

④ 《睡虎地秦墓竹简》，文物出版社，1978年，第138页。

方面，有涉及大量的秦国官员是毫无疑问的了①。

关于冶铁生产方面可用的材料基本上都和秦国有关，对于其他列国的情况几乎一无所知。今天，只有一方私人收藏的、据说发现于古齐国属地内的"右铁冶官"印章，被有人认为它是战国时期的，从侧面传证官营冶铁之事②。在燕国属地今湖北兴隆发现了一些战国时期浇铸农具用的铁范，其上有铭文"右酉"。郭沫若认为"酉"应为人名，而"右"当是官衔的一部分③，就像"右铁冶官"一样。这名官员肯定以某种形式参与了当地的农具铸造。另外，杨宽引用了一些十分晦涩的古文献，可能是与国家介入矿藏开采有关④。

在没有新材料出现的情况下，只能说除了秦国以外的其他列国也存在主动参与冶铁生产的可能性⑤，但没有太多实质性证据。

2.5 冶铁生产工艺

现今对汉代以前中国冶铁工艺的了解主要是通过对出土铁器的微观结构进行观察。在之后的两章中将会进行详细讨论。迄今为止所发表的关于公元前1世纪以前铁厂的发掘材料十分少，文献材料也不多，但还是可以从中间接推测出一些宝贵的线索。

之前所引材料中所涉及的铁，应该和"沼铁矿"有关。简单地讲，沼铁是一种由富含矿物的水在特定的土壤条件下沉积而成。沼铁矿通常存在于沼泽土壤之中，

---

① 吴荣曾最先尝试将这些零散的细节组织成连贯的内容（吴荣曾：《秦的官府手工业》，《云梦秦简研究》，中华书局，1981年，第44—45页）。

② 陈直：《两汉经济史料论丛》，陕西人民出版社，1980年，第107页。

③ 郭沫若：《奴隶制时代》，人民出版社，1973年，第205页。但吴振武与石永士对该铭文有不同的解读［吴振武：《战国"居（廪）"字考察》，《考古与文物》1984年第4期，第83—84页；石永士：《战国时期燕国农业生产的发展》，《农业考古》1985年第1期，第120页］。

④ 杨宽：《战国史》，上海人民出版社，1980年，第30页。

⑤ 徐学书在其文中提出了一些新的官营冶铁的证据，但还不足以改变这里的结论（徐学书：《战国晚期官营冶铁手工业初探》，《文博》1990年第2期）。

分布于湖底的"湖铁矿"（lake iron）组成成分也与沼铁矿相同[①]。沼铁矿是在丹麦能找到的唯一铁矿种类，在丹麦的冶铁生产中一直从公元300年沿用至公元1600年。直到1917年，仍有瑞典铁厂（Åminne Bruk in Småland）完全依靠湖铁矿进行生产[②]。

我所知的中国使用沼铁的材料是于《天工开物》中的记载（成书于明崇祯十年，公元1637年），其中记录了一种称为"土锭铁"的矿石，其描述在我来看应为沼铁矿无疑[③]。

在2.2节有关卓氏的引文中，出现了"蹲鸥"一词，为卓氏愿意前往迁地的理由。蹲鸥字面上是蹲伏的鸥鹰之意，但放在该文，意思就很难说得通，它或许是一种地方方言中的称呼，抑或它根本就不是中国词汇。早期的注释者将蹲鸥释为大芋，一种可以食用的根。而沼铁也是"生长"在地下，形状通常也和根相似[④]。18世纪日语中的沼铁有两个词跟这种可食用的根有关，一个叫作"石大根"（ishi daikon），一个叫作"长芋石"（nagaimo ishi）[⑤]。《华阳国志》中提到了临邛有

---

① 详细可参阅Levinsen, Karin Tweddell 1980. 'En analyse af jernfremstillingen i ældre jernalder samt en vurdering af de kulturelle konsekvenser deraf', thesis in prehistoric archaeology, University of Århus，第57–66页。

② Thomsen, Robert 1976. 'Om myremalm og bondejern', *Jernkontorets annaler*（Stockholm），160.5:38–42。

③ （明）宋应星著、钟广言注：《天工开物》，中华书局，1978年，第361—362页。

④ 如Emanuel Swedenborg书中对不同沼铁形状的描述［Swedenborg, Emanuel 1734. *Regnum subterraneum sive minerale*.（Vol. 2:）*De ferro, deque modis liquationum ferri per Europam passim in usum receptis … Dresdæ et Lipsiæ: sumptibus Friderici Hekelii；Swedenborg, Emanuel 1762. *Traité du fer*, par M. Swedemborg; trad. du Latin par M. Bouchu.（*Description des arts et métiers: Art des forges et fourneaux à fer*, par M. le Marquis de Courtivron et par M. Bouchu; 4ème section），第65–68页，137–138页］；Sjögren, Hj.（tr.）1923. *Mineralriket, av Emanuel Swedenborg: Om järnet och de i Europa vanligast vedertagna järnframställningssätten* … Stockholm: Wahlström & Widstrand. Swedish tr. of Swedenborg 1734，第130–134,336–337页。

⑤ Geerts引用自日本江户中期本草学者小野岚山（Ono Ranzan）（Geerts, A. J. C. 1883. *Les produits de la nature japonaise et chinoise* … *Partie inorganique et minéralogique, contenant la description des minéraux et des substances qui dérivent du règne minérale*. Yokohama: C. Lévy, vol. 2, 1883，第513页）。

大如蒜子的铁矿，也与可食用的根有关联。

文献中所涉及的另一个技术方面的问题是冶铁生产中水力的使用。铁矿的冶炼，特别是高炉冶炼需要的鼓风量十分巨大。欧洲早期的高炉冶炼都是通过水力进行鼓风。而在中国，水力、畜力、人力鼓风在20世纪都还有十分广泛的应用[1]。可以确定的最早在铁矿冶炼中使用水力的情况可以追溯到公元31年。南阳太守杜诗创造了水排，《后汉书》中有云，"建武七年，迁南阳太守，造作水排，铸为农器"[2]。自此之后，相关的史料就十分多了[3]。2.2节所引《史记》中的孔氏在南阳"大鼓铸，规陂池"，是否这里所规划的池塘就是做水力用的？如果是，那么这就是已知最早的冶铁生产中的水力鼓风。如果不是，这段话就显得有点令人费解了。不过也要注意在文献中并不是每一个句子都是有明确意义的。目前还没有中国古代使用水力冶铁的考古学直接证据，但中国的冶金考古学家们指出了一条有趣的间接证据。其文中提到河南地区所发现的汉代冶铁作坊，这些遗址在汉代都属于南阳郡。一般为减少运输量，汉代高炉多半建在矿山附近，而望城岗、张畈这两个冶铁遗址，距矿山却有10—20公里，其远离矿山而设在河边的原因也许就是为了利用水力鼓风[4]。总的来说，在南阳地区可能有少部分冶铁作坊早在公元前3世纪就已采用水力鼓风，而其他大部分作坊则可能是使用的人力或畜力鼓风。

从以上材料来看，可能在战国时期冶铁作坊已经开始使用高炉进行冶炼。但事实上这正是我们工作中的一个难点，需要进一步研究。因为到目前为止，我们所掌

---

[1] Wagner, Donald B. 1984. 'Some traditional Chinese iron production techniques practiced in the 20th century', *Historical metallurgy: Journal of the Historical Metallurgy Society* 18.2:95–104；Wagner, Donald B. 1985. *Dabieshan: Traditional Chinese iron–production techniques practised in southern Henan in the twentieth century*（*Scandinavian Institute of Asian Studies monograph series*, 52）. London & Malmö: Curzon Press. Cf. Hara Zenshirō 1991。

[2] （南朝）范晔：《后汉书》卷三一，中华书局，1965年，第1094页。

[3] Needham, Joseph 1958. *The development of iron and steel technology in China*（Second Dickinson Memorial Lecture to the Newcomen Society, 1956）. London: The Newcomen Society，第18—19页。

[4] 河南省博物馆、石景山钢铁公司炼铁厂、《中国冶金史》编写组：《河南汉代冶铁技术初探》，《考古学报》1978年第1期，第10页。

握的仅是一些间接的证据，也没有对汉代以前的任何冶铁炉进行过发掘[1]。在3.4节中会介绍到中国冶金考古学家们基于对战国时期熟铁制品（wrought iron artefact）金相学研究的基本认识。这种铁制品的制造是在铁的固态条件下进行的，可能是在块炼铁炉（bloomery furnace）中以块炼的方式制造的。在中世纪以前，欧洲的冶铁生产都只使用这一种炉子。这种炉子产出的铁含碳量十分低，产量也不高。含碳量低对于铁匠来说是很好的锻造材料，但同时又会使得熔点提高。农具与武器的制造都是通过锻造而成而非铸造[2]。

高炉冶炼所生产的铁含碳量很高，也因此使得熔点相对较低。炉中的铁以熔融状态流出，或铸成生铁块以备之后进行重熔；抑或直接倒入范中，制成成品。高炉冶炼在效率上极大地超越了锻铁炉，即使在现代冶铁工业中，几乎所有的铁也都是用高炉进行冶炼的，需要低碳铁的时候只需要对生铁进行脱碳处理即可。

理论上讲，铸铁存在的本身就证明了高炉的使用，所以高炉技术应该早在公元前6世纪就开始在中国使用了。但从技术上讲，对块炼铁（bloomery iron）的渗碳以及熔炼也可以在早期青铜铸造所使用的冲天炉（cupola furnace）中得以实现（详细见4.2.2节）。在一部1454年的德语手稿[3]中对此就有描述，可能欧洲的铁器铸造就是由此开始的。目前，还无法通过对器物进行化学分析或金相分析来辨别熔炼与铸造究竟是使用的高炉还是冲天炉，考古学上的证据更是严重匮乏。

---

[1]　作者新注，这一情况在20年后的今天基本没有变化。李京华好像发现了一处战国时期的冶铁作坊，但还没有发表相关文章。

[2]　关于欧洲早期的锻铁炉可以参阅Tylecote, R. F. 1976. *A history of metallurgy*. London: The Metals Society, 2nd imp. 1979，第40–52页。

[3]　Johannsen, Otto 1910. 'Eine Anleitung zum Eisenguss vom Jahre 1454', *Stahl und Eisen* **30**.32: 1373–1376。

冶金考古学家们在中国发现了许多大型的汉代高炉[①]。这些高炉都是公元前1世纪及1世纪以后建造使用的，再往前两百年有没有呢？可以说这是很有可能的，一来铸铁农具的应用十分广泛，再者根据第一章中铸铁与锻铁器物的比例来看，也说明了使用冲天炉进行熟铁的渗碳与熔炼是一种效率十分低下的方法。此外，高炉冶铁生产本身规模庞大，而块炼炉通常更适用于小规模的生产。如果单是使用块炼炉，那么应该没必要像2.2节所引的文献中那样进行大规模的集中生产，并且也就没有这么多的机遇造就这些原始资本家们。未来的考古工作可以朝解决这一问题的方向进行努力。

有人曾对汉代高炉的生产能力、主要原料和燃料消耗等进行过研究。刘云彩对河南郑州古荥镇高炉的物料平衡进行了计算，研究表明该炉可以日产生铁610公斤。根据刘的计算，每炼一吨铁需消耗7850公斤木炭，1995公斤矿石以及130公斤石灰石[②]。从表面上看，这些结论与我们所了解的欧洲早期的高炉冶炼效率是基本一致的，但这个计算过程是有问题的。首先，对于鼓风机类型与进气量的假设是没有根据的。这个假设会影响到日产量的计算造成结果偏低。其次，标准误差分析指出木炭使用量的计算对木炭的化学成分分析结果十分敏感，也就是说木炭成分分析中的小误差可能会造成在计算用炭量时的巨大误差。另外，作者并没有在该遗址采集到任何木炭样品，也没有看到任何关于遗址出土木炭分析的数据，只是使用了附

---

① 参阅Wagner, Donald B. 1985. *Dabieshan: Traditional Chinese iron-production techniques practised in southern Henan in the twentieth century*（*Scandinavian Institute of Asian Studies monograph series*, 52）. London & Malmö: Curzon Press. Cf. Hara Zenshirō 1991；郑州市博物馆：《郑州古荥镇汉代冶铁遗址发掘简报》，《文物》1978年第2期，第28—43页；Cheng Shih-po 1978. 'An iron and steel works of 2,000 years ago', *CR* 27.1:32-34；Tylecote, R. F. 1983. 'Ancient metallurgy in China', *The metallurgist and materials technologist*, Sept. 1983, 第435-439页；河南省博物馆、石景山钢铁公司炼铁厂、《中国冶金史》编写组：《河南汉代冶铁技术初探》，《考古学报》1978年第1期，第5—10页；河南省文化局文物工作队、中国科学院考古研究所：《巩县铁生沟》，文物出版社，1962年；赵青云、李京华、韩汝玢、丘亮辉、柯俊：《巩县铁生沟汉代冶铸遗址再探讨》，《考古学报》1985年第2期。

② 刘云彩：《用物料平衡法研究古代冶金遗址》，《中原文物》1984年第1期。另可参阅刘云彩：《中国古代高炉的起源和演变》，《文物》1978年第2期。

近现代物料代替。其结果可能导致所得出的木炭消耗量过高，不过石灰石与矿石的用量大致应是正确的。

对于汉代高炉的生产能力、主要原料以及燃料消耗的可靠推算，可能需要像复原炼铜炉那样进行全面的实验考古工作①。否则，我们也只能比较模糊地推断说高炉的年产量大约在几百吨，所需的木材消耗大约在几平方公里（如18世纪弗吉尼亚州的炼铁厂）。

---

① 卢本珊、张宏礼：《铜绿山春秋早期炼铜技术续探》，《自然科学史研究》1984年第三卷第2期，第158—168页。

第三章

金相学研究（一）：
熟铁（锻铁）制品与钢铁制品

　　本章与下一章主要讨论的是铁器的微观结构，以及它所能够告诉我们的中国古代冶铁生产工艺的相关信息。这两章需要读者具备一定钢铁冶金学知识。3.1节介绍了一些相关的基本概念，对于那些具备一定化学知识并习惯于技术思维，但对冶金学不甚了解的读者会有一定帮助。不过，大部分读者可能会发现这些章节涉及的具体内容会比较难懂。我建议这部分读者先以一种开放的态度来浏览3.2—3.4节，先掌握其大意而暂时先不管细节的问题。

　　本章是基于已发表的中国冶金学家所做的大量出土铁器的检测结果。我本人并没有机会在显微镜下观察其中的任何一件标本。这些已发表的检测结果在检测手段、详细程度以及打印的显微照片质量，甚至是观察者的技术熟练程度上都存在着相当大的差异。所以我在使用这些材料的时候，对于原文一些不清楚的地方做了一定的推测。所涉及原报告中的材料将附于书尾以供读者可以对我的结论有自己独立的判断[①]。

---

① 　译者注：原文将原报告中所涉及材料中篇幅较大的编辑成表，篇幅较小的直接注释于图注或题注中。译版将整理后的原材料附于书尾附录中，以便读者自行判断。

相较熟铁而言，中国的冶金考古学家们通常对铸铁更感兴趣。目前，对于熟铁制品的检测十分稀少，但这里基本上囊括了所有的熟铁制品的检测结果。大多数的检测结果在本章中都做了翻译，其余的也基本上可以在我其他文章中找到[①]。

3.1 金相学与铁碳合金系统

金相学，主要是依靠显微镜技术（图一一五、图一一七与图一一九）研究金属材料的宏观、微观组织形成和变化规律及其与成分和性能之间关系的实验学科。Titeb、Tylecote & Gilmour[②]都有文章对其进行简要而实用的介绍。后者专注于许多个体标本的细节研究，是学习考古金相学的良好案例。另外推荐一本相关的著作，是C.S. Smith的*History of metallography*[③]。

简单来说，金相学研究就是用工具（钢锯或砂轮等）先从器物上采集下一小块标本制成试片，然后再将标本的一面进行打磨抛光。在进行第一步时，通常将采集下来的标本先塑封进聚合材料中，备作之后的打磨抛光处理。选定的观察面需用砂纸以及抛光剂进行抛光，对于铁制品标本一般使用效果不错且价格便宜的氧化铝粉悬浮液作为抛光剂，钻石抛光剂（直径5、3或1微米）的效果更佳，只是价格稍高。直到20世纪50年代，打磨抛光的工作基本上都还是完全靠人工完成。如今，技术上的提高已实现了机器自动抛光，在相当程度上减轻了人工的工作负担，但为获得最好的观测效果仍需娴熟的手工抛光制作。打磨与抛光所选用的砂纸与抛光剂都是为了获得一个光亮的镜面，以便于观察结构和成分。通常打磨要使用四种不同型号的砂纸，而抛光也需要通过两种以上的抛光剂。之所以在准备试片时要经过这么

---

① Dien, Albert E. (et al., eds.) 1985. *Chinese archaeological abstracts, vols. 2–4* (*Monumenta archaeologica*, vols. 9–11), ed. by Dien, Albert E., Jeffrey K. Riegel, and Nancy T. Price. 3 vols., Los Angeles: Institute of Archaeology, University of California. Cf. Rudolph 1978。

② Tylecote, R. F. & Gilmour, B. J. J. 1986. *The metallography of early ferrous edge tools and edged weapons* (*BAR British series*, 155). Oxford: B. A. R，第1–18页。

③ Smith, Cyril Stanley 1988. *A history of metallography: The development of ideas on the structure of metals before 1890*. Rev. ed. Cambridge, Mass.: MIT Press. Orig. University of Chicago Press, 1960。

烦琐的工序，是因为在显微镜下观测时需要保证试片的绝对平整与完整。

试片在打磨与抛光的工序完成以后，一部分的微观结构可以直接在显微镜下观测到，特别是熟铁与钢铁中的非金属夹杂物的形态与分布（如图一一〇，图一一五，2和图一二九，1）。而标本中金属成分的微观结构在抛光后看起来几乎没有差别。除非研究者是只对夹渣（slag inclusion）感兴趣，才会用到特定的腐蚀剂来腐蚀抛光的表面，否则通常采用的腐蚀剂为硝酸侵蚀液（nital），即1%至5%的硝酸酒精溶液。苦酸侵蚀液也是一种类似的苦酸酒精溶液。组成物对腐蚀液抵抗强弱的不同，使得腐蚀后的试片表面反射光呈现强弱不同的情况，从而显示出晶界、各种相界及不同结晶的方向性。还有一些更为专业的侵蚀剂的使用，如图一三九使用了奥勃（Oberhoffer）试剂腐蚀以呈现出磷元素固溶体在铁中的不均匀分布情况。

为了解释从显微镜中可以看到的观测结果，需要先说明一下铁碳的相图（图一七〇）。这种相图是冶金学者的基础理论工具。学习这门知识就像是学习一门新

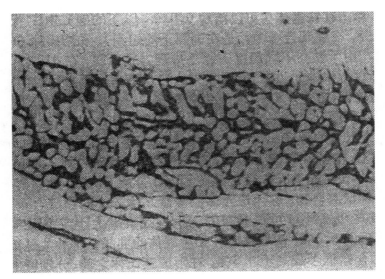

图一一〇　江苏程桥2号墓出土铁条中夹杂物的金相组织，X250
（图中比例尺=100微米）
（采自《中国冶金简史》，科学出版社，1978年，第55页）

语言一样，我个人十分推荐有条件、有兴趣的都可以学习一下。

图中一七〇ABCD是一条液相线，它所反映的是铁碳合金完全熔解的所需温度。可以看出，这个温度会根据铁中碳含量的不同而变化。在含碳量约4.3%时，液线温度为1153℃，而含碳量0.5%的钢铁的液线温度接近1500℃。这个温度的不同十分重要。一般的炉子都可以轻易地达到高碳铁的铸造温度，而熔化低碳铁需要的高温在古代却很难达到（也有一些例外的情况[①]，但与这里要说的没有直接的关联）。当铁中的含碳量增高时，铁会变得脆弱易碎不适合铁匠进行加工，只能以浇铸的方式成型，也就是所谓的铸铁。而含碳量低的铁，由于熔点高，很难进行熔化浇铸，只能以铁匠锻造的方式塑型。我们把含碳量接近于0的铁称为熟铁[②]，而钢铁一般是指含碳在0.1%至2.0%的铁[③]。这一章讨论的铁器中只有一件含碳量达1%，含碳量在0.1%以下的也只占少数。

本章中所涉及的熟铁及钢铁制品都是经过铁匠锻造成型的。在下一章中，我们会看到另一种先经过铸造的高碳铁，通过脱碳处理后也可成为熟铁或钢铁制品，也

[①] 参阅Evenstad, Ole 1790. 'Afhandling om Jern–Malm, som findes i Myrer og Moradser i Norge, og Omgangsmaaden med at forvandle den til Jern og Staal. Et Priisskrift, som vandt det Kongelige Landhuusholdnings–Selskabs 2den Guldmedaille, i Aaret 1782', *Det Kongelige Danske Landhuusholdningsselskabs Skrifter*, D.3:387–449 + Tab. I–II. English translation Jensen 1968，第437–441页［英文翻译版参阅Jensen, Niels L.（tr.）1968. 'A treatise on iron ore as found in the bogs and swamps of Norway and the process of turning it into iron and steel', *Bulletin of the Historical Metallurgy Group* 2.2:61–65. Abridged translation of Evenstad 1790，第65页；Wagner, Donald B. 1990. 'Ancient carburization of iron to steel: a comment', *Archeomaterials*, 4.1:111–117; erratum 1990, 4.2:118. Comment on Rehder 1989；Thomsen, Robert 1975 *Et meget mærkeligt metal: En beretning fra jernets barndom*. Varde, Denmark: Varde Staalværk，第11，31–33页］；Bronson, Bennet 1986. 'The making and selling of wootz, a crucible steel of India', *Archeomaterials*, 1:13–51；Krapp, Heinz 1987. 'Metallurgisches zu zwei Eisenblöcken römischen Ursprungs' / 'Metallurgical aspects concerning two iron blocks of Roman origin', *Radex–Rundschau*, 1987.1:315–330. German with English translation; the translation contains numerous errors.

[②] 19世纪的学者经常将"wrought iron"与"malleable iron"交替使用，但需要注意的是malleable iron与malleable cast iron是不同的。

[③] 译者注：现代定义的钢铁含碳量为0.02%—2.11%。

就是通常所说的可锻铸铁（malleable cast iron）。

所以，在这一章中我们暂时不考虑这些高温或高含碳量的例子，而先将重点放在图一——铁碳相图的左下区域。首先，"相"是一个技术术语，这里所谓的相，是物体内部具有相同物理性质和化学性质的均匀部分。在冶金学中，相是指金属内部微观结构的不同晶体结构。在铁碳系统中，有液态相以及三种固态相，这三种固态相分别是铁素体（ferrite，通常表示为 α，具有体心立方晶格）、奥氏体（austenite，通常表示为 γ，具有面心立方晶格）以及渗碳体（cementite，碳化铁，Fe_3C）。

渗碳体根据其分子式计算，含碳量约为6.7%。奥氏体与铁素体是碳在铁中的固溶体，其溶解极限取决于温度，可以从铁碳相图中反映出来。不同温度下，铁素体的最大含碳量可以通过线GPQ得到反映。线NJ与线GS（也作A_3）表示的是奥氏体的最低含碳量，线JE与线SE（也作Acm）表示的则是奥氏体的最高含碳量。

举例来说，在800℃时，奥氏体的含碳量大约在0.3%到1%，而铁素体中的含碳量为0到0.01%。某含碳量在0.01%至0.3%之间的铁碳合金处于800℃时，它的晶体微观结构就由铁素体加奥氏体组成。

含碳量0.2%的铁，加热到800℃时，如果在两种相的构成上达到均衡，即含碳量0.3%的奥氏体与含碳量0.01%的铁素体，那么通过简单的运算可知奥氏体与铁素体的比例大约分别为66%与34%（$0.66 \times 0.3 + 0.34 \times 0.01 = 0.2$）。

如果将此铁慢慢降温至刚好723℃（线A_1），通过同样的计算可知，此时的铁是由大约23%的含碳量为0.8%的奥氏体与77%的含碳量为0.02%的铁素体组成。

当继续降温至723℃以下时，新的情况产生了，此时的铁素体没有变化，但在这个温度下奥氏体变得不稳定，并且开始转化为铁素体与渗碳体的组合结构。在这个转化过程中所获得的结构取决于冷却的速度。假设铁匠不刻意加快或减慢冷却速度的情况下，奥氏体会转化为珠光体（pearlite，是铁素体薄层与渗碳体薄层交替重叠的层状复相物）。其他一些在急速冷却、快速冷却以及缓慢冷却情况下可以获得的结构将在3.2节中详细讨论。

经抛光并以硝酸侵蚀液或苦酸侵蚀液腐蚀过后的试片，在显微镜下会呈现出以下结构：

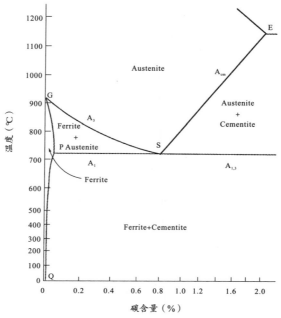

图一一一　铁碳合金相图左下区域（P点的碳含量为0.02%）

铁素体　腐蚀情况相当均匀，但在晶界边缘处更强（单个晶体间的界限）。如图一一二、图一四三、图一五〇、图一五三、图一五七和图一六一中显示的是铁制品的100%铁素体（个别图片中的黑色条纹是非金属夹渣）。在室温下铁素体含碳量极微，几乎为零。

珠光体　在珠光体中，铁素体薄层的腐蚀程度比渗碳体薄层更深，所以会呈现一个精美的波纹曲面。我们在图一四〇，1的电子显微照片中可以看到这种波纹。光学显微镜是达不到同样倍率与景深的，而且想要分辨每条薄层通常也十分困难只能使用电子显微镜。不过，当光从波纹曲面上进行反射时，干扰效应会使其看上去有不同的色彩。在黑白照片中，珠光体会呈现出一种模糊的黑色或深灰色。图一六三，2所示铁制品的微观结构就是由100%的珠光体组成。最初所形成的奥氏体晶粒边界是清晰可见的。通常珠光体的含碳量非常接近0.8%，但在一些特定环境下该含碳量也可能会低于0.8%。

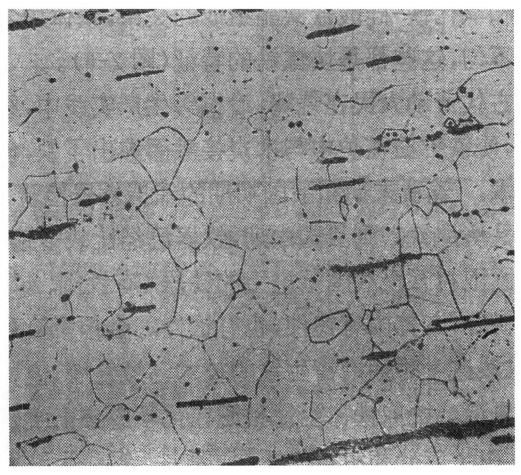

图一一二　江苏程桥2号墓出土铁条的金相组织，X150（图中比例尺=200微米）
（采自《中国古代冶金》，文物出版社，1978年，图版一二，2）

　　通过对铁碳相图的讨论，可以得出100%铁素体铁制品的含碳量几乎为零，而100%珠光体的含碳量约为0.8%的结论。铁素体十分柔软，维氏硬度大约在HV90；珠光体相对较硬，维氏硬度约为HV200-300。含碳量0.8%的钢铁更适合制作武器与农具。古希腊历史学家波利比奥斯（Polybius）与普鲁塔克（Plutarch）曾说过，高卢剑十分柔软，在使用中容易弯曲，所以战士们从战场上回来以后还需要重新把剑身弄直①。这种剑无疑是一种由大量铁素体组成的低碳铁制成。对凯尔特剑的金相分析结果也在一定程度上证明了两位古代学者的说法②。中国古代也有一种类似的剑，可以在附表3.1中看到。

图一一五是一件含碳量0.1%器物的微观结构图（附表3.2）。其中白色的区域是铁素体，深色的区域为珠光体。根据之前的计算表明，这个微观结构应该是由18%含碳量为0.8%的珠光体与82%含碳量为0的铁素体构成，从图片来看是基本符合情况的③。

冶金学者一般不会像我们这样使用湿磨法（wet method）来分析一件铁制品，通常仅仅只是从微观结构上估计一下含碳量。如图一一六中的戟，根据其微观结构（图一一七）中一个铁素体基体大约包含50%的珠光体，推算出其含碳量应该在0.4%（附表3.3）。我们可以通过样品各部分含碳量变化的不同，与样本平均含碳量的区别来进行推算。但如果珠光体的含碳量明显不为0.8%时，经验丰富的冶金学家虽然很少会在这个问题上出错，但一般人却很容易被此方法误导④。

---

① Polybius, *Histories*, 2.30.8, 2.33.3；Pédech, Paul（ed. & tr.）1970. *Polybe: Histoires*, t. 2. Paris: Société d'Édition 'Les Belles Lettres'，第73-74页、76页；Paton, W. R.（tr.）1922. *Polybius: The histories*, vol. 1. London: Heinemann; New York: Putnam，第317、321、323页；参阅Walbank, F. W. 1957. *A historical commentary on Polybius*, vol. 1. Oxford: Clarendon Press，第206、209页；Pluarch, *Camillus*, 41.5；Flacelière, Robert（et al., ed. & tr.）1961. *Plutarque: Vies*, t. 2. Paris: Société d'Édition 'Les Belles Lettres'，第202-203页；Perrin, Bernadotte（ed. & tr.）1914. *Plutarch's lives,* vol. 2. London: Heinemann; Cambridge, Mass.: Harvard University Press, repr. 1968，第201、203页；参阅Lang, Janet 1984. 'The technology of Celtic iron swords', Scott & Cleere 1984:61–72，第64页；Pleiner, Radomír 1980. 'Early iron metallurgy in Europe', Wertime & Muhly 1980:375–415，第411页注31。

② Thomsen, Robert 1975. *Et meget mærkeligt metal: En beretning fra jernets barndom*. Varde, Denmark: Varde Staalværk，第23页；Pleiner, Radomír 1980. 'Early iron metallurgy in Europe', Wertime & Muhly 1980:375–415，393–394；Lang, Janet 1984. 'The technology of Celtic iron swords', Scott & Cleere 1984:61–72；Tylecote, R. F. 1987. *The early history of metallurgy in Europe*. London & New York: Longman，第272页。

③ 需要注意的是典型断面的面积百分比＝体积百分比＝重量百分比；等式的第一部分根据的是祖暅原理（Cavalieri theorem），第二部分是根据铁素体密度约等于珠光体密度。

④ 参阅Brick, Robert M.（et al.）1977. *Structure and properties of engineering materials*, 4th ed., New York: McGraw–Hill，第134页。

到目前为止，我们了解了铁碳合金的共析体（eutectoid）与亚共析体（hypoeutectoid）。含碳量低于0.8%的铁碳合金，叫亚共析体；含碳量高于0.8%的铁碳合金，叫作过共析体。本章中唯一一件过共析体铁制品是附表3.14中所讨论的三把铁剪之一，它拥有十分不典型的微观结构，需要进行单独讨论（详见3.4节）。对于过共析钢，在这里我只能说其典型微观结构是由珠光体与一种网状的渗碳体所组成。这种渗碳体沿着最初的奥氏体晶粒边界分布，看起来很像一张网。读者不妨试想一下，当一块含碳量 1%的铁从900℃开始冷却，首先通过线Acm，再通过线$A_{1,3}$时会是怎样的情况[1]。

图一一三　广州发现的约1843年的水彩画上铁匠的工作场景

（采自Huard, P. & Wong, M. 1966 'Les enquêtes françaises sur la science et la technologie chinoises au XVIIIe siècle', *BEFEO* **52**.1: 137–226）

---

[1]　参阅Brick, Robert M.（et al.）1977. *Structure and properties of engineering materials*, 4th ed., New York: McGraw–Hill，第135页。

图一一四　铁匠对锄头进行冷锻加工
（作者1987年摄于河南开封）

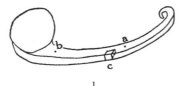

1

2

3

图一一五　铜绿山铜矿遗址出土铁耙及其金相组织

1：铁耙线图；2：金相组织（腐蚀前），X100；3：金相组织（4%硝酸酒精腐蚀后），X100

（详见附表3.2。采自《铜绿山古矿井遗址出土铁制及铜制工具的初步鉴定》，《文物》1975年第2期，第24页）

3.2 锻造工艺

在本节的开始，让我们先探讨一下锻造所使用的原材料。在中国古代，人们是怎样将铁矿制成熟铁，又是怎样使用渗碳工艺来获得钢铁的？在古代西方，这个问题的答案比较简单，几乎所有的铁都是在低温环境下将铁矿还原为固态铁，这种方式也就是所谓的块炼法（Bloomery）。而在古代中国，这个问题就比较复杂且具有相当的争议，需要进行大篇幅的技术研讨。因此，我们先从铁匠是如何将一块熟铁或钢铁做成一件实用的器物开始谈起，把如何得到熟铁与钢铁原坯的问题留到3.4节再进行介绍。

图一一三与图一一四是大概1843年至1987年期间关于中国铁匠的一些插图[①]，这有助于我们先形成一些基本的认识。

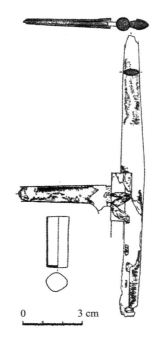

图一一六　河北满城刘胜墓出土的带鞘钢戟及其铜镈

（采自《满城汉墓发掘报告》上册，文物出版社，1980年，第106、108页）

0　　　3 cm

---

① 更早时期（公元11—13世纪）铁匠铺的绘画材料可参阅史金波、白滨、吴峰云：《西夏文物》，文物出版社，1988年，第292页、图版三九。

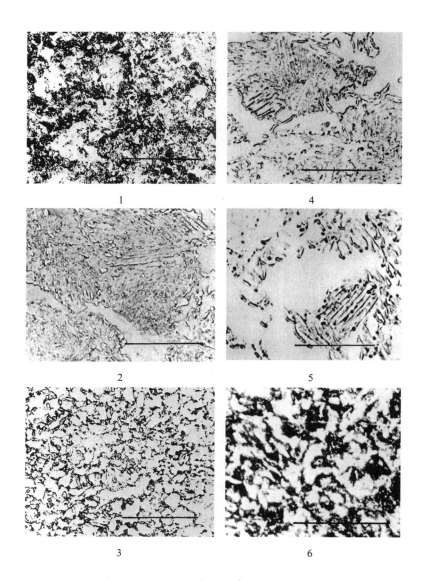

图一一七　河北满城刘胜墓出土钢戟金相组织

　　1：刃部渗碳层，X250，腐蚀后；2：刃部电镜照片，X5200；3：刃部表层与中心区域的过渡区，X250，腐蚀后；4：过渡区的电镜照片，X5200；5：中心部位电镜照片，X5200；6：未注明电镜照片，X1280

　　（详见附表3.3。采自《满城汉墓发掘报告》下册，文物出版社，1980年，图版二五七，4—6；图版二五八，1—2；图版二六一，5）

焊接（welding）　说到锻造的基本工艺无外乎就三种：冲压（drawing）、镦粗（upsetting）以及焊接。其中冲压就是将坯铁拉长，而镦粗则是将坯铁缩短、变厚。两种工艺通常都是将坯铁加热到1200℃（白热状态）或更高，再用锤子敲打锻造。这用语言很难描述，最好的方式是通过铁匠的实地演示来进行了解。我曾经亲身尝试过一次锻造的过程，我可以保证，锻造技术远远不是我们看着熟练铁匠工作的那么简单。

现今的焊接主要是指戴着厚重面具的焊工，使用氧炔焊炬通过局部熔解的方式将各部件焊接在一起。这也叫作氧炔焊，是以火焰为热源实现的焊接，大约在20世纪中期开始普遍使用。而古代所谓的焊接，说的是一种完全不同的工艺，通常称为锻接焊。是将两块需要焊接到一起的坯铁放到锻铁炉中加热到1300—1400℃的高温[1]（但还远不到铁的熔点），当它们完全加热后，从锻铁炉中取出，置于铁砧上，再使用锤子将其锻打到一起。如果操作正确，这两块坯铁便会完美地合二为一[2]。

铁加热到一定温度后，表面会呈现像流体一样的东西，通过对这一现象的观察，铁匠可以准确告诉你一块坯铁是否已加热到可锻焊温度了。实际上，被熔化的不是铁而是由氧化铁（FeO）、二氧化硅（SiO_2，石英）或是其他一些物质所组成的铁渣。如果铁渣不为流体，那么它就会成为坯铁间的阻碍，使得锻焊无法成功。在使用高温进行操作时，一部分铁不可避免地转化为氧化铁，氧化铁的熔点为1369℃。而氧化铁与二氧化硅混合物的熔点相对较低，最低可以低到1177℃[3]，这就是为什么铁匠在锻焊时会在两个被焊接面上加沙。这层液态的铁渣还可以在一定程度上防止铁氧化从而起到帮助锻接的作用。当然，难免会有一部分铁渣残留在锻

---

① Shrager, Arthur M. 1969. *Elementary metallurgy and metallography*. Orig. New York: MacMillan, 1949; 3rd rev. ed. New York: Dover，第38页。

② R.F. Tylecote对固态焊进行了冶金学的理论与实践研究（参阅Tylecote, R. F. 1968. *The solid phase welding of metals*. London: Edward Arnold）。作为一名泰斗级冶金考古学家，这本书中还包含了极为详尽的历史介绍（第3—17页）。

③ Muan, Arnulf & Osborn, E. F. 1965. *Phase equilibria among oxides in steelmaking*. Reading, Mass.: Addison–Wesley; Oxford, etc.: Pergamon Press，第62页、图45a。

接面上，而铁匠的工作就是尽量将这个量控制在最低。

焊接时产生的夹渣是从器物上可观测到的现象之一。在古代，不论以什么方式生产得到的熟铁（见3.4节）原料，在铁匠开始锻造时几乎都会包含一部分夹渣。本章大多数显微照片中可观测到的黑色条纹或斑点通常就是这些夹渣。对这些夹渣的形态、分布以及化学成分的研究对于了解这些器物的制作过程与工艺有着巨大的帮助，我们在3.3与3.4节中会进行更细致地讨论。

在显微结构中有两种方法可以辨别焊接行为。其一，在焊接过程中产生的夹渣通常会整齐地排成一行，并且在外观上明显不同于铁中的其他夹渣。其二，用于焊接的两块原材料，在碳含量或是其他元素含量上或多或少都会有所不同。图一二八，1就可以观测到焊接的痕迹（参考附表3.8）。其微观结构是由铁素体与珠光体组成，并伴随着一定量的夹渣。显微照片上部所含的珠光体明显比下部的含量要多，并且在这些不同含碳量的区域间也有一条明显的分界线，在这条分界线上可以看到一大块的夹渣，这就是铁匠在将两块含碳量不同的坯铁锻焊到一起的过程中所产生的。

通常铁匠将许多块坯铁锻焊到一起是为了得到制作某些器物时所需的大小材料，但也会有一些其他原因。比如，铁匠可以将钢制的刃部焊接到铁制工具上，这种工艺在中国出现于稍晚的时候①，这里所涉及的金相调查报告中并没有发现。

图一一九、图一二〇（参考附表3.4）所示为一柄公元前3世纪铁剑的微观结构图。其中白色区域为铁素体，深色区域为珠光体。我们可以看出器物各部的含碳量有明显的不同，图一一八所示为简化过的断面示意图。正如附表3.4中所得的结论一样，这柄剑可能是先将多块坯铁锤打成薄片，再在表面进行渗碳处理，所以其表

---

① 参阅中国冶金史编写组、首钢研究所金相组：《磁县元代木船出土铁器金相鉴定》，《考古》1978年第6期，第400—401页；Middleton, Albert B. 1913. 'Native iron and steel practice in China', *The iron and coal trades review*, 23 May 1913, 第853页。对于相同工艺在西方的运用可参阅Tylecote, R. F. & Gilmour, B. J. J. 1986. *The metallography of early ferrous edge tools and edged weapons*（*BAR British series,* 155）. Oxford: B. A. R.，第1—2、6页等；Drachmann, A. G. 1967. *De navngivne sværd i saga, sagn og folkevise*（*Studier fra sprogog oldtidsforskning udgivet af det Filologisk–Historiske Samfund*, nr. 264）. København: Gad，第54—56页。

面的含碳量很高，而其内部的含碳量则低得多。再将这些薄片折叠、锻焊在一起，经过复杂的工序最终制成铁剑。这些是比较清楚的结论，但如果不进行更深层次的研究，也就只能说到这里为止了。对于这些铁匠所使用折叠与焊合的方式到底是随意的还是刻意为之，也是我们所希望了解的问题之一。

　　图一三七以及附表3.12中所探讨的另一柄铁剑，不同的坯铁被按照一种更明显的规律组合在了一起。在刃部表面附近的微观结构（如图一三八，1）可以看出高碳钢与低碳钢交替层叠。而中间部分则是含碳量0.8%的均质钢（homogeneous steel，图一三八，2）。在3.3节中还会对这件器物进行详细的讨论。

■ 高碳层（0.5~0.6%含碳量）
□ 低碳层（0.15~0.20%含碳量）
▨ 马氏体
▧ 夹渣

0　　2 mm

　　图一一八　易县燕下都M44：100铁剑断面示意图，含碳量0.15%—0.6%

　　（详见附表3.4。采自《中国封建社会前期钢铁冶炼技术发展的探讨》，《考古学报》1975年第2期，第10页）

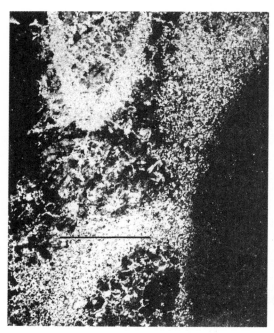

图一一九　易县燕下都M44：100铁剑金相组织（中部，X50）

（详见附表3.4。采自《中国封建社会前期钢铁冶炼技术发展的探讨》，《考古学报》1975年第2期，图版二，11）

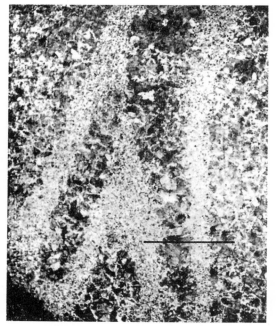

图一二〇　易县燕下都M44：100铁剑金相组织（右上，X50）

（详见附表3.4。采自《中国封建社会前期钢铁冶炼技术发展的探讨》，《考古学报》1975年第2期，图版二，12）

淬火（quench-hardening）　　在荷马的《奥德赛》中有一段著名文字，经常被引用于冶金史的介绍，我们在此也再引用一次。奥德修斯（Odysseus）曾使用烧红的橄榄木棍刺瞎了独眼巨人（Kyklops）的眼睛：

> 又像一个铁匠把大斧头或铁锛浸在冷水里淬砺，发出巨大响声，这样铁才更加坚硬，巨人的眼珠就这样在橄榄木的周围发出响声。[①]

淬火工艺就是把钢铁制品加热到800℃—900℃的高温（赤热状态），然后立即放入冷水中进行冷却，是锻造技术中最壮观的场面之一。通过这样的锻造方式可以大幅提升钢铁的硬度并使其保持十分锐利的锋部，但同时也会增加钢铁的脆性，使其像玻璃一样易碎，所以有时也称其为glass-hard（既有特硬之意，又表示其具备玻璃般易碎的脆性）。硬度与脆性间的平衡，可以通过重新加热到200℃—600℃的低温来进行调整。这个步骤在铁器淬火中被称为回火（tempering），可以使器物结构的硬度降低，但同时也降低了其脆性。

淬火的理论解释是在20世纪上半叶慢慢形成的，期间也伴随着许多的差错与失误。该理论的发展在各个时期的教科书中都可以看到[②]，不过就我所知，还没有科

---

① 荷马著、杨宪益译：《奥德修纪》，上海译文出版社，1979年，第113页。

② Sauveur在1920年时回顾了当下的理论情况并做出了如下总结："……如果想要了解这个谜团的真正答案，就必须要寻求新的途径。"（Sauveur, Albert 1920. *The metallography and heat treatment of iron and steel*. 2nd ed., Cambridge, Mass.: Sauveur and Boylston Mechanical Engineers，第308–314页）另可参阅Rosenholtz, Joseph L. & Oesterle, Joseph F. 1938. *The elements of ferrous metallurgy*. 2nd ed. New York: Wiley; London: Chapman & Hall，第163–165页；Shrager在其文中仍保留有一条废弃已久的理论，"马氏体（Martensite）被认为是铁素体中的碳过饱和溶液（supersaturated solution）"（Shrager, Arthur M. 1969. *Elementary metallurgy and metallography*. Orig. New York: MacMillan, 1949; 3rd rev. ed. New York: Dover，第141页）；现代理论可参阅Van Vlack, Lawrence H. 1964. *Elements of materials science: An introductory text for engineering students*. 2nd ed., Reading, Mass. etc.: Addison–Wesley; 3rd printing, 1967，第289–294页；Brick, Robert M.（et al.）1977. *Structure and properties of engineering materials*, 4th ed., New York: McGraw–Hill，第126–165页。

学史学家对其进行过研究①。

在3.1节中我们已经提到过，当温度降低到723℃以下时，奥氏体必然会转化为其他结构。在正常冷却速度下，奥氏体会转化为具有层状双相（two-phrase）结构的珠光体。在急速冷却速度下，奥氏体将转化为马氏体（martensite）。马氏体是碳在α-Fe中的过饱和固溶体，极其坚硬且脆，其晶体结构为体心四方（body-centred tetragonal）结构。经抛光打磨及腐蚀后，马氏体在显微镜下通常表现为针状或片状（如图一二六，2及图一二八，2）。

马氏体经回火后会导致其中部分固溶体形态的碳析出为微观或亚微观的球状渗碳体。与未经回火的马氏体相比，这种结构硬度虽然有所降低，但同时脆性也更低。

除了珠光体与马氏体，还有一种形成于中等冷却速度，被称为贝氏体（bainite）的微观结构。当一件比较厚的铁器进行淬火时，很可能出现马氏体仅形成于表面附近的情况，而更深层部分的铁降温较慢，从而形成了贝氏体。这一现象在本章涉及的多件器物中都能观察到（参见附表3.3—3.5、3.8及3.13）。

在描述微观结构时，所使用的一部分术语是从一些早期的、但现在已经废弃的关于钢铁硬化理论中遗留下来的。珠光体、马氏体与贝氏体都是国际上所承认的术语。另外，根据在中温区贝氏体形成位置的不同，又有上贝氏体（upper bainite）与下贝氏体（lower bainite）之分。屈氏体（troostite）是一种几乎已经过时的术语，它其实是在中等冷却速度下形成的一种极细的珠光体，在使用电子显微镜以前，被认为是一种单相结构②。还有一种过时的术语称作索氏体（sorbite），也是

---

① 但Smith对此问题在19世纪时的情况进行过研究（Smith, Cyril Stanley 1988. *A history of metallography: The development of ideas on the structure of metals before 1890*. Rev. ed. Cambridge, Mass.: MIT Press. Orig. University of Chicago Press, 1960，第225页等）。

② Sauveur, Albert 1920. *The metallography and heat treatment of iron and steel*. 2nd ed., Cambridge, Mass.: Sauveur and Boylston Mechanical Engineers，第285-289页；Tylecote, R. F. & Gilmour, B. J. J. 1986. *The metallography of early ferrous edge tools and edged weapons*（*BAR British series*, 155）. Oxford: B. A. R.，第5页。

一种极细的珠光体[1]。屈氏体与索氏体的含义都比较模糊，由于早期理论上的混淆，它们也可以是指不同形态的回火马氏体（tempered martensite）[2]。"屈氏体"一词，在东西方关于古代器物的金相学报告中都经常可以看到。"索氏体"在中文报告中也经常出现。另外，还有一个自相矛盾的"无碳贝氏体"（carbon-free bainite）也经常可以看到，它所指代的应该就是下贝氏体。

根据一些有刃兵器的微观结构显示，它们经过了淬火处理。附表3.4中的微观结构是来自于河北燕下都44号墓中出土的铁剑。其年代大约是公元前3世纪早期，是本章讨论中所涉及最早的、有可靠断代的有刃兵器。因此，就目前来看，中国的淬火工艺至少可以追溯到公元前3世纪早期。

尽管仅通过发表出的显微照片很难进行判断[3]，并且在金相报告中通常也不会提到回火处理，但在这里看到的经过淬火的铁件，似乎都经过轻微的回火处理。不过制作这些铁件的铁匠们看起来并没有完全掌握回火工艺的内在原理，对于使用在战争中的武器而言，马氏体结构虽然坚硬但却过于脆了。

面临在硬度与韧性间寻找平衡的问题时，铁匠们似乎找到了其他的方法以代替回火处理。在附表3.5、3.7以及3.8中所描述的武器，似乎是经过了局部的淬火处理，其刃部是非常坚硬的马氏体，而器身的微观结构则要柔软得多。局部淬火的方法之一是将不需回火的部分用黏土覆盖，在铁件受热至淬火温度时，被黏土覆盖的部分便会烧结变硬，此时将铁件放入水中进行淬火，烧结的黏土由于温差冲击碎

---

① Sauveur, Albert 1920. *The metallography and heat treatment of iron and steel.* 2nd ed., Cambridge, Mass.: Sauveur and Boylston Mechanical Engineers，第225-226、289-291页。

② *Metals handbook*, 1939 edition. Cleveland, Ohio: American Society for Metals，第9-10页。

③ 有文章指出（中国冶金史编写组、首钢研究所金相组：《磁县元代木船出土铁器金相鉴定》，《考古》1978年第6期），一些中国古代锻件上看到的回火情况，可能是长年放置后自然形成的，而非铁匠有意为之。根据Brick的数据显示，在0℃情况下放置2000年，与在420℃下回火90秒具有相同的效果［Brick, Robert M.（et al.）1977. *Structure and properties of engineering materials*, 4th ed., New York: McGraw-Hill，第155页］当然我承认这只是理论上的情况，事实也不可能有实验数据来予以证明。这种轻微的回火可能会改变马氏体的外观，但不会影响其硬度。要想获得硬度在室温下的变化数据可能需要数百万年的时间。

裂，防止了铁件与水的直接接触，虽然只是一瞬间，但已足以避免马氏体形成[①]。

我们还应注意到有一些品质极佳但完全没有经过淬火过的刀剑。附表3.12中就是一个例子，剑上的铭文表明了其优秀的品质，尽管剑刃部分并未进行淬火，但从金相分析可以看出铁匠在打造这把剑时花费了巨大的工作量。另一个例子是收藏在芝加哥菲尔德自然史博物馆中的一柄中国钢剑，年代可能为汉代，但没有具体的出土信息，在3.3节中会进行详述。

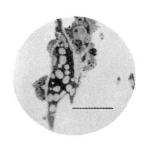

图一二一　易县燕下都M44：100铁剑金相组织中的夹杂物

（详见附表3.4。采自《中国封建社会前期钢铁冶炼技术发展的探讨》，《考古学报》1975年第2期，图版三）

图一二二　置于刘胜身边的2把铜格钢剑（木剑鞘中）

（采自《满城汉墓发掘报告》上下册，文物出版社，1980年，第101—103、104页，图版六五，1）

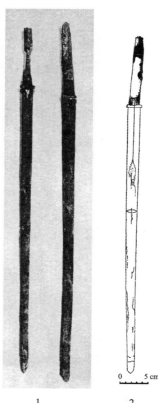

1　　　　2

---

① Tylecote, R. F. & Gilmour, B. J. J. 1986. *The metallography of early ferrous edge tools and edged weapons*（*BAR British series,* 155）. Oxford: B. A. R.，第17—18页。另外，还有当器物只有某一部分有淬火痕迹时，我们称其为"自身回火"。在热量从其他部分回到经淬火处理的部分时，会使其他部分受到轻微的回火。

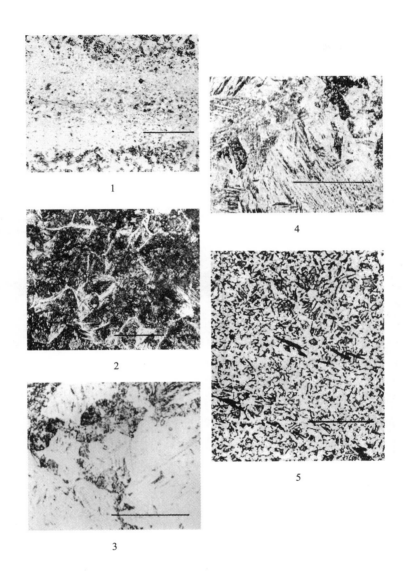

图一二三　刘胜墓出土铜格钢剑金相组织

1：高、低碳层，X100；2：近表面，X400；3：刃部，X630，马氏体与屈氏体；4：刃部过渡区，X630；5：中心部位，X400

（详见附表3.5。采自《满城汉墓发掘报告》上下册，文物出版社，1980年，第373页，图版二五六，4；图版二五七，1—2）

图一二四　洛阳徐美人墓出土的铁刀

（采自《洛阳晋墓的发掘》，《考古学报》

1957年第1期，第180—181页）

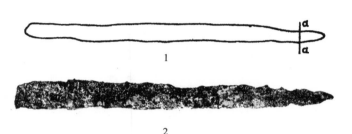

1

2

图一二五　辽宁辽阳三道壕出土残铁剑及取样示意图

（采自《战国两汉铁器的金相学考查初步报告》，《考
古学报》1960年第1期，第80页，图版七，1）

1

图一二六　辽宁辽阳三道壕出土残铁剑
金相组织

（详见附表3.7。1：采自《战国两汉
铁器的金相学考查初步报告》，《考古学
报》1960年第1期，图版七，2，X500；2：
采自《中国冶铸史论集》，文物出版社，
1986年，图版三，6，X550）

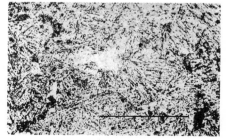

2

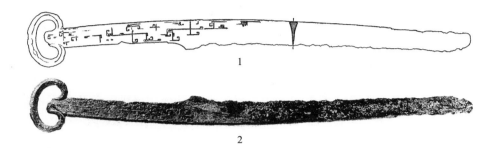

图一二七　河北满城刘胜墓出土错金书刀

（采自《满城汉墓发掘报告》下册，文物出版社，1980年，第105—107页，图版
六八，1）

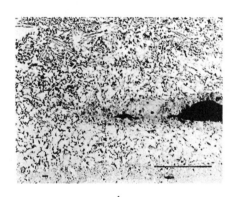

1

图一二八　刘胜墓出土错金书刀
金相组织（一）

1：高、低碳层的分界，X100；

2：刃部淬火组织，X700

（详见附表3.8。采自《满城汉
墓发掘报告》上下册，文物出版社，
1980年，第105—107、372—373页、
图版二五六，2—3）

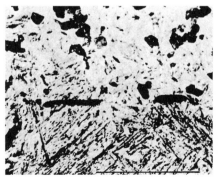

2

加工硬化（work-hardening）是通过冷锻从而提高铁件硬度的另一种显著方法。图一一四所示为1987年的开封，铁匠与其助手正在对他们前一天所制作的锄进行冷锻。他们先是使用大锤锻打直至撞击声改变，此时锄的硬度已经有了显著地提高，其后铁匠会再换小锤锻打一定时间。整个过程会持续大约半个小时。

在欧洲，也有一些经过加工硬化的古器，通常其硬化处理看起来都是有意为之[①]。不过在过去的几个世纪，并没怎么看到欧洲铁匠们使用这种硬化工艺[②]。

在本章所讨论的铁件中，有一件是经过加工硬化处理的。这是一件公元前2世纪的铁凿（附表3.9）。原报告中称从其铁素体颗粒受到拉长的程度来看，说明其大约受到了30%的冷变形。不幸的是，所发表的显微照片十分模糊（图一三一），无法看清其铁素体颗粒的边界，但可以看到其微观结构中的珠光体发生了明显的变形。该铁凿的含碳量估计为0.25%，通常这样的钢材硬度为100—150HV，但通过冷变形使其刃部的硬度大约达到了250HV。有人可能会觉得铁凿的硬度应该远不止这一点，因为现代铁凿刃部的硬度通常都在450—600HV。Tylecote与Gilmour发现，绝大部分罗马时期的不列颠铁凿硬度同样很低[③]。我认为铁凿的硬度如此低或许说明在其硬度与韧性平衡的掌握上需要十分注意，铁凿需要经得起硬度的考验，而又不能太硬。这需要制作它的铁匠具备十分高超的技巧，而一般具备这种高水平的铁匠更愿意用他的技术来制作剑或其他一些价值更高的器物而不是普通工具。所以制作铁凿的铁匠水平一般也不会那么高，他们不会或不能正确地使用回火技术。仅是制作一个适用的铁凿，只要用低碳钢进行加工硬化便足够了。

---

① Tylecote, R. F. & Gilmour, B. J. J. 1986. *The metallography of early ferrous edge tools and edged weapons*（*BAR British series,* 155）. Oxford: B. A. R.，第30、36、69、93、103、188、206页。

② 另外，Anna Helene Tobiassen 讲述了一种挪威铁匠使用的 "冷锻"（kaldhamring）。这种 "冷锻" 与真正的冷锻不同，它所使用的温度比一般铁匠所使用的800℃要低，据说可以使含碳极少或不含碳的熟铁达到一定的硬度。（Tobiassen, Anna Helene 1981. *Smeden i eldre tid*. Oslo: Institutt for Folkelivsgranskning & Universitetsforlaget，第51、54页。）

③ Tylecote, R. F. & Gilmour, B. J. J. 1986. *The metallography of early ferrous edge tools and edged weapons*（*BAR British series,* 155）. Oxford: B. A. R.，第69页。

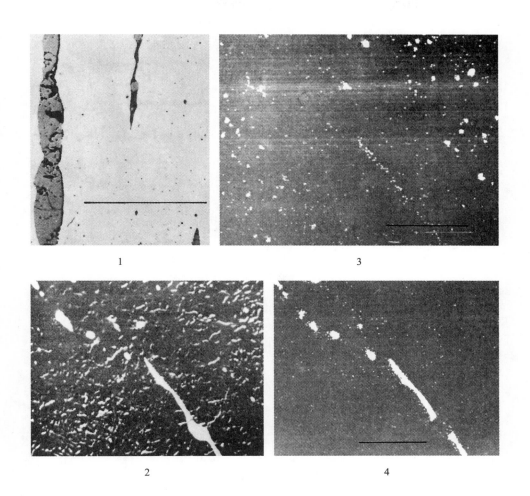

1　　　　　　　　　　　　　　　3

2　　　　　　　　　　　　　　　4

图一二九　刘胜墓出土错金书刀金相组织（二）

　　1：腐蚀前，X180；2：电镜反射像，X500；3：硅元素电子探针图像，X500；4：钙元素电子探针图像，X500

　　（详见附表3.8。采自《中国封建社会前期钢铁冶炼技术发展的探讨》，《考古学报》1975年第2期，第12—13页，图版五，25—28）

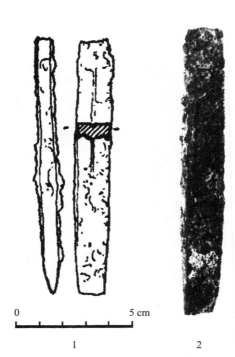

0　　　　　　5 cm

1　　　　　　2

图一三〇　河北满城汉墓出土铁凿
（采自《满城汉墓发掘报告》上下册，文物出版社，1980年，第279、281页，图版一九五，1）

图一三一　满城汉墓出土铁凿金相组织，腐蚀后，X400
（详见附表3.9。采自《满城汉墓发掘报告》下册，文物出版社，1980年，图版二五三，5）

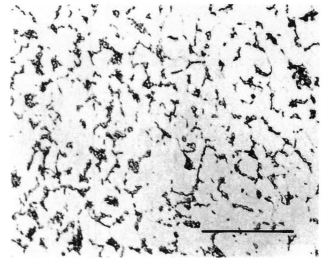

软化处理（Softening treatments）附表3.10中所描述的钢剑出土于湖南长沙杨家山一座汉代以前的墓葬中，其微观结构十分特别。该剑看上去是由含碳量0.5%的钢铁打造，经过适当的热处理变得非常坚硬。可实际上，分布在铁素体基体上的球状渗碳体（图一三二）使得该剑具有这种钢铁可能具备的最柔软的微观结构[1]。

在两种情况下可以产生这种微观结构。一种是将淬火铁件进行过度地回火，当马氏体在刚好723℃以下回火数小时，其中所有的碳会析出为渗碳体，所得到的微观结构与图一三二中相似，即铁素体基体加球状渗碳体[2]。这把钢剑很可能先是经过了淬火处理，然后采用过度回火的方法进行完全软化处理，这种软化工序需耗时数小时且需要精细的温度控制，所以必定是有意为之。这看上去虽然不太可能，一把淬火处理过的好剑，在被放进墓葬随葬之前却被软化处理给毁掉了[3]。另一种情况是现代工业中所使用的，为机械加工做准备而对钢材进行的软化处理。原理是将珠光体结构的钢材受热到刚过723℃，再保持在刚好723℃以下数小时，就会得到与这里所看到的相同类型的结构[4]。如果预先进行冷加工或是在程控炉中进行钟摆式退火（即始终将温度控制在723℃上下摆动[5]）都可以加速该过程。

---

[1] 部分中国冶金学家将这种结构称为"粒状珠光体"（如中国社会科学院考古研究所、河北省文物管理处：《满城汉墓发掘报告》，文物出版社，1980年，第389页）。"粒状（球状）珠光体"一词是不正确的，应为粒状（球状）渗碳体。

[2] Brick, Robert M.（et al.）1977. *Structure and properties of engineering materials*, 4th ed., New York: McGraw–Hill, 第152–155页。

[3] 在剑桥大学考古学与人类学博物馆中藏有一件铁戟，无出土信息，年代约为汉代。Taylor与Shell对这件铁戟做了检测，从打印出的微观照片来看（Taylor, S. J. & Shell, C. A. 1988 'Social and historical implications of early Chinese iron technology', Maddin 1988: 205–221，图19.5b–c），其微观结构看上去像是球状渗碳体与铁素体基体。不过他们将这种微观结构称为"在猛烈退火过的马氏体中的细小球化的渗碳体"（fine spheroidized cementite in heavily annealed martensite）。如果他们是对的，在微观结构中能看到部分残余的马氏体，那么这就是一例有意进行软化退火处理的剑的例子。

[4] Honda, Kōtarō & Saitō, Seitō 1920. 'On the formation of spheroidal cementite', *JISI* **102**.2: 261–269。

[5] Offer Andersen, K.（et al.）1984. *Metallurgi for ingeniører*, af — i samarbejde med Celia Juhl, Conrad Vogel, og Erik Nielsen. 5. udg. [København]: Akademisk Forlag, 第375–378页。

如果铁匠在对一件器物进行热加工时达不到足够高的温度，便会出现以下一些情况：

在温度不足时，珠光体可能不能在有效时间内完全转化为奥氏体，且锤锻的效果将会与冷锻相同，即破坏珠光体中的渗碳体层片，器物的成形也将变得更加困难，并且比温度足够高时所需要的时间更长。就算器物被加工部分的温度显著高于723℃，但附近部分的温度仍可能在反复加热与锤打的过程中在723℃上下摆动。

Tylecote与Gilmour所检测的一些有刃工具与武器之中，发现包含有部分或完全球化的珠光体[①]应该都是由于器物是在800℃—900℃的低温下进行锻造，其所获得的结构比预期要软。

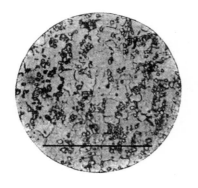

图一三二　湖南长沙杨家山出土钢剑金相组织，腐蚀后，X800

（详见附表3.10。采自《长沙新发现春秋晚期的钢剑和铁器》，《文物》1978年第10期，第45、48页）

---

① Tylecote, R. F. & Gilmour, B. J. J. 1986. *The metallography of early ferrous edge tools and edged weapons*（*BAR British series*, 155）. Oxford: B. A. R.，第33–36、38–39、41、59、67、79、86、113、115、130、148、157、167、184、222、224、230、232、238、250页。另外在Gordon与van der Merwe的报告中，有一些非洲的铁器也具有这种结构（Gordon, R. B. & van der Merwe, N. J. 1984. 'Metallographic study of iron artifacts from the eastern Transvaal, South Africa', *Archaeometry*, **26**.1: 108–127，第112、116、117、123页）。

3.3 百炼成钢

所谓的百炼成钢，原意指铁经过反复锤炼成为坚韧的钢，用其比喻人要经过长期艰苦的锻炼，才能成熟[1]。这个比喻早在公元2世纪或3世纪时就开始使用[2]。在英文翻译时通常也只是译作"精炼"（refine）或是"回火"（temper）。没有人对"炼"（湅）的具体含义做过深入研究，直到韩汝玢、柯俊等对这一类器物进行了仔细的研究，才让大家对"百炼"一词引起了重视[3]。

单从文学角度来看，"百炼"应该只是一种修辞手法，而不是一个专业术语。但有趣的是，在三把书刀（图一三三）、一把环首铁刀（图一三五）以及一柄钢剑（图一三七）上发现了铭文，铭文指出这些铁件的年代在公元1至2世纪（公元104、112与77年），并表明这些铁件是经过三十湅或五十湅而成。日本奈良县出土一把刻有"百练"的铁刀，年代为东汉中平纪年（公元184—189年）[4]。

在日本还发现了其他一些相关的器物。如形态奇特的百炼七支刀（图一三四），根据刀上的铭文显示其锻造年代为泰和四年（公元369年），可能是在

---

[1] 艾芜的同名长篇小说《百炼成钢》中，生动地刻画出"大跃进"时期中国工人的生活情况（艾芜：《百炼成钢》，作家出版社，1958年）。

[2] 何堂坤：《百炼钢及其工艺》，《科技史文集》1985年第13期，第122—130页。

[3] 关于这个问题可以参阅孙机：《略论百炼钢刀剑及相关问题》，《文物》1990年第1期，第72—78页。

[4] 参阅梅原末治（Umehara Sueji）：《奈郎縣櫟本東大寺山古墳出土の漢中平年記の鐵刀（口繪解說）》，《考古學雜誌》1962年第48卷第二節，第37—38页；韩汝玢、柯俊：《中国古代的百炼钢》，《自然科学史研究》1984年第三卷第4期，第316页；何堂坤：《百炼钢及其工艺》，《科技史文集》1985年第13期，第123页。梅原末治转录的铭文为"中平□年，五月丙午，造作支刀，百练清刚，上应星宿，下辟不祥"。有关该刀出土墓葬的英文简介参阅Okauchi Mitsuzane（冈内三真）1986. 'Mounded tombs in East Asia from the 3rd to the 7th centuries A.D.', Pearson et al. 1986: 127–148，第142页。

中国制造（抑或韩国），是百济国王赠予日本天皇的礼物[1]。在古坟时代（大和时代）的两座大墓中也有发现，一为江田船山古墓中发现的"八十练"铁剑（Eta-Funayama sword，年代约为公元5世纪），二为埼玉稻荷山古墓中发现的"百练"铁剑（Saitama-Inariyama sword，年代为公元471或531年）[2]。古坟时代的这两把剑应该是由日本铁匠所锻造而非中国铁匠，并且这三把剑的锻造年代都要大大晚于之前我们所提及的所有的刀剑。因此，在现阶段的讨论中最好是将它们排除在外。

韩汝玢与柯俊曾对"涑"的含义提出了一种解释[3]。他们从两件器物（三十炼环首铁刀，图一三五；五十炼钢剑，图一三七）上取得样本进行了检测，其金相组织结构的描述，如附表3.11与附表3.12中所示。

从两件器物的微观结构中可以看到明显的分层，根据厚度大约分别为30层与60层。环首铁刀（图一三五）的结构十分均匀，只能从夹渣的分布规律才能发现其分层情况。

图一三七中钢剑的分层情况则比较明显，因为在其锻造过程中至少使用了两种不同的钢材。图一三八，1中的样本使用硝酸侵蚀液进行侵蚀，其整个结构由珠光体与铁素体构成，深色条纹包含约0.6%—0.7%的碳，浅色条纹包含约0.4%的碳。

---

① 《日本纪》（编于公元720年）中提到七支刀是百济国王所赠予的礼物，与铭文中的"七支刀"相符［参阅佐佐木稔（Sasaki, Minoru）：《七支刀と百煉鐵》，《鐵と鋼》第68卷第一節，第179页；Aston, W. G. 1896（tr.）. *Nihongi: Chronicles of Japan from the earliest times to A.D. 697. Translated from the original Chinese and Japanese（Transactions and proceedings of the Japan Society, London, Supplement 1）*. 2 vols., London: Kegan Paul，卷一，第252页］。根据《日本纪》中未经校正的年表记录，该事件发生于公元252年，但人们认为这一部分的年代刚好错位了两个甲子，即赠予礼物的时间应为公元372年，也就是铭文中所记录的该刀锻造成的三年后。

② 参阅Anazawa Wakou（穴泽和光）& Manome Jun'ichi（马目顺一）1986. 'Two inscribed swords from Japanese tumuli: Discoveries and research on finds from the Sakitama–Inariyama and Eta–Funayama tumuli'; Pearson 1986: 375–395；Murata, T. & Sasaki, M. 1984. 'Rust analysis of the Inariyama sword', Romig & Goldstein 1984: 257–260；*Nippon Steel News*, Jan. 1985, no. 175, 第3页, 'The Inariyama sword: Flakes of rust tell the story'.

③ 韩汝玢、柯俊：《中国古代的百炼钢》，《自然科学史研究》1984年第三卷第4期，第316—320页。另可参阅李众（假名，实为北京钢铁学院冶金史组）：《中国封建社会前期钢铁冶炼技术发展的探讨》，《考古学报》1975年第2期，第13—16页。

图一三九，1、2中的样本使用奥勃试剂进行侵蚀，其中深色区域的含磷量高，而浅色区域较低[1]。

　　钢剑的横截面由三个部分组成：中心区（约2毫米厚）以及两边的区域（每部分约1.5毫米厚）。两边区域基本上呈镜像对称，它们都由高低碳层相间组成，而中心区是由均匀分布的0.7%—0.8%的碳层组成。作者以夹渣的化学成分为基础，提出高碳钢是由生铁炒炼而成的结论（详见3.4节）[2]。顺带还提到由精炼炉（fining furnace）中获得的铁块可能包含不均匀的含磷量，对铁块进行进一步加工可以拉长其高磷及低磷区域，从而得到图一三九，1中所见的那种模糊不清的条纹。而图中较为明显的条纹是由于在两边区域使用了两种不同钢材所致。两边区域中的高碳以及低碳区尤其是显微硬度变化大的部分说明含磷量可能并不均匀。这种条纹内的不均匀可以在图一三九，1中看到，在图片最左侧的位置最为明显。

　　从技术上讲，精炼过程中出现的这种磷的偏析情况可以通过研究铁碳合金与磷铁合金的相图来进行解释[3]。虽然这里并没有给出该剑含磷量的定量估测，但看上去不会高于0.2%，这样极少量的磷对于铁熔点的影响是微不足道的。当温度高于1390℃时，磷与碳分别在奥氏体与铁素体中几乎不可熔。在精炼过程中，当熔化物的含碳量急剧下降而低于液相线时，不含碳、含少量磷的铁素体与不含磷、含少量碳的奥氏体从熔化物中析出。固态铁中磷的缓慢扩散会致使偏析情况贯穿余下的精炼过程。在从1390℃—910℃的冷却过程中，含磷的铁素体可能（取决于具体的含磷量）会转化为奥氏体，接着再转化回铁素体，但这种转化对偏析情况没有影响。

　　有关磷在铁中的习性的文章，最经典的当属J. E. Stead的《铁、碳与磷》（*Iron,*

---

①　不幸的是，并不清楚这些含磷量条纹与图一三八，1中含碳量条纹间存在什么关联。

②　作者没有对低碳钢的制作提出明确的说明，但或许他们的意思是借由铸铁块进行固态脱碳。

③　Hansen, Max 1958. *Constitution of binary alloys*. 2nd ed., New York: McGraw–Hill，第353–365、692–695页。

carbon, and phosphorous[1]）。他在文中展示了熟铁中的含磷情况都是十分不均匀的[2]。其中一例克利夫兰含磷量0.3%的熟铁样品的显微照片，在两倍放大率下与图一三九，2（放大率为100倍）十分相似[3]。Stead所检测的绝大部分熟铁样品应该都是搅炼（puddling）而成的，只有一件瑞典的铁条可能是精炼的[4]。这件样品的含磷量仅有0.008%，但即使是在这么低的含磷量下，磷的偏析情况依然清晰可见[5]。

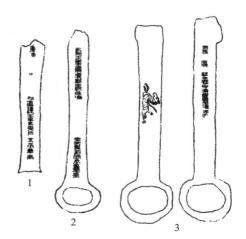

图一三三　三把错金书刀示意图

（采自《贞堂松集古遗文》，崇基书店，1968年）

---

①　Stead, J. E. 1915–18. 'Iron, carbon, and phosphorous', *Journal of the Iron and Steel Institute*, 1915: 140–181 + plates 21–39 + discussion pp. 182–198; 1918, **97**:389–412 + plates 37–40 + correspondence 第413页起。

②　另参阅Rawdon, Henry & Epstein, Samuel 1926. 'Observations on phosphorous in wrought iron made by different puddling processes', *American Iron and Steel Institute, Yearbook* **16**:117–148。Chilton 与Evans使用了十分费劲的湿分析法，对使用研磨机取得的微观样品中磷在熟铁中的偏析情况给出了量化数据。现如今，这类量化数据可以通过电子显微探针或是扫描电子显微镜轻松获取，但据我所知还没有看到类似数据有发表。

③　Stead, J. E. 1915–18. 'Iron, carbon, and phosphorous', *Journal of the Iron and Steel Institute*, 1915: 140–181 + plates 21–39 + discussion ,第182–198页，第163页、图版30.20。

④　因为煤炭的匮乏，在瑞典几乎不会使用搅炼法（参阅Sahlin, Emil 1988. *British contributions to Sweden's industrial development: Some historical notes*. Orig. publ. 1964 by Sveriges Allmänna Exportförening; repr. *Polhem: Tidskrift för teknikhistoria*, 6.4b:1–121，第11–13页）。

⑤　Stead, J. E. 1915–18. 'Iron, carbon, and phosphorous', *Journal of the Iron and Steel Institute*, 1915: 140—181 + plates 21–39 + discussion ,第182–198页，图版30.21。

1

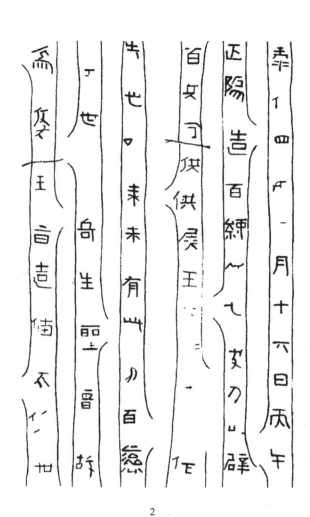

2

图一三四　日本出土的百炼七支刀
（采自 Genshokuban Kokuho：《原色版图宝
1：上古·飞鸟·奈良》）

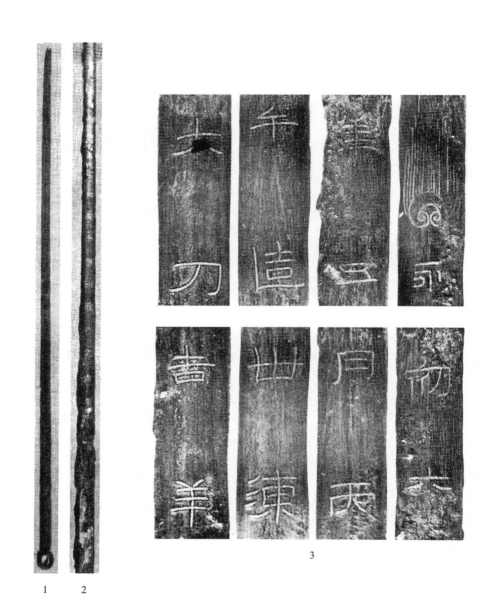

1   2

3

图一三五　山东苍山三十炼环首铁刀

（采自《山东苍山发现东汉永初纪年铁刀》，《文物》1974年第12期，图版五，1—3）

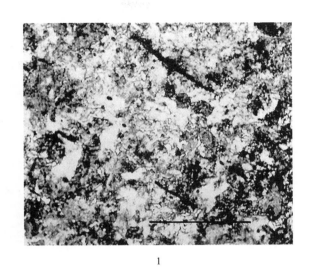

1

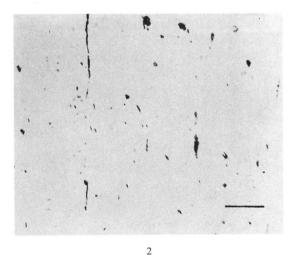

2

图一三六　苍山出土铁刀刃部金相组织

1：腐蚀后，X500；2：腐蚀前，X200

（详见附表3.11。采自《中国古代的百炼钢》，

《自然科学史研究》1984年第4期，图版一，1—2）

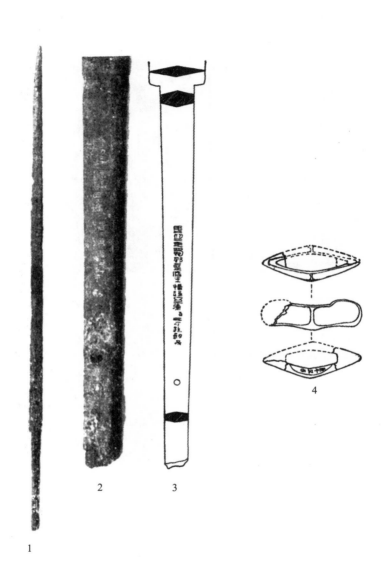

1　2　3　4

图一三七　徐州铜山出土的五十炼钢剑
（采自《徐州发现东汉建初二年五十湅钢剑》，《文物》1979年第7期，第52页）

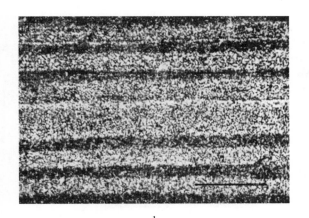

1

2

图一三八　徐州铜山出土五十炼钢剑金相组织

1：刃部表面，腐蚀后，X100；2：中心部分，腐蚀后，X200；3：夹杂物，腐蚀前，X250

（详见附表3.12。采自《中国古代的百炼钢》，《自然科学史研究》1984年第4期，图版一，4）

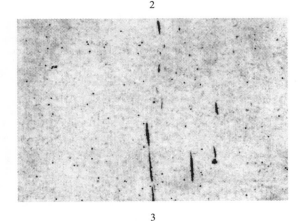

3

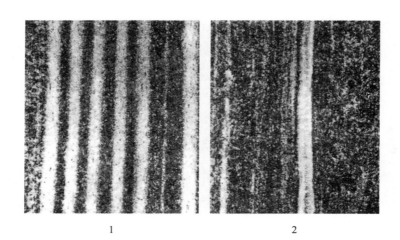

1   2

图一三九　铜山出土五十炼钢剑中的磷偏析（腐蚀后，奥勃试剂，X100）

1：边部；2：中心部位

（详见附表3.12。采自《中国古代的百炼钢》，《自然科学史研究》1984年第4期，图版二，8—9）

回到钢剑的问题，制剑的工序大概是这样的：核心部分选用含碳量0.7%—0.8%的钢材，这部分最终会成为刀刃部分；在外面包裹两块含碳量不同的钢材，将包裹层折叠到核心部分上锻焊到一起（如图一四二中所示）；接着通过反复地加热与锻打使剑成型。不过奇怪的是，成型后的刃部是没有经过淬火的。

我们所看到的这种分层结构，是由于在制剑过程中剑受到反复折叠与锻焊所形成的。韩汝玢与柯俊认为"湅"字通炼、鍊，指的就是这种反复折叠、锻打成型的过程，而在"湅"字之前的数字则代表了湅的次数，即分层结构的层数。三十湅钢刀（附表3.11）分层数目大约有30层，五十湅钢剑大约是50层。要通过观察来计算这个层数实际上是非常困难的，不过铭文所指的也不一定就是确数。以五十湅钢剑为例，我们可以试想一下，首先将一块钢材折叠（图一四二）、锻焊四次，使得核心部分分层数变为16层；然后将含碳量或高或低的钢材再熔焊到一起锻打，再经过三次折叠、锻焊，使得外包部分层数为16层；接着将外包部分折叠、锻焊包裹核心部分，就使总分层数达到3×16＝48层；再使用这块制好的钢材来锻造成剑。

　　韩汝玢与柯俊在文中表示，"炼"（湅）的含义是否指代叠打后的层数还需要更多的实物才能判定。但不管是从铭文还是文献材料来看，这些数字都应该直接反映了对铁块进行的总工作量与产品品质。

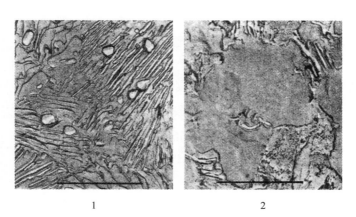

图一四〇　铜山出土五十炼钢剑刃部电镜照片，X5000
1：高碳区；2：低碳区

（详见附表3.12。采自《中国古代的百炼钢》，《自然科学史研究》1984年第4期，图版二，10—11）

图一四一　铜山出土五十炼钢剑刃部电镜照片，X2000
1：中心部分；2：边部高碳区；3：边部低碳区

（详见附表3.12。采自《中国古代的百炼钢》，《自然科学史研究》1984年第4期，图版二，12—14）

图一四二 钢剑的折叠锻打示意图

在19世纪的英格兰，这种反复叠打加工的工艺被称为"堆叠法"（piling），按级别可以分为A，AA，AAA级等，也就是铁被堆叠的次数[①]。这是对于含夹渣的铁的一种基本处理方法。每一层堆叠都会使铁内的夹渣被打碎、延伸并重新分布，从而提高铁的强度与延展性。铁匠们在很久以前就知道这一特性，但一直到19世纪，当诸如步枪枪筒、桥梁以及轮船外壳等的制造对于熟铁本身强度以及延展性的要求日益提高，这种工艺才成为重点研究对象。Thomas Turner用数据指出堆叠至6层虽会持续提升铁的抗张强度（tensile strength），但对于额外增加的成本而言，前三层堆叠所带来的提升才是收益最高的[②]。遗憾的是，Turner以此结论为基础做的大部分实验在实验设计上以及对强度与延展性区别的理解上都存在问题[③]。Robert B. Gordon是最早对古代熟铁中夹渣形态对其品质的影响做现代科学研究的学者[④]。图一三六，2与图一三八，3中夹渣形态的对比Gordon文中的显微照片，这里所研究的两把剑都具有十分卓越的结构，而这种卓越的结构只能是通过反复加热、叠打才能获得。

① Gale, W. K. V. 1979. *The black country iron industry: A technical history*. London: The Metals Society，第45–51页；Percy, John 1864. *Metallurgy* …[Vol. 2:] *Iron; steel*. London: John Murray. Facs. repr. in 3 pts., Eindhoven: De Archaeologische Pers Nederland, n.d. [ca. 1983]，第720–721页；Hall, Bert 1983. 'Cast iron in late medieval Europe: A re–examination', *CIM bulletin*（Canadian Institute of Mining and Metallurgy），July 1983, **76**（no. 855）: 86–91。另外，Thomas Turner在这些问题上表示了质疑（参阅Turner, Thomas 1895. *The metallurgy of iron* and steel. Vol. 1: The metallurgy of iron. London: Charles Griffin，第328–329页）。

② Turner, Thomas 1895. *The metallurgy of iron and steel*. Vol. 1: *The metallurgy of iron*. London: Charles Griffin，第328页，引用*Useful Metals*，第318页。

③ 参阅Gordon, Robert B. 1988. 'Strength and structure of wrought iron', *Archeomaterials*, **2**.2:109–137，尤其是第110–118、131–134页。

④ Gordon, Robert B. 1988. 'Strength and structure of wrought iron', *Archeomaterials*, **2**.2:109–137。

　　这里我们可以参考一下芝加哥菲尔德自然史博物馆藏环首钢刀的微观结构[1]。它与图一三五中所展示的钢刀十分相似，只是这把有1米长。关于该刀的出处信息，只知道是Berthold Laufer 1923年在河南所得。如之前在1.12节中所提到的，环首刀在汉代开始流行并沿用了数个世纪。Rostoker认为这把钢刀是"百炼"的又一证明，但他并没有对此推测给出有效的论证[2]。

　　除了一些表面发生局部脱碳以及局部含碳量稍高的部分，该刀的微观结构几乎都是含碳量0.8%的珠光体。其中有许多十分细小的夹渣，横截面约为10×1微米，稍大一点的横截面约为60×9微米，数量较少。如果该刀是采用反复加热、叠打的方式而制成的，那么这种反复加工的工序一定会使这些细小且分布均匀的夹渣看上去就像Rostoker等原文中图4那样。夹渣的成分估计为19.5%的氧化钙（CaO）、12.6%的氧化铝（Al_2O_3）、54.9%的二氧化硅（SiO_2）、3.5%的氧化镁（MgO）、3.0%的氧化亚铁（FeO）、4.8%的氧化钾（K_2O）、1.2%的氧化钠（Na_2O）与0.5%的氧化钛（TiO_2）。

　　一些中国学者可能会以高氧化钙含量作为判断此钢材为生铁炒炼而成的依据（见3.4节与附表3.12）。而其中的氧化亚铁含量极低，比块炼渣或炒炼渣中所该有

---

[1] Rostoker, William（et al.）1985. 'Some insights on the 'hundred refined' steel of ancient China', by Rostoker, William, M. B. Notis, J. R. Dvorak, and B. Bronson. *MASCA journal*（Museum Applied Science Center for Archaeology, Philadelphia），**3**.4:99–103. Important correction, Rostoker & Dvorak 1988: 186。

[2] Rostoker文中写到，"从风格、尺寸、微观结构与硬度来看，菲尔德自然史博物馆藏的钢刀的品质应该是属于那种多少'炼'的刀剑。之所以缺乏金箔铭文（gold foil label），很可能是因为在刀身的腐蚀过程中脱落了（Rostoker et al. 1985:103）"。从风格和尺寸上来讲，菲尔德博物馆藏的钢刀也不过是与汉代与汉代以后数以百计的军刀（sabre，单面刃）相似而已［见4.12节，又见Trousdale, William 1975. *The long sword and scabbard slide in Asia*（*Smithsonian contributions to anthropology*, 17）. Washington, D. C.: Smithsonian Institution Press］。而像这里所讨论的基于微观结构的问题，也就是所谓"炼"真正含义的问题，作者们将所谓的铭文解读为多少折多少炼，但根据他们自己的说明来看，这件钢刀的微观结构在许多方面都和之前我们所讨论的两件钢刀不同。而推测中所谓的"金箔铭文"更是让人匪夷所思，据我所知，在中国的考古学界与考古工作中，还从来没有哪个时段使用过这个名词。各种刀剑上的铭文都是使用镶嵌（inlaid）金、银的方式，而从没有使用镀（gilt）的方式的（同上，第100页）。

的含量都要低得多，这令Rostoker等得出了该渣为高炉的熔渣。该钢刀所使用的钢材是由白口铸铁（white cast iron）板材进行固态脱碳处理、再锻焊到一起而成的结论。这种假说显然存在相当多的问题，比如，为什么在铸铁板中会有如此多的高炉夹渣？经过脱碳的铁板为何又具有均匀的含碳量？铁匠们又是怎样在将铁板锻焊到一起的同时又完全不残留一点高含量氧化亚铁夹渣的？

后来，在一篇重要的文章中，Rostoker与Dvorak根据实践指出钢铁中的氧化亚铁夹渣可以通过钢中的碳元素而还原为铁元素，并且还指出这在19世纪英国的泡钢（blister steel）制品中十分常见。这一发现，使得他们更容易解释为什么菲尔德博物馆藏的钢刀中氧化亚铁含量如此之低。

从锻铁炉与精炼炉中出来的富含夹渣的钢的夹渣成分比例来看，大致与上文所描述一样，只是其中氧化亚铁的含量要高得多。这种钢通过数次的叠打加工可以打碎其中的夹渣并使其均匀分布。在此过程中的某一时刻，钢条会在高温下经过长时间的热处理（可能是一天或更长），使含碳情况均匀化并且除去夹渣中绝大部分的氧化亚铁，从而大大减少了夹渣的体积（在Rostoker的实验里，一件19世纪的熟铁样本中，夹渣体积几乎减少了五倍）。在进一步加工直到成型的过程中，这些由夹渣体积减小而留下的空隙会被锻焊填补。

3.4 熟铁制品与钢铁制品的原料识别

在中国古代，大体上有至少四种生产熟铁与钢铁的方法：

通过块炼法（bloomery process）由矿石直接还原。
通过坩埚法（crucible process）由矿石直接还原。
由高炉所出产的生铁炒炼而成。
由高炉所出产的生铁固态脱碳而成。

由这几种方法所得铁的含碳量在0到0.8%之间，介于熟铁与中碳钢（medium-carbon steel）之间，操作的工匠在一定程度上可以控制产品的含碳量。另外，钢也可以通过对熟铁进行渗碳来获得。

　　本节是希望通过对器物微观结构的研究，以了解铁匠所使用原料的生产途径。首先，我们先就每一种工艺做一些简单介绍。

　　块炼法有可能在古代中国即有应用，但目前为止我们所掌握的相关信息还非常有限[①]，也没有发现汉代以前的任何类型的冶铁炉。部分中国学者认为中国的钢铁冶金（siderurgical）技术发展模式应该与古代西方一致，所以在古代中国也应该是从块炼铁冶炼开始的[②]。我曾对某些西方考古学家与人类学家在中国青铜技术起源问题上，同样持有这种先入为主且没有任何实践依据的观点表示过反对。同时，我也曾提出高炉的产生，可能是直接源于中国古代的大型青铜冶炼炉。而炒炼的工艺可能也是从古代青铜精炼工艺发展而来。因此，有可能在一开始，钢铁冶炼就是使用的高炉，那么所谓的"块炼铁时期"也就没必要存在。不过在这个问题上还没有正面或是反面的确证。事实上，在块炼铁问题上，我们并没有好的直接证据可以说明问题，只有在器物微观结构上能找到一些可供讨论的间接证据。

　　坩埚冶炼法是一种传统的炼铁工艺，在中国北方山西等地一直沿用到20世纪50年代。其做法是将装满铁矿与煤炭的坩埚封闭在一个大型的煤炉中加热数日。根据诸如炉内温度、时间以及坩埚中煤炭与铁矿的数量等各种因素，最后得到的可能是熔化的生铁、熟铁坯或钢铁。从近代传统实践来看，坩埚冶炼法最大的好处在于可以将还原剂与燃料分隔开来。如此一来，就可以用专门挑选的低硫煤炭作为还原剂，而使用更便宜的煤炭来做燃料，尽管残留于铁中的硫也是一个大问题。坩埚冶

[①]　在河南巩县铁生沟汉代冶铁遗址曾发现了三座锻铁炉（原报告作海绵铁炉，编号炉12—14，参阅河南省文化局文物工作队、中国科学院考古研究所：《巩县铁生沟》，文物出版社，1962年，第8—9、16页）。不久后的复查发现，这些炉子实际是烧制陶范的窑（参阅赵青云、李京华、韩汝玢、丘亮辉、柯俊：《巩县铁生沟汉代冶铸遗址再探讨》，《考古学报》1985年第2期，第168—169页，表六：1、2、3）。

[②]　参阅李学勤：《东周与秦代文明》，文物出版社，1984年，第322—323页；岩青：《也谈我国开始冶铁的年代》，《文史哲》1982年第4期，第81页。另外，李恒德认为在中国是先有铸铁后有锻铁（李恒德：《中国历史上的钢铁冶金技术》，《自然科学》1951年第一卷第7期，第593页）。

铁可能始于汉代，不过其证据还存在比较大的争议①。

---

① 通过与芝加哥菲尔德自然史博物馆Bennet Bronson博士的交流，总结出有关中国坩埚冶炼的研究比较重要的有：（外文）Davidov, —（mining engineer）1872. 'O mineral'nyikh bogatstvakh Kul'dzhi i o sposobakh razrabotki ikh tuzemtsami'（On the mineral resources of Kul'dzhi and on the indigenous methods of exploiting them）, *Gornyii Zhurnal*（St. Petersburg）, 1872, no. 2, pp. 193–212 + ill. Tr. by J. H. Langer, 'Montanindustrie an der Grenze Chinas', *Bergund Hüttenmännischen Zeitung*, 1872, **31**:394–400 + Taf. 11；Richthofen, Ferdinand 1872. *Baron Richthofen's letters, 1870–1872* [to the Shanghai Chamber of Commerce]. Shanghai: North China Herald, n.d, 第30、34页；Shockley, William H. 1904. 'Notes on the coal–and iron–fields of southeastern Shansi, China', *TAIME* **34**:841–871；Read, Thomas T. 1921. 'Primitive iron smelting in China: Tubal Cains of today – How natives make cast iron and put phosphorous into it without knowing it', *The iron age*（New York）, **108**.8: 451–455；Licent, Émile 1924. Dix *années*（*1914–1923*）*dans le bassin du Fleuve Jaune et autres tributaires du Golfe du Pei Tcheu Ly*. Tôme 2, Tientsinn: Librairie Française / Imprimerie de la Mission Catholique Sienhien，第623–626页；Tegengren, F. R. 1923–24 *The iron ores and iron industry of China: Including a summary of the iron situation of the circum–Pacific region*. Peking: Geological Survey of China, Ministry of Agriculture and Commerce, part I 1921–23, part II 1923–24.（*Memoirs of the Geological Survey of China*, series A, no. 2），第323–327页；王景尊、王曰伦：《正太铁路线地质矿产》[1930. 'A study of the general and economic geology along the Cheng–T'ai（Shansi）Railway']，地质汇报，1930年，英文版第109–112页，中文版第85–87页；Dickmann, H. 1932. 'Primitive Verkokungsund Eisendarstellungsverfahren in China', *Beiträge zur Geschichte der Technik und Industrie*（Verein Deutscher Ingenieure, Berlin），1931/32, 21: 152–154；（中文）丁文江：《漫游散记》，《"中央研究院"院刊》1956年第3期，第369—372页；孔令壇：《介绍陕西省的两种土法炼铁》，《钢铁》1957年第5期；杨宽：《中国土法冶铁炼钢技术发展简史》，人民出版社，1960年，第95—99页；范百胜：《山西晋城坩埚炼铁调查报告》，《科技史文集》1985年第13期。范百胜所引用的文献材料确切表明早在公元1663年，山西就有使用这种坩埚炼铁法（范百胜：第143页）；刘集贤等人所引材料将这个时间大大地提前，但缺乏可靠性（刘集贤、孔繁珠、万良适：《山西名产》，山西人民出版社，1982年，第8—11页）。有一些汉代的考古学遗迹与遗物被部分学者认为是坩埚熔炼炉的遗存，并缀文作描述与讨论[参阅陆达：《中国古代的冶铁技术》，《金属学报》1966年第9卷第1期，图版三：8—9；黄展岳：《近年出土的战国两汉铁器》，《考古学报》1957年第3期，第99页；河南省文化局文物工作队（裴明相）：《南阳汉代铁工厂发掘简报》，《文物》1960年第1期；杨宽：《中国土法冶铁炼钢技术发展简史》，人民出版社，1960年，第95页、101页注31；李众：《中国封建社会前期钢铁冶炼技术发展的探讨》，《考古学报》1975年第2期，第7—8页；洛阳博物馆（叶万松）：《洛阳中州路战国车马坑》，《考古》1974年第3期；何堂坤、林育炼、叶万松、余扶危：《洛阳坩埚附着钢的初步研究》，《自然科学史研究》第4卷第1期]。

在中国的考古发掘中发现了不少公元前1世纪的高炉与炒钢炉遗存[①]。由此看来从汉代一直到近代，中国的铁匠们所使用的大部分原料很可能都是由生铁精炼而来。

在汉代冶铁遗址中发现的炒钢炉遗存似乎与中国20世纪所使用的炒钢炉并没有太大的区别。如图一六五、图一六六所示的这种炒钢炉就是在地上挖一个小洞，在壁上敷上耐火黏土，把生铁碎块与燃烧的木材或木炭放到炉里，一边用铁棒进行反复搅拌一边进行强烈的鼓风。生铁中的碳燃烧掉，经过大约20分钟，一块饼状的低

（接上页）需要指出的是瑞典赫格纳斯（Höganäs）公司所使用的制作铁粉的赫格纳斯海绵铁工艺与山西的坩埚熔炼工艺十分相似，连坩埚的形状与大小都十分接近。已发表的赫格纳斯工艺的技术研究对山西坩埚熔炼工艺研究应该会有所帮助。可参阅（瑞典语）Sieurin, Emil 1911. 'Höganäs järnsvamp', *Jernkontorets annaler* 1911.3/5:448–493与Eketorp, Sven 1945. 'Höganäs järnsvampsprocess', *Jernkontorets annaler*, **129**.12:703–721。完整参考书目及部分英文与德语文章见*Direct reduction of iron ore: A bibliographical survey*. London: The Metals Society, 1969，第316–325页。

① 参阅Wagner, Donald B. 1985. *Dabieshan: Traditional Chinese iron-production techniques practised in southern Henan in the twentieth century*（*Scandinavian Institute of Asian Studies monograph serie*s, 52）. London & Malmö: Curzon Press. Cf. Hara Zenshirō 1991；Cheng Shih-po 1978. 'An iron and steel works of 2,000 years ago', *CR* **27**.1:32–34；Tylecote, R. F. 1983. 'Ancient metallurgy in China', *The metallurgist and materials technologist*, Sept. 1983，第435–439页；首都钢铁公司（刘云彩）：《中国古代高炉的起源和演变》，《文物》1978年第2期。

碳钢就可从炉中取出，再进行锤打加以巩固并挤出部分夹渣①。

___

① Wagner, Donald B. 1985. *Dabieshan: Traditional Chinese iron-production techniques practised in southern Henan in the twentieth century* (*Scandinavian Institute of Asian Studies monograph series*, 52). London & Malmö: Curzon Press. Cf. Hara Zenshirō 1991，第22—27、60—79页。这里需要解释一下两种术语上的混淆，在传统的中文术语中，精炼工艺（fining process）被称为 "炒" [参阅Chang Kwang-chih （张光直）1977. *The archaeology of ancient China*, 3rd ed. New Haven & London: Yale University Press. Cf. 1986b，第358—359页等]。而炒字又被用在了搅炼（puddling）的翻译上（如李众：《中国封建社会前期钢铁冶炼技术发展的探讨》，《考古学报》1975年第2期，第16页）。术语上的重叠误导了一些无知的媒体人，让他们错以为早在汉代，生铁就可以通过以煤炭或焦炭为燃料的反射炉（reverberatory furnace）转换为熟铁；虽然这并不是完全不可能，不过却是没有任何证据的，并且也没有任何中国冶金考古学家支持这一说法。我们可以无视这些媒体人，但他们的这种混淆有时会影响到更多研究工作者。比如，附表3.11中有关精炼工艺技术描述的翻译，就更接近于搅炼的描述，而且图表中所作比较的部分器物，所谓的 "现代熟铁" 相比精炼而言更接近于搅炼。欧洲学者进行了大量关于精炼工艺与搅炼的研究。其中最好的大概要数Percy, John 1864. *Metallurgy* . . . [Vol. 2:] *Iron; steel*. London: John Murray. Facs. repr. in 3 pts., Eindhoven: De Archaeologische Pers Nederland, n.d. [ca. 1983]，第579页起（精炼工艺），第627页起（搅炼）。其他一些比较好的，精炼可以参阅：Swank, James M. 1892. *History of the manufacture of iron in all ages, and particularly in the United States from colonial times to 1891. Also a short history of early coal mining in the United States and a full account of the influences which long delayed the development of all American manufacturing industries*. 2nd ed., Philadelphia: American Iron and Steel Association. [1st ed. 1884.]，第84—88页；Smith, Cyril Stanley 1968 (ed.). *Sources for the history of the science of steel 1532–1786.* (*Society for the History of Technology monograph series*, no. 4). Cambridge, Mass.: M. I. T. Press，第44—46、288—291、332—338页（十七、十八世纪）；Morton, G. R. & Wingrove, Joyce 1971. 'The charcoal finery and chafery forge'，*JHMS* 5.1: 24—28；Ouden, Alex 1981—82. 'The production of wrought iron in finery hearths', parts 1–2. *JHMS* 15.2: 63—87; 16.1: 29—32（现代技术）；搅炼可以参阅：Turner, Thomas 1895. *The metallurgy of iron and steel.* Vol. 1: *The metallurgy of iron*. London: Charles Griffin，第281-314页（详细的描述与技术说明）；Rosenholtz, Joseph L. & Oesterle, Joseph F. 1938. *The elements of ferrous metallurgy.* 2nd ed. New York: Wiley; London: Chapman & Hall，第89-96页；Gale, W. K. V. 1977. *Historical industrial scenes: Iron and steel*. Buxton, Derbys.: Moorland Publishing Co，图38—43（非常好的图片资料）；Mott, R. A. 1983. *Henry Cort: The great finer. Creator of puddled iron*. Ed. by Peter Singer. London: The Metals Society（发明史）；Paulinyi, Akos 1987. *Das Puddeln: Ein Kapitel aus der Geschichte des Eisens in der Industriellen Revolution* (Deutsches Museum von Meisterwerken der Naturwissenschaft und Technik: *Abhandlungen und Berichte*, N.F., Bd. 4). München: Oldenbourg（更广泛的历史学研究）。

除了对生铁进行精炼，还可以将生铁铸成板状或条状，然后在氧化气氛中进行固态脱碳的退火处理。这在本质上与制作白心可锻铸铁铸件（whiteheart malleable cast iron object）的工艺是一样的（在4.3、4.4节中会做介绍），只是所得的产品是作为坯料，而不是直接浇铸成型。这种工艺相较于炒炼（fining）而言，产品中的夹渣会比较少，并且其产品质量对于工匠水平的依赖更小，从而可以简化工厂中的质量监管。但其燃料的消耗量要大大高于精炼。顺带一提，在19世纪的欧洲偶尔会看到对由生铁固态脱碳所得原料进行进一步加工的情况，但由于年代过晚，这里就不多做讨论了[①]。

虽然部分报告还未正式发表，但固态脱碳工艺在汉代便开始使用的证据是十分清楚的。在许多汉代的冶铁遗址都屡有发现铸铁板与铸铁条、白口铸铁以及一些脱碳铁板，同时还发现了浇铸用的铁范。河南郑州古荥镇汉代冶铁遗址中发现了一

（接上页）在我1985年出版的书中，我曾不顾Tylecote教授的建议，将这种中国传统工艺叫作"refining"，使这个问题更加混淆。我之所以坚持使用refining，是因为这是现代术语中所有将生铁转化为熟铁或钢铁过程的一个总称（参阅Rosenqvist, Terkel 1974. Principles of extractive metallurgy, New York, etc.: McGraw–Hill, 第374页起）。然而，西方的冶金考古学家们更倾向于使用19世纪的英语技术术语，在这里，就应该使用"fining"，由Percy定义："以木炭为燃料，通过强烈的鼓风，在明火中或是炉中，将生铁转换为可锻铸铁的过程。"（Percy, John 1864. *Metallurgy* … [Vol. 2:] *Iron; steel*. London: John Murray. Facs. repr. in 3 pts., Eindhoven: De Archaeologische Pers Nederland, n.d. [ca. 1983], 第579页）。"refining"是指在精炼（fining）以前，以除去生铁中的硅为目的的特殊步骤（Percy，第579、621–627页）。

① 在1853年2月的《科学美国人》杂志上（*Scientific American*, 12 Feb. 1853:8.22:147），Jean E. Beauvelt 简要描述了一种法国的专利。T. Sterry Hunt Terhune记叙了德国冶金学家Peter von Tunner所做的一些相同工艺的实验（Terhune, R. H. 1873. 'Malleable cast–iron', *TAIME* 1871/73, **1**:233–236 + discussion, 第236–239页）。Sven Rinman 在他作品的109段中描述了一种由某位叫Bacon的英国人所发明的类似工艺（Rinman, Sven 1782. *Försök til järnets historia, med tillämpning för slögder och handtwerk*. 2 vols., Stockholm: Petter Hesselberg，第410–412页）。

块梯形铁板，上底宽7、下底宽10、长19、厚0.4厘米①。从其外形来看，应该是铸铁，但其含碳量仅为0.1%。假设这块铁板原来的含碳量是4.3%，然后在1000℃下经过了退火处理，那么退火时间大概在2—3天。图一四三为同遗址发现的类似铁板及其微观结构，看上去其含碳量基本为零，为100%的铁素体。

有一种争议较大的观点如附表3.4与3.13中所述，即中国古代是否使用过将矿石直接冶炼成熟铁的方法。北京钢铁学院冶金史组以"李众"为笔名，对燕下都44号墓出土的铁剑残片进行了十分深入的研究。从发现的一些特征来看，他们认为该剑是由块炼铁制成而非炒钢（确切地说是使用块炼法或坩埚法直接由铁矿石固态还原的铁为原料制成）。

而这些特征传达的最重要的信息是关于铁基体中锰的分布。其铁基体中锰含量的均值大约在0.15%，但有一些不规则分布的约几微米大的点，锰含量在0.35%以上。因此他们认为这块铁是通过一种直接的方式制成的，铁中锰的不规则分布反映的是其在原矿中的不规则分布，因为如果这块铁曾经熔化过，其中锰的分布应该是均匀的。这种假设看上去有些道理，但还不能说已经证实了。迄今为止，还没有学者在这种锰的偏析是否也见于炒钢所制成的器物上取得任何成果（据我所知，至少在中国考古学界还没有看到过）。

北京钢铁学院冶金史组在文中表示，该剑的磷含量在0.015%至0.018%之间。

---

① 郑州市博物馆：《郑州古荥镇汉代冶铁遗址发掘简报》，《文物》1978年第2期，第38、41页图二〇：14；《中国冶金史》编写组：《从古荥遗址看汉代生铁冶炼技术》，《文物》1978年第2期，第47、27页；河南省博物馆、石景山钢铁公司炼铁厂、《中国冶金史》编写组：《河南汉代冶铁技术初探》，《考古学报》1978年第1期，第21页；丘亮辉、于晓兴：《郑州古荥镇冶铁遗址出土铁器的初步研究》，《中原文物》1983年特刊，第246页（表六：156—159）。其他冶铁遗址出土的类似器物见：河南省文化局文物工作队、中国科学院考古研究所：《巩县铁生沟》，文物出版社，1962年，第34页；赵青云、李京华、韩汝玢、丘亮辉、柯俊：《巩县铁生沟汉代冶铸遗址再探讨》，《考古学报》1985年第2期，第175—176页（表九：10、14、15、29、45、58）；北京钢铁学院金属材料系与中心化验室：《河南渑池窖藏铁器检验报告》，《文物》1976年第8期，第53页；渑池县文化馆、河南省博物馆（李京华）：《渑池县发现的古代窖藏铁器》，《文物》1976年第8期，第45页；李京华：《河南冶金考古概述》，《华夏考古》1987年第1期，第203—204页。

他们将这一点作为使用块炼法的证据，但这显然是不对的。其中一位执笔者在九年后所发表的一篇文章中（附表3.12）指出，炒钢中出现磷偏析是正常的。而实际上，该铁剑残片中0.015%—0.018%的磷含量比我们在炒钢中所期望看到的磷含量要低。进一步研究或许会颠覆原来的论点，即铁内含磷量的均一性代表了该铁可能为块炼铁。Piaskowski曾表明块炼铁中的磷偏析在总体含磷量较低的情况下并不明显[①]。如果这块铁曾被熔化，那么其特殊的铁、碳与磷的金相关系会是一种前文中讨论过的显著偏析的情况（图一三九）。

作者们还主张熟铁或钢铁中夹渣的特性有助于我们区别块炼铁和炒钢。他们将两组铁器的夹渣进行了比较：

燕下都44号出土的这件铁剑残片，与同墓所出的一些其他铁器，以及刘胜墓（公元113年）中出土的三件铁器[②]（附表3.1、3.4、3.5、3.8及3.13）。

三十涑钢刀（公元112年，附表3.11），以及洛阳晋墓出土的一把铁刀[③]（公元299年，附表3.6）。

在对比两组标本的夹渣时，首先需要将铁匠在锻焊过程中产生的夹渣与从原料中自带的夹渣区分开来。锻焊所产生的夹渣一般可以通过焊接位置的特征来区分，这种夹渣较原始夹渣而言通常变形较小，且氧化亚铁的含量可能更高。图一二九，1中，左边较大的夹渣应该为熔焊夹渣，而较小的夹渣变形较大且硅含量较高，应该为原始夹渣。

单看原始夹渣作者们发现第一组标本的夹渣较第二组更大且分布更不规则，也就是说第一组夹渣是由大量的浮氏体（wüstite，FeO）与铁橄榄石（fayalite，

① Piaskowski, Jerzy 1989. 'Phosphorous in iron ore and slag, and in bloomery iron', *Archeomaterials*, **3**.1:47–59，第55–57页。

② 中国社会科学院考古研究所、河北省文物管理处：《满城汉墓发掘报告》，文物出版社，1980年。

③ 河南省文化局文物工作队第二队（蒋若是、郭文轩）：《洛阳晋墓的发掘》，《考古学报》1957年第1期。

$2FeO \cdot SiO_2$）组成，而第二组夹渣的成分主要为硅酸盐含极少量的氧化亚铁[1]。最后，第二组标本中低碳区的夹渣要多于高碳区。从而得到结论：第一组器物是由块炼铁制成，第二组器物是由炒钢制成，而这些有关夹渣的特性可以可靠区分块炼铁与炒钢。

自1975年文章发表以来，该结论也就成为中国所有研究古代铁器的一个标准，而没有进一步的研究来拓宽其实践基础。该结论中有关夹渣的化学分析其实并不完全正确，现代熟铁中的精炼夹渣或搅炼夹渣通常是由浮氏体与铁橄榄石组成[2]。前面所讨论的几件器物之所以不含此种夹渣，可能是因为夹渣中的氧化亚铁受铁中的碳元素影响而还原为铁元素了（见3.3节）。

最近西方一些关于早期冶铁技术的研究，都开始把炉渣和夹渣作为研究的重

---

[1] 从图表中可以看出，中国学者的报告中经常包含"氧化亚铁—铁橄榄石型硅酸铁共晶夹杂"（wüstite–fayalite eutectic）。耶鲁大学的Robert Gordon教授曾跟我说（1989年7月26日的通信中），这些标本中所看到的实际上可能主要是在玻璃中或铁橄榄石中浮氏体的树突。

[2] 具体例子可参阅：Barraclough, K. C. & Kerr, J. A. 1973. 'Metallographic examination of some archive samples of steel', *JISI*, July 1973, 第470–474页；Gordon, Robert B. 1983. 'English iron for American arms: Laboratory evidence on the iron used at the Springfield Armoury in 1860', *Historical metallurgy: Journal of the Historical Metallurgy Society* 17.2:91–98, 第97页；Gordon, Robert B. 1988. 'Strength and structure of wrought iron', *Archeomaterials*, **2**.2:109–137, 第123页；Trent, E. M. & Smart, E. F. 1984. 'Machining wrought iron with carbon steel tools', *Historical metallurgy: Journal of the Historical Metallurgy Society* 18.2: 82–88, 第83页图1；Rostoker, William & Dvorak, James 1988. 'Blister steel = clean steel', *Archeomaterials*, **2**.2:175–186, 第178页图1。

点[①]。这一课题的开展需要研究者本身具备冶金、陶瓷及化学三方面的知识。不过目前所得的研究成果都还是初步的。我同一些专家们就夹渣形态问题有过交流，一般认为熟铁制品中夹渣的大小与形状更多是反映制作该器物铁匠的水平，而很难反映出有关材料本身的信息[②]。

以上证据似乎并不足以证明中国古代确曾使用固态还原工艺（块炼法与坩埚法）。但我们也未能就以标本中锰的不均匀分布代表铁是固态还原的理论加以反驳。但不论是在理论上或是实践中都没有证据表明这种现象没有或是不可能发生在炒钢中。

有十分充足的考古学证据显示，早在公元前1世纪就存在炒钢与固态脱碳生铁，但同时期坩埚冶炼的证据相对较少。这些证据并不能排除同时期其他冶铁工艺

---

① 参阅Morton, G. R. & Wingrove, J. 1969. 'Constitution of bloomery slags: Part I: Roman', *JISI*, Dec. 1969, 第1556–1564页；Morton, G. R. & Wingrove, J. 1972. 'Constitution of bloomery slags: Part II: Medieval', *JISI*, July 1972, 第478–488页；Todd, J. A & Charles, J. A. 1978. 'Ethiopian bloomery iron and the significance of inclusion analysis in iron studies', *Historical metallurgy*: *Journal of the Historical Metallurgy Society* **12**.2:63–87；Gordon, Robert B. 1983. 'English iron for American arms: Laboratory evidence on the iron used at the Springfield Armoury in 1860', *Historical metallurgy*: *Journal of the Historical Metallurgy Society* **17**.2:91–98；Gordon, Robert B. 1984. 'The quality of wrought iron evaluated by microprobe analysis', Romig & Goldstein 1984: 231–234；Todd, J. A. 1984. 'The relationship between ore, slag, and metal compositions in pre–industrial iron', Romig & Goldstein 1984:235–239；McDonnell, J. G. 1984. 'The study of early iron smithing residues', Scott & Cleere 1984:47–52；Kresten, Peter 1984. 'The ore–slag–technology link: Examples from bloomery and blast furnace sites in Dalarna, Sweden', Scott & Cleere 1984:29–33；Blomgren, Stig & Tholander, Erik 1986. 'Influence of the ore smelting course on the slag microstructures at [sic] early ironmaking, usable as identification basis for the furnace process employed', *Scandinavian journal of metallurgy* **15**:151–160；Tylecote, R. F. 1987 *The early history of metallurgy in Europe*. London & New York: Longman，第291–324页；Rostoker, W. 1990& Dvorak, James 1990. 'Wrought irons: Distinguishing between processes', *Archeomaterials*, **4**.2: 153–156；Williams, A. R. 1991. 'Slag inclusions in armour', *Historical metallurgy: Journal of the Historical Metallurgy Society* **24**.2:69–80。

② 很难找到对此判断的书面材料，但可参阅Sperl［Sperl, Gerhard 1986. 'Geschichte des Eisens in Korea（Montanhistorische Mitteilungen）', *Bergund Hüttenmännische Monatshefte*, **131**.5: 168–170, 第169页］与Stech & Maddin（Stech, Tamara & Maddin, Robert 1986. 'Reflections on early metallurgy in Southeast Asia', *Bulletin of the Metals Museum* 11: 43–56，第52页注）的简评。

如块炼法等存在的可能。至今为止，还没有发现汉代以前的可以表明其冶铁工艺的冶铁炉，前文所讨论的金相学证据也不够充分[①]。

我们现在把问题转向铁匠所使用的由生铁固态脱碳而来的原料上。目前仅知的此类器物是附表3.14中讨论的三把铁剪[②]。它们的微观结构中，夹渣非常少，并且包含一点退火碳（temper carbon），说明所使用的原料应该是经过固态脱碳的生铁。它们应该是先被铸成直条，再在氧化气氛中进行退火脱碳，最后再弯曲成型。在这些铁剪制造过程中所用到的铁匠相关工艺非常少，仅是简单地将之归为白心可锻铸铁的例子恐怕不太合适。

由于汉代冶铁遗址所发现的这些铁板和铁条的微观结构信息十分匮乏（如图一四三），我们很难列举更多以生铁固态脱碳为原料的锻铁制品的例子。在生产这些铁板或铁条的过程中，长时间在氧化气氛下的退火处理会导致铁在晶界靠近表面的位置出现一定程度的氧化情况。如图一四八所示，在图片的左边有一层大约200微米厚的铁素体"外衣"，这些铁素体晶界上出现的铁氧化物明显与位于更深处的铁素体不同。我们可以认为这层"外衣"是固态脱碳铁料送往铁匠处的过程中，形成于铁料表面的。而这层"外衣"中的铁氧化物会影响最终成型器物中夹渣的形态。

我认为图一四九与图一五二中公元前2世纪的暖炉（1:3505）与铁甲片（1:5117）[③]可能也是以固态脱碳铁板为原料制作的。而从已发表的微观结构信息来看，暖炉1:3505取其足部残段进行检验，其显微组织是铁素体，具有粗大的晶

---

① 作者注：根据目前考古材料表明中国古代确实使用了块炼法，原书中大部分对这一问题的讨论已经不具备时效性。现在重要的是怎么分辨某一器物到底是块炼铁制品还是炒钢制品，而炒钢技术又是起源于何时。

② 还有一些器物也被定义为锻铁制品，但要么缺乏详细的微观结构，要么没有说明鉴定的理由。参阅郑州市博物馆（于晓兴）：《郑州近年发现的窖藏铜、铁器》，《考古学集刊·第一集》，中国社会科学出版社，1981年，第188—189页；丘亮辉、于晓兴：《郑州古荥镇冶铁遗址出土铁器的初步研究》，《中原文物》1983年特刊，第253页表七：178。

③ 中国社会科学院考古研究所、河北省文物管理处：《满城汉墓发掘报告》，文物出版社，1980年，第101—102、111页。

粒，并且有较多的分散分布的非金属夹杂物；而铁甲片1:5117的显微组织是等轴铁素体晶粒，某些晶界上有游离渗碳体。原报告中认为两件器物都是由块炼铁锻制而成，但其显微照片中的夹渣看起来与作者认为的块炼铁所应具备的特征相去甚远。这两件器物应该值得进行更仔细的检测，其显微照片中的夹渣（图一五〇、图一五三）看起来就很像图一四八中我们所说的受"外衣"中铁氧化物影响而得到的夹渣[1]。

---

[1] 在这里值得一说的是，Brewer记录过一种十分相似的结构（Brewer, Colin W. 1981. 'Metallographic examination of Medieval and post−Medieval iron armour', *Historical metallurgy: Journal of the Historical Metallurgy Society* **15**.1: 1−8，第7−8页样品A13、A12）。样品A13和A12分别取自一件14世纪的欧洲铠甲甲片与16世纪土耳其的铠甲甲片，其夹渣是由相对较大的等轴铁素体晶粒基体中极细小的、未变形的夹渣颗粒组成的，而没有发现文中其他类似器物中所包含的通常应该看到的细长形态的夹渣（锻造渣）。Brewer总结为，这两件器物是通过将加热的标准熟铁板锤打成薄片而来，但仍需要进行进一步研究才可定论。

1

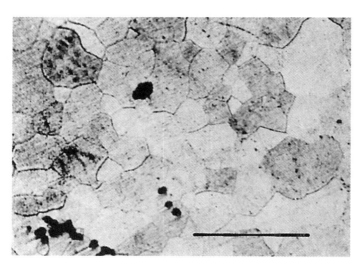

2

图一四三　郑州古荥镇冶铁遗址出土汉代铁板材及其金相组织

1：铁板材；2：显微结构，腐蚀后，X160

（详见附表3.13。采自《河南汉代冶铁技术初探》，《考古学报》1978年第1期，第21页，图版二，4）

1

图一四四　刘胜墓出土残铁剑及其金相组织

　　1：残铁剑；2：外层金相组织，腐蚀后，X200；3：高、低碳层交界，腐蚀后，X180；4：电镜图，X5200；5：电镜图，X9500

　　（详见附表3.13。采自《满城汉墓发掘报告》上下册，文物出版社，1980年，第103、372页，图版二五五）

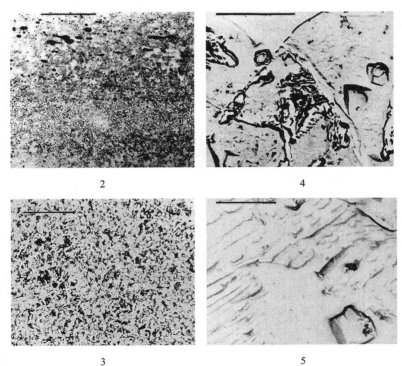

2　　　　　　　　　　　　4

3　　　　　　　　　　　　5

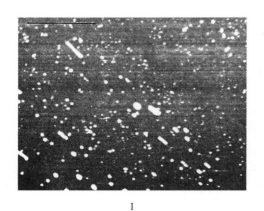

1

2

3

图一四五　刘胜墓出土残铁剑的金相组织

1：夹杂物电子反射图，X250；2：同一区域硅元素分布电子探针图；3：同一区域钙元素分布电子探针图

（详见附表3.13。采自《满城汉墓发掘报告》上下册，文物出版社，1980年，第376页，图版二六〇，1—3）

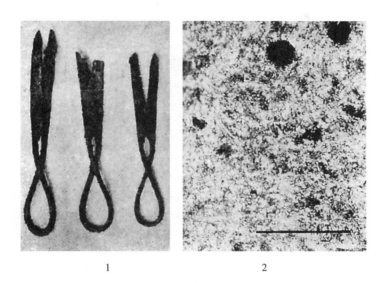

1   2

图一四六 东史马出土铁剪及其中一把的金相组织

1：铁剪；2：样本554金相组织，腐蚀后，X400

（详见附表3.14。采自《河南汉代冶铁技术初探》，《考古学报》1978年第1期，第21页，图版二；图版三）

图一四七 东史马出土三把铁剪的金相组织

1：样本554，腐蚀后，X250；2：样本306，腐蚀后，X100；3：样本310，腐蚀后，X100

（详见附表3.14。采自《中国冶金史论文集》，北京钢铁学院，1986年，图版二〇，1—3）

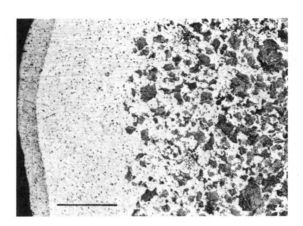

图一四八　现代白心可锻铸铁靠近表层的金相
组织，腐蚀后，X40

（采自Angus, H. T. 1976. *Cast iron: Physical and
engineering properties. 2nd ed.*, London: Butterworth）

图一四九　满城刘胜墓出土的铁暖炉

（采自《满城汉墓发掘报告》上册，文物出版
社，1980年，第101、102页，图版六三，1）

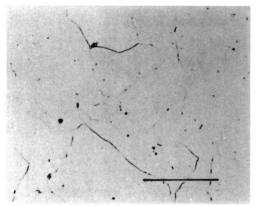

图一五〇　刘胜墓出土铁暖炉足部的金相组织，腐蚀后，X200

（采自《满城汉墓发掘报告》上册，文物出版社，1980年，第101、371页，图版二五三，6）

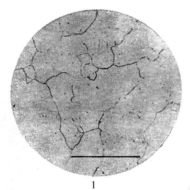

1

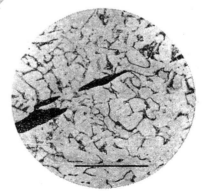

2

图一五一　呼和浩特二十家子古城出土铁甲的金相组织，腐蚀后，X250

1：表面；2：样品中心

（详见附表3.15。采自《呼和浩特二十家子古城出土的西汉铁甲》，《考古》1975年第4期，第258页）

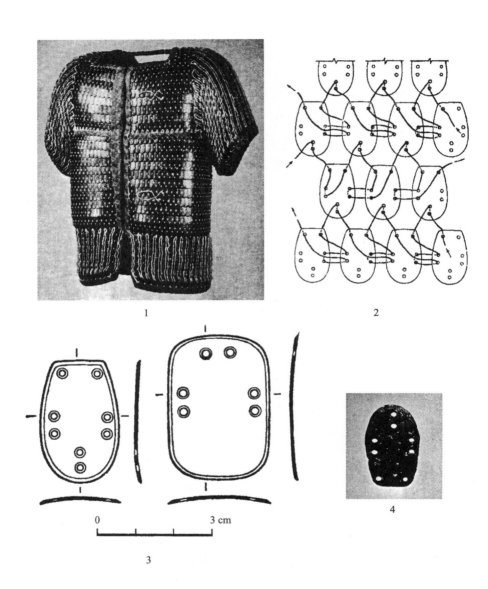

图一五二 满城刘胜墓出土铁铠甲及甲片

1：复原图；2：铁铠甲所用两种不同的甲片；3：甲片串联方式的其中一种；4：金相检测所用甲片

（采自《满城汉墓发掘报告》上册，文物出版社，1980年，第111、359—369页，下册图版二四七；图版二五四，5）

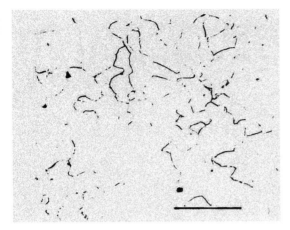

图一五三　刘胜墓出土铁甲片的金相组织，腐蚀后，X200

（采自《满城汉墓发掘报告》，文物出版社，1980年，第372页，图版二五四，6）

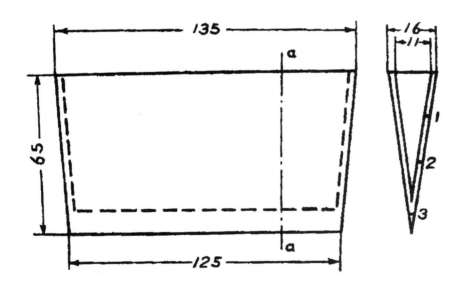

图一五四　西安半坡出土铁器套示意图

（采自《战国两汉铁器的金相学考查初步报告》，《考古学报》1960年第1期，第79页）

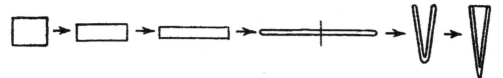

图一五五　铁锄加工示意图

（采自《战国两汉铁器的金相学考查初步报告》，《考古学报》1960年第1期，第86页）

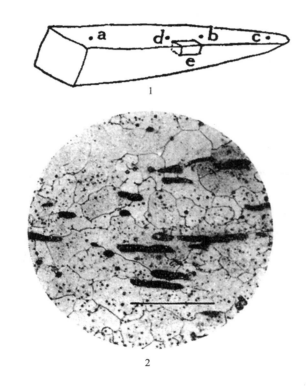

图一五六　铜绿山出土铁钻及其金相组织

1：铁钻示意图；2：金相组织，腐蚀后，X100

（详见附表3.17。采自《铜绿山古矿井遗址出土铁制及铜制工具的
初步鉴定》，《文物》1975年第2期，第24页）

1

2

图一五七　河北清河县出土战国时期铁棺钉及其金相组织

1：铁棺钉；2：金相组织，腐蚀后，X150

（采自《中国古代的冶铁技术》，《金属学报》1966年第1期，

第1—3页，图版二，2；图版三，6）

1

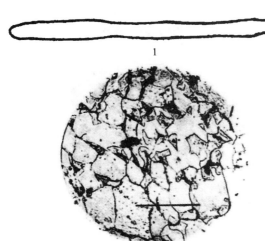

图一五八　三道壕出土弩镞及其
金相组织

1：弩镞示意图；2：金相组织，
腐蚀后，X320

（详见附表3.18。采自《战国两汉
铁器的金相学考查初步报告》，《考
古学报》1960年第1期，第80页）

2

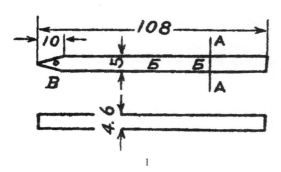

1

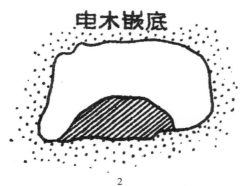

电木嵌底

2

图一五九　三道壕出土残铁锥示意图

1：铁锥示意图；2：剖面图

（采自《战国两汉铁器的金相学考查初步报告》，《考古学报》1960年第1期，第80页）

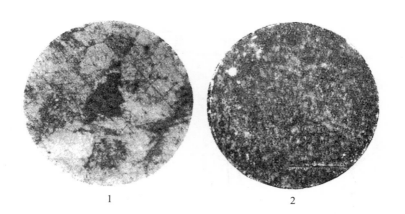

1　　　　　　　　　2

图一六〇　三道壕出土残铁锥金相组织，腐蚀后，未注明比例

（详见附表3.19。采自《战国两汉铁器的金相学考查初步报告》，《考古学报》1960年第1期，图版七，4—5）

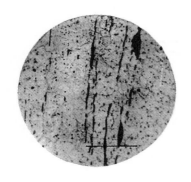

图一六一　河南渑池出土铁圈金相组织，腐蚀后，X100

（详见附表3.20。采自《河南渑池窖藏铁器检验报告》，《文物》1976年第8期，图版四，6）

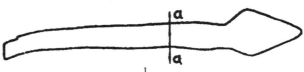

1

图一六二　晋宁石寨山出土东汉时期铁矛及其金相组织

1：铁矛示意图及取样位置；2：金相组织，腐蚀后，X400

（采自《战国两汉铁器的金相学考查初步报告》，《考古学报》1960年第1期，第81页，图版八，1）

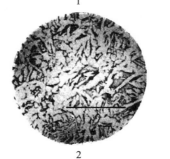

2

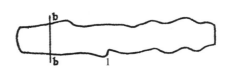

1

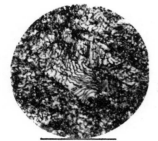

2

图一六三　晋宁石寨山出土东汉时期残铁剑及其金相组织

1：残铁剑示意图及取样位置；2：金相组织，腐蚀后，X500

（采自《战国两汉铁器的金相学考查初步报告》，《考古学报》1960年第1期，第81页，图版八，2）

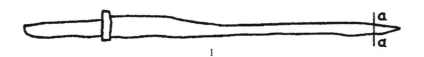

图一六四　北京清河镇东汉墓出土铁剑及其金相组织

1：铁剑示意图及取样位置；2：金相组织，腐蚀后，X320

（采自《战国两汉铁器的金相学考查初步报告》，《考古学报》1960年第1期，第82页，图版八，4）

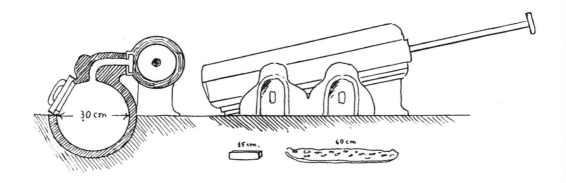

图一六五　河南南部一种炒钢炉，E. T. Nyströsm绘制于约1917年

　　[前部为生铁板以及一块熟铁条，后部为中国传统式的活塞风箱。Nyströsm在别处描述过该炒钢炉的工作原理：先将约48公斤生铁碎块与木柴（原文为wood）放进炉内，并从炉上部进行持续地强力鼓风；其间通过炉门以棍子在炉内搅拌；最终形成大块海绵状熟铁，以夹子取出，并即时在铁砧上锻打成为3×3×11厘米的熟铁条。采自《中国铁矿志》，1924年，农商部地质调查所，第335—336页]

图一六六　"大跃进"时期山西省一种传统炒钢炉

（采自Alley, Rewi 1961a. *China's hinterland—in the leap forward*. Peking: New World Press）

图一六七　山东藤县宏道院出土东汉画像石拓本
（采自《汉画像冶铁图说明》，《文物》1959年第1期，第2页）

第四章

金相学研究（二）：铸铁制品

中国古代铸铁冶金的发展是值得引以为傲的一项技术。世界上最早的铸铁制品[①]出土于江苏省六合县的东周墓葬中，年代大约为公元前5世纪。而在公元前3世纪早期或更早的时候，铸铁已经广泛运用在工具以及农具的制作上。其中有不少我们现在称其为"韧性铸铁"（malleable cast iron）。在西方也发现有一些罗马时期的铸铁制品，但都存在比较大的争议[②]。直到公元14世纪以后，铸铁在西方才成为

---

① 作者注：这一说法恐怕已经不合时宜，具体可参阅我 *Science and Civilisation in China*. Vol. 5: *Chemistry and Chemical technology. Part 11: Ferrous metallurgy*, Cambridge: Cambridge University Press, 2008年，第103−105页。

② 如Hanemann, H. 1913. 'Metallographische Untersuchung einiger altkeltischer und antiker Eisenfunde', *Internationale Zeitschrift für Metallographie*, **4**:248−256，第254−255页；Olshausen, Otto 1915. 'Über Eisen im Altertum', *Praehistorische Zeitschrift*, 7.1/2:1−45；Johannsen, Otto 1916. 'Einige technische Bemerkungen zu Otto Olshausens Aufsatz über Eisen im Altertum', *Praehistorische Zeitschrift*, **8**:165−168；Brown, T. Burton 1950 'Ancient Mining and Metallurgy Committee, second report: Iron objects from Azarbaijan', *Man,* **50**:7−9; correction by H. Frankfort, **50**:100，第8−9页。

重要的原材料，主要运用于火炮的制造等[1]。西方的韧性铸铁最早只能追溯到1670年的一项英国专利，且直到19世纪才成为重要的工业原材料[2]。

然而，仍有部分中国古代韧性铸铁制品的微观结构（包含球状石墨）是我们无法从技术上予以解释的（见4.3节）。有关中国古代韧性铸铁制品的金相研究要远多于对熟铁制品或钢铁制品的研究。其中部分详情参见附表4.2。在解释铸铁制品微观结构时，其化学成分分析是十分重要的。我将我所了解的所有已发表的中国古代铸铁制品的化学成分分析汇总在了表六中。

---

[1]　Johannsen, Otto 1911−17. 'Die Quellen zur Geschichte des Eisengusses im Mittelalter und in der neueren Zeit bis zum Jahre 1530', *Archiv für die Geschichte der Naturwissenschaften und der Technik* （Leipzig）, 1911, **3**:365−394; 1914, **5**:127−141; 1917, **8**:66−81; Johannsen, Otto 1919. 'Die Erfindung der Eisengusstechnik', *Stahl und Eisen* **39**.48:1457−1466; **39**.52: 1625−1629; Johannsen, Otto 1953. *Geschichte des Eisens*. 3. Aufl. Düsseldorf: Verlag Stahleisen, 第202页起; Hall, Bert 1983. 'Cast iron in late medieval Europe: A re-examination', CIM *bulletin* （Canadian Institute of Mining and Metallurgy）, July 1983, 76（no. 855）: 86–91; Needham, Joseph 1986. *Science and civilisation in China.* Vol. 5: *Chemistry and chemical technology.* Part 7: *Military technology; the gunpowder epic*, by Needham, Joseph with the collaboration of Ho Ping−yü（Ho Peng Yoke）, Lu Gwei−djen, and Wang Ling. Cambridge: Cambridge University Press, 第10页。

[2]　关于西方韧性铸铁的历史可以参阅Vogel, Otto 1917−20. 'Lose Blätter aus der Geschichte des Eisens', *Stahl und Eisen* 1917, **37**.17:400−404; **37**.22:521−526; **37**.26:610−615; **37**.29:665−669; **37**.31: 710−713; **37**.33:752−758; **37**.50:1136−1142; **37**.51:1162−1167 + Tafel 30; 1918, **38**.9:165−169; **38**.13: 262−267:**38**.48:1101−1105; **38**.52:1210−1215; 1919, **39**.52:1617−1620; 1920, **40**.26:869−872. I–III, IX, X: 'Zur Geschichte des Giessereiwesens'; IV–VIII: 'Die Anfänge der Metallographie'; XI–XIV: 'Zur Geschichte der Tempergiesserei'。也可参阅我另一篇文章，Wagner, Donald B. 1989 'Toward the reconstruction of ancient Chinese techniques for the production of malleable cast iron', *East Asian Institute occasional papers*（University of Copenhagen）, **4**:3−72, 第4、9页。

表六　中国公元400年前铸铁件的成分分析统计表

（不含满城汉墓等一些半定量分析结果）

序号	遗物类型	出土地点	时代	C%	Si%	Mn%	S%	P%	其他%	来源
1	铁斧（见附表4.10）	铜绿山	公元前4—前3世纪	1.25	0.13	0.05	0.016	0.108	Cr0.01 Ni0.01 Cu0.01	冶军1975:20
2	六角铁锄	铜绿山	公元前4—前3世纪	0.7 0.27	0.08 2.98	0.01	0.006	0.10	Cr微量 Ni0.02 Cu0.01	冶军1975:21
3	大铁锤	铜绿山	公元前4—前3世纪	4.3	0.19	0.05	0.019	0.152	Cr0.01 Ni0.02 Cu0.05	冶军1975:20
4	锭	河北满城刘胜墓	公元前113年	4.05	0.018	0.03	0.063	0.217		李众1975:8（注：《中国冶金简史》1978:103的数据为Si0.08%，P0.47%；出错处不明）
5	镞（见附表4.19）	河北满城刘胜墓	公元前113年		<0.20	<0.20				杜莆运1981:77
6	镞（见附表4.19）	河北满城刘胜墓	公元前113年		<0.20	<0.20				杜莆运1981:77

续表六

序号	遗物类型	出土地点	时代	C%	Si%	Mn%	S%	P%	其他%	来源
7	铁镢	河北满城刘胜配偶墓	公元前113年		4.4—4.5	0.05—0.10				满城1980,1:388
8	铁锄内范	河北满城刘胜配偶墓	公元前113年	4.4—4.5	0.05—0.10					满城1980,1:388
9	铁镢	铁生沟	公元前1世纪	1.98	0.16	0.04	0.048	0.297		华觉明等1980:3
				2.69	0.197	0.06	0.055	0.30	Ni0.016	林华寿等1985:96
10	锭	铁生沟	公元前1世纪	4.12	0.27	0.125	0.043	0.15		《考古学报》1978.1:10
11	铁铲	铁生沟	公元前1世纪	3.82	0.09	0.12	0.022	0.40		《河南文博通讯》1980.4:37
12	盘	铁生沟	公元前1世纪	3.8	0.22	0.09	0.040	0.48		《河南文博通讯》1980.4:37
13	不明物体	铁生沟	公元前1世纪	4.0	0.42	0.21	0.07	0.41		《河南文博通讯》1980.4:37
14	铁铲	铁生沟	公元前1世纪	2.57	0.13	0.16	0.024	0.489		《化学通报》1978.2:51
15	双齿镢齿	铁生沟	公元前1世纪	3.30	0.09	0.10	0.030	0.24		赵青云等1985:180
16	料块	铁生沟	公元前1世纪	1.288	0.231	0.017	0.022	0.024		赵青云等1985:169
17	料块	铁生沟	公元前1世纪	0.048	2.35	少量	0.012	0.154		赵青云等1985:169
18	锭	古荥镇	公元前1—公元2世纪	4.0	0.21	0.21	0.091	0.29		《考古学报》1978.1:10

续表六

序号	遗物类型	出土地点	时代	C%	Si%	Mn%	S%	P%	其他%	来源
19	积铁	古荥镇	公元前1—公元2世纪	3.97	0.28	0.30	0.078	0.264		《考古学报》1978.1:10；《文物》1978.2:39
20	积铁	古荥镇	公元前1—公元2世纪	4.52	0.19	0.20	0.111	0.239		《考古学报》1978.1:7；《文物》1978.2:39
21	积铁	古荥镇	公元前1—公元2世纪	1.46	0.38	0.14	0.025	0.121		《考古学报》1978.1:7；文物1978.2:39
22	积铁	古荥镇	公元前1—公元2世纪	0.73	0.07	0.06	0.034	0.057		《考古学报》1978.1:7；《文物》1978.2:39
23	积铁	古荥镇	公元前1—公元2世纪	3.53	0.16	0.15	0.065	0.378		《文物》1978.2:39
24	盘	古荥镇	公元前1—公元2世纪	3.95	0.15	0.09	0.052	0.22		丘亮辉、于晓兴1983:258
25	铁钁	古荥镇	公元前1—公元2世纪	3.30	0.16	0.19	0.060	0.210		丘亮辉、于晓兴1983:258
26	铁槽	古荥镇	公元前1—公元2世纪	4.20	0.07	0.05	0.012			丘亮辉、于晓兴1983:258
27	铁槽	古荥镇	公元前1—公元2世纪	3.80	0.12	0.05	0.02	0.292		丘亮辉、于晓兴1983:258

续表六

序号	遗物类型	出土地点	时代	C%	Si%	Mn%	S%	P%	其他%	来源
28	铁钁	古荥镇	公元前1—公元2世纪	1.79	0.14	0.05	0.050			丘亮辉、于晓兴1983:258
29	锭	古荥镇	公元前1—公元2世纪	4.60	0.25	0.39	0.059	0.200		丘亮辉1985
30	"新安"铧范	渑池	公元前1—公元2世纪	2.31	0.21	0.19	0.031	0.38		《文物》1976.8:52
31	"黾"铧	渑池	公元前1—公元2世纪	4.47	0.06	0.04	0.028	0.24		《文物》1976.8:52
32	"新安"Ⅱ式斧	渑池	公元前1—公元2世纪	0.87	0.69	0.25	0.024	0.27		《文物》1976.8:52
33	"新安"镰	渑池	公元前1—公元2世纪	0.57	0.2	0.14	0.019	0.34		《文物》1976.8:52
34	铁砧	渑池	公元前2—公元4世纪	4.15	0.04	0.02	0.031	0.34		《文物》1976.8:52
35	铧范	渑池	公元前2—公元4世纪	4.40	0.10	0.11	0.029	0.24		《文物》1976.8:52
36	Ⅰ式斧	渑池	公元前2—公元4世纪	0.24	0.16	0.41	0.014	0.14		《文物》1976.8:52

续表六

序号	遗物类型	出土地点	时代	C%	Si%	Mn%	S%	P%	其他%	来源
37	"津右周" I 式斧范	渑池	公元3—4世纪	3.46	0.07	0.05	0.028	0.38		《文物》1976.8:52
38	"黾□□" II 式斧	渑池	公元3—4世纪	0.87	0.05	0.60	0.011	0.14		《文物》1976.8:52
39	"黾池军□" II 式斧	渑池	公元3—4世纪	0.29	0.10	0.58	0.011	0.11		《文物》1976.8:52
40	"陵右" II 式斧	渑池	公元3—4世纪	0.6—0.9	0.16	0.05	0.020	0.11		《文物》1976.8:52
41	盘	渑池	公元前2—公元4世纪	3.86	0.07	0.14	0.022	0.224		丘亮辉1985
42	铲		公元前3—公元2世纪	4.25	0.53	0.02	0.01	0.144	Cu 0.007	演田耕作1929
43	斧		汉	4.16	b	0.48	0.022	0.372	Ti 0.042 Cu 0.23	窪田藏郎
44	六角小轴承	镇平	公元2世纪	4.41	0.15	0.30		0.67		李仲达1982:320;时代：李京华1982a:248

续表六

序号	遗物类型	出土地点	时代	C%	Si%	Mn%	S%	P%	其他%	来源
45	小型锤范	镇平	公元2世纪	3.9	0.16	微量		0.52		李仲达1982:320;时代：李京华1982a:248
46	中型锤范	镇平	公元2世纪	4.1	0.22	0.30		0.50		李仲达1982:320;时代：李京华1982a:248
47	没公布	没公布	汉	3.94	0.065	0.098	0.025	0.17		李蜀庆等1983：87
48	盘	没公布	汉	4.15	微量	0.10	0.025	0.013		李蜀庆等1983：87
49	铁范	山东莱芜	公元前2世纪	4.40	0.16	0.05	0.02	0.35		朱活、毕宝齐等1977：71
50	铁范	山东莱芜	公元前2世纪	4.25	0.18	1.20	0.028	0.28		朱活、毕宝齐等1977：71
51	炉	陕西咸阳	汉						0.124	
52	不明工具	陕西临潼	秦	3.88	0.13	0.12	0.028	0.607		《化学通报》1978.2:51
53	铁槽	南阳	汉	4.19	0.14	0.09	0.069	0.486		《化学通报》1978.2:51
54	环	北京	汉	4.45	0.10	0.05	0.075	0.238		《化学通报》1978.2:51
55	不明残片	洛阳?	汉?	4.19	0.055	0.11	0.014	0.08	Cu 0.0018 Ni 0.029 Cr 0.006	

续表六

序号	遗物类型	出土地点	时代	C%	Si%	Mn%	S%	P%	其他%	来源
56	炉残片	陕西咸阳	汉	4.32	0.11	0.07	0.027	0.38	Cu 0.029	
									Ni 0.01	
									Mo 0.004	

（采自《铜绿山古矿井遗址出土铁制及铜制工具的初步鉴定》，《文物》1975年第2期，第20、21页；《中国封建社会前期钢铁冶炼技术发展的探讨》，《考古学报》1975年第2期，第8页；《满城汉墓出土铁镞的金相鉴定》，《考古》1981年第1期，第77页；《满城汉墓发掘报告》，文物出版社，1980年，第388页；《汉代铁镢的材质及其制造工艺的探讨》，《科技史文集》1985年第13期，第96页；《关于"河三"遗址的铁器分析》，《河南文博通讯》1980年第4期，第37页；《我国古代炼铁技术》，《化学通报》1978年第2期，第51页；《巩县铁生沟汉代冶铸遗址再探讨》，《考古学报》1985年第2期，第169、180页；《河南汉代冶铁技术初探》，《考古学报》1978年第1期，第7、10页；《郑州古荥镇汉代冶铁遗址发掘简报》，1978年第2期，第39页；《郑州古荥镇冶铁遗址出土铁器的初步研究》，《中原文物》1983年特刊，第242—264页；《河南汉代铁器的金相普查》，《科技史文集》1985年第13期，第107—121页；《河南渑池窖藏铁器检验报告》，《文物》1976年第8期，第52页；《河南镇平出土的汉代铁器金相分析》，《考古》1982年第3期，第320、321页；《关于汉代铁器中球状石墨和基体组织成因的研究》，《重庆大学学报》1983年第1期，第87页；《山东省莱芜县西汉农具铁范》，《文物》1977年第7期，第71页。）

4.1 引言

第三章中我们介绍的一些冶金学的基本概念，是在我们观察、处理熟铁制品与钢铁制品微观结构时所必备的知识。接下来的4.2与4.3节，将通过对铸铁的一些冶金学技术层面的展示来加深对这些基本概念的认识。为避免读者可能会直接跳过这些章节，所以我先深入浅出地介绍一些基本情况。

在第三章中已经提到过，含碳量在2%以下的低碳铁具有卓越的品质，但若不能达到足够的高温是无法铸造的。因此，在现代社会以前，熔炼或铸造熟铁或是低碳钢是十分罕见的。随着铁中含碳量的提高，铁的熔点将会降低，当铁中的含碳量在4%时，就可以通过近似古代冶铜的工艺来进行熔炼与铸造了，这种高碳铁也就是所谓的铸铁了。

铸铁十分脆，在大部分武器或工具的制作上人们更喜欢选用钢铁，而选择铸铁来制作的唯一原因就是铸铁的成本相对较低。我们所发现的绝大部分中国古代铁制兵器都是由熟铁或钢铁制成，而绝大部分的铁制工具都是铸铁制品[①]。可以看出前者追求的是高性能，而后者追求的是低成本。

在古代的技术环境下，对于任何金属制品的制作而言，铸造法（foundry methods）的成本要远低于锻造法（smithy methods）。中国古代铸铁的运用使得铁制工具于公元前3世纪开始得以广泛应用（见第一至二章），也使河北满城窦绾墓的16吨铁墙成为可能（图一六八、图一六九）。铸造工艺也适用于地理位置集中地区大规模生产，这也是公元前117年汉代实行铁器生产官营的因素之一。

---

① 附表3.2、3.9、3.16、3.17与3.20中是一些例外，这些工具是用熟铁制作的。最有趣的是附表3.16中的器套，几乎所有其他同类型的器套都是铸铁制品。

图一六八　满城窦绾墓外墙

（采自《满城汉墓发掘报告》
上下册，文物出版社，1980年，第
216、218、220页，图版一五四；图版
一五五，1）

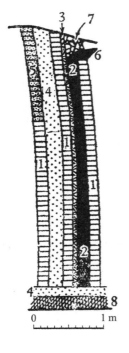

图一六九　满城窦绾墓外墙纵剖面
　　1：砖；2：铸铁壁；3：草泥；4：黄土；5：
砖坯；6：铁流；7：石块；8：灰碴

　　（采自《满城汉墓发掘报告》，文物出版
社，1980年，第220页）

在利用铸铁低成本这个特点的同时，可以通过一些不同的方式来处理其脆性的问题：

（1）对于许多种类的制品，铸铁的脆性算不上什么严重的问题。例如在第一章中提及的那些容器与容器残片（图一、图二、图八，2），弩箭箭杆（图三、图六、图七、图九）以及带钩（图一〇、图一一、图一四、图一六，1、图一〇七，3）。

（2）巧妙的设计可以弥补材料过脆所带来的破损的风险，也可以降低破损发生时所造成的损失。就像第一章图九二至图一〇二中的犁，其刃部是最容易受到破损的部分，可以使用V字形的铸铁器套进行保护，当器套损坏时可以更换新的器套，快捷且便宜，并且可以循环利用。

（3）通过小心控制铸铁的合金成分以及熔炼与铸造的程序也能够将铸铁的脆性控制在可以接受的范围之内。下文中我们将会看到中国古代铸铁法的一些成果，在某些工具的铸造中已经达到了灰口铸铁而非白口铸铁，从而降低了产品的脆性。不过似乎没有看到更多此类精细工艺的应用。

（4）经过长时间的热处理可以有效提高铸铁的品质。这种铸铁被称为韧性铸铁[1]。从现代实践中来看，这个热处理时间一般在一至两天，温度控制在900—1000℃。其目的在于获得更高强度的铸件或是一个柔软的、便于机械加工的表面。在此需要重点说明的是韧性铸铁早在公元前4世纪就在中国有了广泛地运用，主要运用于生产工具与装饰品的铸造。目前为止，已知中国古代最晚的韧性铸铁制品来自公元4世纪，而中国的历史学家们认为该技术也是到唐代时失传的[2]。但最近的一

---

[1]　可锻铸铁（malleable cast iron）件实际上很少是可锻的，所以说"可锻铸铁"一词并不准确，但英语中没有其他的更好的选择。德语的"Temperguss"与中文的"韧性铸铁"（也作"tough cast iron"）要更为准确。但在这两种语言中，malleable cast iron也被翻译成"schmiedbares Gusseisen"与"可锻铸铁"。在20世纪早期，中文中也使用过柔铸铁（"soft cast iron"）与玛铁（"malleable iron"），参阅《中美工程师协会月刊》1923年第4卷第3期，第35页；华觉明：《汉魏高强度铸铁的探讨》，《自然科学史研究》1982年第1期，第2页。

[2]　参阅华觉明：《汉魏高强度铸铁的探讨》，《自然科学史研究》1982年第1期，第17—19页。

些研究发现，韧性铸铁制品的年代可以晚到公元9世纪①，并且有证据显示在中国和日本，这种生产韧性铸铁的传统工艺一直沿用到了公元18、19世纪②。而现代工艺是在公元20世纪早期由西方引入③。

4.2 铸铁的冶金学与金相学研究

本节是3.1节的延伸，介绍了一些有关铸铁的最重要的概念。如果读者想全面

---

① 中国社会科学院考古研究所实验室（杜茀运）：《一批隋唐墓出土铁器的金相鉴定》，《考古》1991年3期，第275—276页，表二：14、17、28、29、34、36、37。

② 参阅Swedenborg, Emanuel 1734. *Regnum subterraneum sive minerale*. [Vol. 2:] *De ferro, deque modis liquationum ferri per Europam passim in usum receptis⋯* Dresdæ et Lipsiæ: sumptibus Friderici Hekelii，第194页；Sjögren, Hj.（tr.）1923. *Mineralriket, av Emanuel Swedenborg: Om järnet och de i Europa vanligast vedertagna järnframställningssätten ...* Stockholm: Wahlström & Widstrand. Swedish tr. of Swedenborg 1734，第230页；Barrow, John 1804. *Travels in China: Containing descriptions, observations, and comparisons, made and collected in the course of a short residence at the Imperial Palace of Yuen-Ming-Yuen, and on a subsequent journey through the country from Pekin to Canton...* London: T. Cadell & W. Davies，第299页；Rein, J. J. 1881–86. *Japan nach Reisen und Studien: Im Auftrage der Königlich Preussischen Regierung dargestellt. Vol. 1: Natur und Volk des Mikadoreiches, 1881. Vol. 2: Landund Forstwirtschaft, Industrie und Handel,* 1886. Leipzig: Wilhelm Engelmann，第518-520页（Rein, J. J. 1889. *The industries of Japan: Together with an account of its agriculture, forestry, arts, and commerce.* London: Hodder and Stoughton. Tr. of 1886，第434-435页）；Gowland, William 1914. 'Metals and metal-working in old Japan', *Transactions and proceedings of the Japan Society*（London），1914/15, **13**.1: 20–99 + plates 1–29，第52-54页。更多可参阅Wagner, Donald B. 1989 'Toward the reconstruction of ancient Chinese techniques for the production of malleable cast iron', *East Asian Institute occasional papers*（University of Copenhagen），4:3–72，第9-11页；*Mémoires concernant l'Asie Orientale（Inde, Asie Centrale, Extrême-Orient*），publiés par l'Academie des Inscriptions et Belle-Lettres, 1779,4:491；Christopher Dresser描述过的一些日本的铸铁制品可能就是使用的这种工艺，不过他好像没有意识到要切割与雕刻这种铸铁的难度（Dresser, Christopher 1882. *Japan: Its architecture, art, and art manufactures.* London: Longmans, Green）。

③ 《中美工程师协会月刊》1923年第4卷第3期，第34—35页。

了解相关知识，可以参阅任何一本冶金学初级教材中有关铸铁的部分①。

钢铁有着悠长而神秘的过去，在现代工业中又具有十分重要的地位，但早期对于西方铸铁历史的研究十分稀少，因此钢铁研究曾令西方冶金历史学家们倍加重视。相关的研究虽然不少，特别是20世纪早期的德国冶金学者们开展了不少相关的

---

① 我比较推荐Brick, Robert M.（et al.）1977. *Structure and properties of engineering materials*, 4th ed., New York: McGraw–Hill。Angus的解释比较详尽，但他的重点是在现代发展上（Angus, H. T. 1976. *Cast iron: Physical and engineering properties*. 2nd ed., London: Butterworth）。一些老教材通常更为有用，可参阅Sauveur, Albert 1920. *The metallography and heat treatment of iron and steel*. 2nd ed., Cambridge, Mass.: Sauveur and Boylston Mechanical Engineers，第364–406页；Rosenholtz, Joseph L. & Oesterle, Joseph F. 1938. *The elements of ferrous metallurgy*. 2nd ed. New York: Wiley; London: Chapman & Hall，第217–251页；*Metals handbook*, 1939 edition. Cleveland, Ohio: American Society for Metals，第617–649页；Shrager, Arthur M. 1969. *Elementary metallurgy and metallography*. Orig. New York: MacMillan, 1949; 3rd rev. ed. New York: Dover，第56–70页。早在1722年，René Antoine Ferchault de Réaumur就对铸铁性质进行了描述，直至今日都还十分有价值，在1956年由Sisco与Smith翻译成了英文［Sisco, Anneliese Grünhaldt（tr.）& Smith, Cyril Stanley（ed.）1956. *Réaumur's Memoirs on iron and steel*. Chicago: University of Chicago Press，第257–359页］。

研究，但这方面的专题著作仍然十分匮乏[①]。

4.2.1 熔炼与铸造

先让我们再回到铁碳相图上来，图一七〇中的线ABCD是液相线，线AHJEF为固相线。当铁碳合金的温度在液相线以上时，铁碳合金便处于液态；其温度在固相线以下时则为固态；而在中间温度时，则呈现液相与固相混合的情况。任何金属的铸造都需要温度大大高于其液相温度，钢铁铸造需要的温度大约为1700℃或更高。对于古代的耐火材料而言，要应对这样高的温度是相当困难的。直到18世纪40年代，英国人本杰明·亨斯曼（Benjamin Huntsman）对技术进行改良以前，世

① 其中一些最重要的研究有：Beck, Ludwig 1910. 'Urkundliches zur Geschichte der Eisengiesserei', *Beiträge zur Geschichte der Technik und Industrie*（Berlin），**2**:83–89；Beck, Ludwig 1925. 'Geschichte der Eisenund Stahlgiesserei', pp. 8–36 in C. Geiger（hrsg.）: Handbuch der Eisenund Stahlgiesserei. Berlin:Springer；Johannsen, Otto 1911–17. 'Die Quellen zur Geschichte des Eisengusses im Mittelalter und in der neueren Zeit bis zum Jahre 1530', *Archiv für die Geschichte der Naturwissenschaften und der Technik*（Leipzig），1911, 3:365–394; 1914, 5:127–141; 1917, 8:66–81；Johannsen, Otto 1919. 'Die Erfindung der Eisengusstechnik', *Stahl und Eisen* **39**.48: 1457–1466; **39**.52: 1625–1629；Johannsen, Otto 1953. *Geschichte des Eisens*. 3. Aufl. Düsseldorf: Verlag Stahleisen，第195页起；Vogel, Otto 1917–20. 'Lose Blätter aus der Geschichte des Eisens', *Stahl und Eisen* 1917, **37**.17: 400–404; **37**.22: 521–526; **37**.26: 610–615; **37**.29: 665–669; **37**.31: 710–713; **37**.33: 752–758; **37**.50: 1136–1142; **37**.51: 1162–1167 + Tafel 30; 1918, **38**.9: 165–169; **38**.13: 262–267: **38**.48: 1101–1105; **38**.52: 1210–1215; 1919, **39**.52: 1617–1620; 1920, **40**.26: 869–872. I–III, IX, X: 'Zur Geschichte des Giessereiwesens'; IV–VIII: 'Die Anfänge der Metallographie'; XI–XIV: 'Zur Geschichte der Tempergiesserei'；Simpson, Bruce L. 1948. *Development of the metal castings industry.* Chicago: American Foundrymen's Association；Maréchal, Jean R. 1955. 'Evolution de la fabrication de la fonte en Europe et ses relations avec la méthode wallon d'affinage', *Techniques et civilisations*, **4**.4: 129–143；Schmidt, Hans & Dickmann, Herbert 1958. *Bronzeund Eisenguss: Bilder aus dem Werden der Giesstechnik*, Ein Bericht über die historische Sonderschau der Internationale Giessereifachmesse, 1956. Düsseldorf；Hall, Bert 1983. 'Cast iron in late medieval Europe: A re–examination', *CIM bulletin*（Canadian Institute of Mining and Metallurgy），July 1983, 76（no. 855）:86–91。更多有关铸铁历史的参考文献可参阅Wagner, Donald B. 1987. 'Støbejerns metallurgi og lidt om kinesisk støbejern', 53 pp. in *Jern: Fremstilling, nedbrydning og bevaring*（fortryk af forelæsninger til Nordisk Videreuddannelse af Konservatorer, 17–28 August 1987）. København: Nationalmuseet, Bevaringssektionen. Two lectures for museum conservators。

界范围内都罕有钢铁铸造生产[①]。古代的各种炼钢法，如印度的乌兹钢法（wootz process）等都涉及钢铁的熔炼，但要达到并保持实际铸造时钢铁在模具中所需的温度却是另一回事[②]。

铁碳合金的含碳量越高其液相温度就越低。当含碳量为4.3%时，其液相温度可以低至1147℃。这种含碳量的铁可以在1250℃的温度下进行铸造，这比青铜铸造所需要的温度高不了多少。也就是说，青铜铸造所使用的熔炉与模具也

---

① K.C. Barraclough以丰富的插图为谢菲尔德坩埚钢铁工业中所使用的复杂工艺做出了精彩的说明。其中最大的难题，是用以抵抗高温的坩埚的生产（Barraclough, K. C. 1976. *Sheffield steel*（*Historic industrial scenes*）. Buxton, Derbys.: Moorland）。

② 参阅Evenstad, Ole 1790. 'Afhandling om Jern−Malm, som findes i Myrer og Moradser i Norge, og Omgangsmaaden med at forvandle den til Jern og Staal. Et Priisskrift, som vandt det Kongelige Landhuusholdnings−Selskabs 2den Guldmedaille, i Aaret 1782', *Det Kongelige Danske Landhuushold-ningsselskabs Skrifter*, **D.**3:387–449 + Tab. I–II. English translation Jensen 1968，第437–441页［英文翻译可参阅Jensen, Niels L.（tr.）1968. Ole Evenstad, 'A treatise on iron ore as found in the bogs and swamps of Norway and the process of turning it into iron and steel', *BHMG* 2.2:61–65. Abridged translation of Evenstad 1790，第65页；Wagner, Donald B. 1990. 'Ancient carburization of iron to steel: a comment', Archeomaterials, 4.1:111–117; erratum 1990, 4.2:118. Comment on Rehder 1989，附录一］；Bronson, Bennet 1986. 'The making and selling of wootz, a crucible steel of India', Archeomaterials, 1:13–51；Krapp, Heinz 1987. 'Metallurgisches zu zwei Eisenblöcken römischen Ursprungs' / 'Metallurgical aspects concerning two iron blocks of Roman origin', Radex−Rundschau, 1987.1: 315–330（德语的英文译版，包含较多翻译错误）。在第三章中所提及的与坩埚熔炼有关的中国古代制品可能实际上与某种炼钢法有联系。有待进一步研究证实。

可以用作铁器铸造[①]。

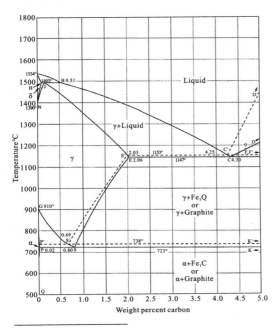

图一七〇　铁碳相图

（采自Hansen, Max 1958. *Constitution of binary alloys*. 2nd ed., New York: McGraw-Hill）

---

① 铁里面的含磷量大，可以更大程度地降低液相温度。当含磷量为6%时，其液相温度可以低至950℃，其代价是会使铁变得极度的脆。这可能是早期西方铸铁史上重要的一笔，一些中世纪的铸铁制品的含磷量都十分的高。一个公元1354的铁制界标，经Otto Niezoldi检测（Niezoldi, Otto 1942. 'Ein gusseiserner Grenzpfahl aus dem Mittelalter', *Die Giesserei*, **29**.8: 136–137；参阅Johannsen, Otto 1953. *Geschichte des Eisens*. 3. Aufl. Düsseldorf: Verlag Stahleisen，第141页；Johannsen, Otto 1947. 'Probleme der älteren Geschichte des Eisens'；*Forschungen und Fortschritte*, **21/23**.4/5/6:40–43，第41页），其含碳2.31%，含磷6.20%。这与三元共晶（ternary eutectic）的结构十分相似，即最低液相温度下的（约950℃）铁–碳–磷合金。Thomas T. Read曾经提出中国之所以这么早可以使用铸铁，很可能是由于炉料中添加了高磷矿物［Read, Thomas T. 1934. 'The early casting of iron: A stage in iron age civilization', *The geographical review*（American Geographical Society, New York），**24**:544–554，第551页；另可参阅Needham, Joseph 1958. *The development of iron and steel technology in China*（Second Dickinson Memorial Lecture to the Newcomen Society, 1956）. London: The Newcomen Society，第14–15、47页］。多年以后，Thomas收回了这一假设，因为在为数不多的中国早期铸铁制品的金相检测中，并没有发现不寻常的磷含量［Pinel, Maurice L.（et al.）1938 'Composition and microstructure of ancient iron castings', *Transactions of the American Institute of Mining and Metallurgical Engineers* **131**: 174–194，第193页］。时至今日，我们获得了更多的分析结果（附表4.1），但仍然没有发现证据表明在中国古代铸铁的熔炼中刻意添加了磷。

4.2.2 冲天炉

在多种熔炼青铜与铁可能使用的熔炉类型中，我们在这里要提到的是这种冲天炉（cupola）。图一七一是一幅小型现代冲天炉的图解，图一七二、图一七三展示的是两座中国传统的冲天炉。这种熔炉在熔炼过程中每隔一定时间从炉顶添加铁、燃料（木炭、煤炭或焦炭）以及石灰石（通常作为助熔剂），由底部的风口进行持续地鼓风。铁熔化后流到炉底，再通过出铁口排出（如图一七三所示）。

高炉中所产出的高碳铁可以在这种冲天炉中轻易地被熔化。如果所添加的铁含碳量低的话，可以通过吸收炉内燃烧气体中的碳慢慢降低熔点直至熔化[①]。大约在公元1200年，德国僧侣西奥菲勒斯（Theophilusa）清楚地记述了使用这种熔炉进行青铜钟的熔炼与铸造[②]。另有一份不知名的德语手稿（公元1454年），是欧洲最早的铁器铸造的文献记录，其中提到块炼铁在冲天炉中的熔炼"就像青铜

[①] 现代冲天炉以焦炭为燃料，采用预热鼓风炉使燃料功率最大化，操作在高温的氧化气氛下进行（高至1700℃）。在这种情况下，低碳铁在冲天炉中的熔炼原理，要比我在这里所描述的复杂得多。J.E. Rehder（Rehder, J. E. 1989. 'Ancient carburization of iron to steel', *Archeomaterials*, **3**.1: 27–37）通过引用Lownie等的研究［Lownie, H. W.（et al.）1952. 'How iron and steel melt in a cupola', by Lownie, H. W., D. E. Krause, and C. T. Greenidge. *Transactions of the American Foundrymen's Society* **60**: 766–774］指出了这一点。通过这些针对某一类冲天炉操作的实践研究，发现部分所添加的废钢（steel scrap）在炉内上部区域发生了脱碳，并且仅在往下一点的高温区域中熔化。一旦成为液态，便迅速从固态燃料中吸取碳元素而非从炉内气氛中吸取。

这类炉身较小（非预热型）、且焦炭与铁转化率较大的炉子，似乎很可能可以在低温环境下进行操作，但其炉内气氛需要具备足够高的一氧化碳与二氧化碳转化率，从而使低碳铁可以通过渗碳得到必须的3%—4%的含碳量。尤其是在使用木炭为燃料的冲天炉中，木炭的高反应性意味着吸热反应（$CO_2 + C \rightarrow 2CO$）更容易发生，可为炉内气氛提供更多的一氧化碳，并且限制温度的提升。另可参阅Rambush, N. E. & Taylor, G. B. 1945. 'A new method of investigating the behaviour of charge material in an iron-foundry cupola and some results obtained', *Foundry trade journal*, 8 Nov. 1945, 197–204 + 212。

[②] 参阅Hawthorne, John G. & Smith, Cyril Stanley（trs.）1963. *On divers arts: The treatise of Theophilus*. University of Chicago Press，第171–175页；Brepohl, Erhard 1987（tr.）. *Theophilus Presbyter und die mittelalterliche Goldschmiedekunst*. Wien, Köln, & Graz: Hermann Böhlaus Nachf，第258–262、267–268页。

钟的铸造那样"[1]。

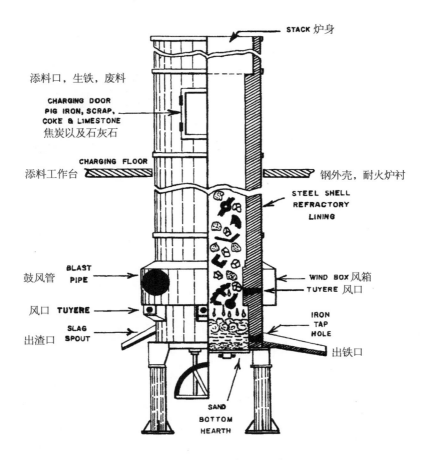

图一七一　现代熔铁用冲天炉图解

（采自Shrager, Arthur M. 1969. *Elementary metallurgy and metallography*. Orig. New York: MacMillan, 1949; 3rd rev. ed. New York: Dover，第59页）

---

[1]　Johannsen, Otto 1910. 'Eine Anleitung zum Eisenguss vom Jahre 1454', *Stahl und Eisen* **30**.32: 1373–1376；Johannsen, Otto 1913. 'Die Bedeutung der Bronzekupolöfen für die Geschichte des Eisengusses'; *Stahl und Eisen* **33**.26:1061–1063。

图一七二　江西德安1920年代的小型冲天炉

（约150厘米高，炉径75厘米，风箱鼓风，依靠倾斜炉身来排渣与出铁。采自Hommel, Rudolf P. 1937. *China at work: An illustrated record of the primitive industries of China's masses, whose life is toil, and thus an account of Chinese civilization.* New York: John Day. Repr. Cambridge, Mass.: M.I.T. Press，第27-29页）

图一七三　四川成都1940年代的冲天炉

［李约瑟摄。采自Needham, Joseph & Needham, Dorothy（eds.）1948. *Science outpost: Papers of the Sino-British Science Co-Operation Office（British Council Scientific Office in China）1942–1946.* London: Pilot Press，图27］

4.2.3 白口铸铁与灰口铸铁

当铁被熔化后并在模具中固化时，得到的是白口或灰口铸铁，其名称取决于铁断面的颜色。而这种颜色上的不同，是由于其微观结构的不同所致。早在1722年，Réaumur就对这两种不同的铸铁给出了清楚的描述[1]：白口铸铁十分坚硬，不易磨或凿刻，只能直接用于铸造状态。所以白口铸铁并非一种十分有用的材料。灰口铸铁比较柔软，可以进行磨制或凿刻，但工艺较难掌控，通常可能会失掉过多原料。因此，灰口铸铁在1722年时仅运用在锅与炮管等比较粗糙器物的铸造上。白口铸铁与灰口铸铁都很脆，当受到锤打时会像玻璃般碎裂。Réaumur似乎从未考虑过将铸铁用在工具的铸造上。

当人们对碳的特性有了更深刻的了解并拥有更精良的显微镜之后，才对白口铸铁与灰口铸铁的性能有了进一步的认识。白口铸铁中几乎所有的碳都与铁形成碳化铁（Fe_3C）。含碳量4%的白口铸铁中有60%是碳化铁。碳化铁甚至比石英还坚硬，这就是为什么白口铸铁的硬度如此之高。

灰口铸铁中的碳以微小的片状石墨形态存在，这也是导致其断面呈灰色的原因。石墨非常的轻（2.2克/厘米^3，铁的比重为7.9克/厘米^3），含碳量4%的灰口铸铁按重量计算，其中石墨可以达到13%。石墨是已知最为柔软的，与铁相比几乎可以说是完全没用硬度。这些微小的片状石墨形成了铁内部的空白裂纹，这些裂纹使得灰口铸铁易碎，并使其在磨制或凿刻时会层层剥落。

Réaumur用当时化学概念解释说白口铸铁与灰口铸铁的区别是因为原料来源所处"土质环境"的不同，但铸件的厚度在铸造中所扮演的角色却使他在该问题上感到困惑。如他自己所说，薄铸件固化为白口铸铁的概率比厚铸件要大。

时至今日，我们知道铸铁固化为白口或灰口取决于两个因素的交互作用：一是铁的化学成分（尤其是硅含量），二是在模具中的冷却速率。硅含量高、冷却速度慢会固化为灰口铸铁；硅含量低、冷却速度快则会固化为白口铸铁。而Réaumur解

---

[1] Sisco, Anneliese Grünhaldt（tr.）& Smith, Cyril Stanley（ed.）1956. *Réaumur's Memoirs on iron and steel*. Chicago: University of Chicago Press，第257-270页。

释中所谓的"土质"原因其实是夹渣中不同的硅、铁与氧混合物，而薄铸件在模具中的冷却速度定然是高于厚铸件的[1]。

对于这些现象的解释，是因为这里实际上有两个相关但却并不相同的铁碳相图系统。从热力学观点看，石墨比渗碳体更稳定，因此铁–石墨系也称为稳定系相图（图一七〇中虚线），铁–渗碳体系称为亚稳定系相图（图一七〇中实线）。在含碳量低时亚稳定系统十分稳定，而钢铁中也很少能见到石墨，但对于铸铁来讲，两个系统却十分重要。白口铸铁是铸铁根据亚稳定系统固化所得，而灰口铸铁是根据稳定系统固化所得。

图一七〇中实线与相应虚线间的空隙在这里具有十分重要的意义。缓慢冷却意味着这些空隙就宽，表示时间更多，即为灰口铸铁的固化提供更多的时间。这些空隙的宽度随着硅含量的增加而增大[2]，这也是硅含量高有利于得到灰口铸铁的原因之一。不过铸铁冶金学在今天来说仍然是一个非常需要实证的主题，我们对其他许多重要现象依然缺乏有力的理论解释[3]。

铸铁绝不是一种简单的铁碳合金。除了一些偶然的检验实验，铸铁中硅、磷、硫与锰的含量总是较大。另外还有一些或刻意添加或偶然出现的其他合金元素。所有这些合金元素对铸铁性质都是有影响的，其中一部分影响还很大。我们已经看到了硅的部分影响，而单独的硫或锰则是有助于铸铁根据亚稳定系统固化的，但如果两者在适当比例下生成为硫化锰（MnS）时，它们就失去原有的效果了。合金元素在不同环境下的一些其他效果将在之后的章节中略有述及。

4.2.4 白口铸铁

白口铸铁在当今社会的许多方面都有运用，是一种良好的耐磨材料与抗压材

---

[1]　参阅Sisco, Anneliese Grünhaldt（tr.）& Smith, Cyril Stanley（ed.）1956. *Réaumur's Memoirs on iron and steel*. Chicago: University of Chicago Press，第261页注。

[2]　Heine, R. W. 1986. 'The Fe–C–Si solidification diagram for cast irons', *Transactions of the American Foundrymen's Society* **94**:391–402，图3–4，第394页。

[3]　可参阅Levi, L. I. & Stamenov, S. D. 1967. 'Features of eutectic crystallisation in the metastable Fe – Fe₃C – Si system and Si segregation in white iron', *Russian castings production*, 1967.5:221–224。

料。像S.C. Massari文中提到的火车的轮子、粉碎机的零件、轴承、齿轮、犁，等等①。不过更为重要的，还是之后会讨论到的有关韧性铸铁的生产。William Rostoker曾十分确信地指出②，在现代社会以前，白口铸铁的使用范围本可以更加广泛③。

我们在这一章中所涉及的中国古代铁器的金相检测结果中发现了数个白口铸铁制品（图一七四至图一八七，附表4.1—4.3）：一件铁车辖残块，三件铁锹残片以及三件铁范残片④。对于车辖与铁锹而言，因其磨耗都相当之大，所以白口铸铁是十分合适的材料，尽管大部分所发现中国古代铁锹都是韧性铸铁制品。有一件铁犁铧⑤和一件铁车𫓧⑥发现为麻口铸铁制品，即白口铸铁中含有少量片状石墨结构。

---

① Massari, S. C. 1938. 'The properties and uses of chilled iron', *Proceedings of the American Society for Testing Metals*, **38**:217–234，第217、233页。

② Rostoker, William 1987. 'White cast iron as a weapon and tool material', *Archeomaterials*, **1**.2: 145–148。

③ 另有一点需要指出的是，在近代早期，将含硅与含磷很低的白口铸铁称为tough pig。根据Morton与Wingrove的记载（Morton, G. R. & Wingrove, Joyce 1971. 'The charcoal finery and chafery forge', *Historical metallurgy: Journal of the Historical Metallurgy Society* **5**.1: 24–28，第25页），这种铁在铸造条件下十分坚硬，使其适用于铁锤与铁砧，也是由此而得名。如果这种说法是正确的，那么中国古代低硅低磷的白口铸铁应该比Rostoker所说的更适合于工具的制作。我没有看到硅元素对白口铸铁品质影响的量化研究，但Zhao Bofan与E.W. Langer指出，其他合金元素也可以产生十分显著的影响（Zhao Bofan & Langer, E. W. 1982. 'The effect of Mischmetall on microstructure and properties of white cast iron', *Scandinavian journal of metallurgy* **11**:287–294）。在其中一个实验中，所添加的0.3%的稀土金属合金（Mischmetall）使得某特定白口铸铁合金的冲击韧性从14,000 J/m² 提高到了30,000 J/m²。

④ 华觉明、杨根、刘恩珠：《战国两汉铁器的金相学考查初步报告》，《考古学报》1960年第1期，第76—77页。

⑤ 中国社会科学院考古研究所、河北省文物管理处：《满城汉墓发掘报告》，文物出版社，1980年，图版二五二：1；李众：《中国封建社会前期钢铁冶炼技术发展的探讨》，《考古学报》1975年2期，图版二：7。

⑥ 中国社会科学院考古研究所、河北省文物管理处：《满城汉墓发掘报告》，文物出版社，1980年，第182页，器物编号1：2045。

由于这些器物需要极高的耐磨性，所以如果这里是纯白口结构会更好①。对于铁范而言，灰口结构可能会比这里所发现的白口结构更为合适。下文中我们也会看到其他一些所发现的灰口铸铁的铁范残片。

现在我们可以大致了解一下白口铸铁可能具有的一些微观结构以及它们的由来。首先，来看一张铁碳相图（图一七〇），这是一个具有**共晶成分**（eutectic composition）的铁碳合金，含碳量为4.3%，从熔融状态冷却至1147℃，即其**共晶温度**（eutectic temperature）。假设冷却速度足够快，即仅考虑亚稳定的铁-渗碳体系统（图中实线）。当达到**共晶点C**时，必然发生由液态到奥氏体与渗碳体组成的固态的转换。在此转化过程中所形成的**共晶结构**（eutectic structure）与图一八〇中相似，只是图一八〇中所示的结构经过了一些进一步地转换。在1147℃至723℃的冷却过程中，奥氏体的最大碳含量减少（线ES），更多的渗碳体从奥氏体中析出。在723℃时，奥氏体转化为珠光体（从723℃冷却至室温过程中，没有明显的改变发生）。这些转化的最终结果会得到一个像图一八〇中所看到的微观结构。这种结构被称为**莱氏体**（ledeburite），其中的黑色区域为珠光体，白色区域为渗碳体。

接下来我们来看一看含碳量3.5%的铁碳合金。这是一个**亚共晶成分**（hypoeutectic composition）的例子，即含碳量低于4.3%。该合金在1300℃时熔化。随着冷却的进行，当温度到达1250℃的液相线（线BC）时，奥氏体开始从熔化物中析出。这些奥氏体具有对称的分支形态，因此被称为**树状的**（dendritic，由希腊语dendros而来，意为树）②。当冷却到正好在1147℃以上时，此时的铁由大约36%的含碳量为2.06%的树状奥氏体以及大约64%的含碳量为4.3%的液态铁组成。在正好在1147℃以下时，液态铁会转化为前文所说的莱氏体。在进一步降温至723℃的过程中，更多的渗碳体从奥氏体中析出。在正好723℃以下时，奥氏体转化为珠光体。最终的微观结构如图一七七中所示，因其三维结构十分复杂的缘故，我

---

① 另一方面，犁铧的V字形器套属于韧性铸铁制品（附表4.17—4.18）。是以需要经常更换的、更坚硬的部件来保护犁铧脆弱易损的部分。
② 关于这方面以及铸造固化的其他方面可参阅Flemings, Merton C. 1974. 'The solidification of castings', *Scientific American*, Dec. 1974, 231.6: 88–95.

们可以在二维断面中观察到树状珠光体（从剩下的在1147℃以上所形成的树状奥氏体而来）。图一八三与图一八五（附表4.3）是另外两个亚共晶白口铸铁的微观结构图，这些器物的含碳量明显更接近于共晶成分，因此所看到的树状珠光体数量要少得多。

最后让我们来看一看过**共晶成分**（hypereutectic composition）的铁碳合金，即含碳量高于4.3%的情况。当冷却穿过液相线（线CD）时，渗碳体会从熔化物中析出，但不是以树状形态而是以微小的片状形态。这可以从图一七五、图一七八、图一八七（附表4.8）中观察到。

白口铸铁的使用存在一个特殊的难题，即铸造十分困难。白口铸铁固化的收缩率大约在4%—5.5%，并且液态铁还十分容易产生气体，这两个因素会导致铸造中出现缩孔（shrinkage cavities）以及气孔（gas holes），例如图一七四、图一八一及图一九八，3—5中可以看到。此外，不论是固化时的收缩还是铸件在固态下冷却至室温时的收缩都会对铸件产生压力，而白口铸铁的脆性会因为这一压力而产生裂纹（如图一八六中所示）。

缩孔与气孔在一定程度上减少了铸件的强度，但通常这个幅度是可以接受的，不能因为这些裂纹就说它们并不适合使用。图一八六中的器套，虽然是从一堆碎片中所发现的，但缺乏其在使用环境中的数据，因而无法对其实用性做进一步的判断。

图一七四　兴隆铁范的横截面

（采自《战国两汉铁器的金相学考查初步报告》，《考古学报》1960年第1期，图版二，1）

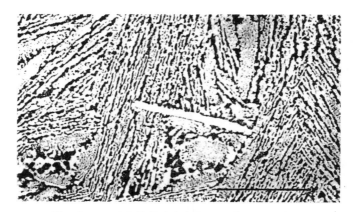

图一七五　兴隆铁范的金相组织，腐蚀后，X125

（详见附表4.1。采自《中国古代的冶铁技术》，《金属学报》1966年第1期，图版二，4）

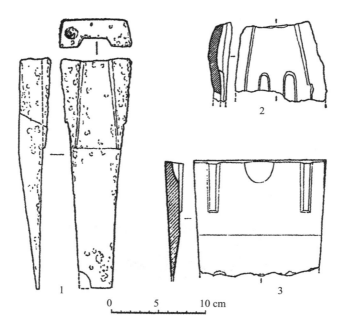

图一七六　满城窦绾墓出土铁范

1：锸范；2：外范残件；3：锄范

（采自《满城汉墓发掘报告》，文物出版社，1980年，第280—283页，图版一九八，1、3、4）

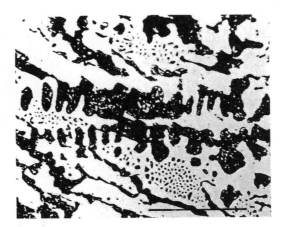

图一七七　窦绾墓出土铁外范残件的金相组
织，腐蚀后，X250

（《满城汉墓发掘报告》，文物出版社，
1980年，第371页，图版二五三，2）

图一七八　窦绾墓出土铁锄内范的金相组
织，腐蚀后，X400

（详见附表4.1，样本8。《满城汉墓发掘报
告》，文物出版社，1980年，第280、388页，图
版二六一，2）

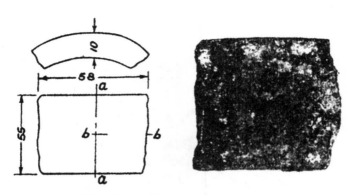

图一七九　辽宁辽阳三道壕出土铁车辖

（采自《战国两汉铁器的金相学考查初步报告》，《考古学报》1960年第1期，第76页，图版二，6）

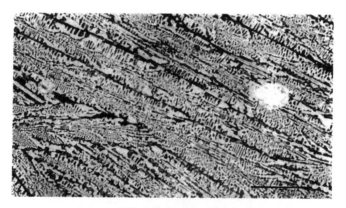

图一八〇　三道壕出土铁车辖的金相组织，腐蚀后，X320

（详见附表4.2。采自《战国两汉铁器的金相学考查初步报告》，《考古学报》1960年第1期，图版三，1）

图一八一　三道壕铁车辖断面方向性结晶

（采自《战国两汉铁器的金相学考查初步报告》，《考古学报》1960年第1期，图版二，7）

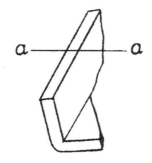

图一八二　三道壕出土铁锣及取样示意图

（采自《战国两汉铁器的金相学考查初步报告》，《考古学报》1960年第1期，第77页，图版二，8）

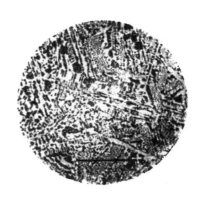

图一八三　三道壕出土铁锸的金相组织，腐蚀后，X320

（详见附表4.3。采自《战国两汉铁器的金相学考查初步报告》，《考古学报》1960年第1期，图版三，2）

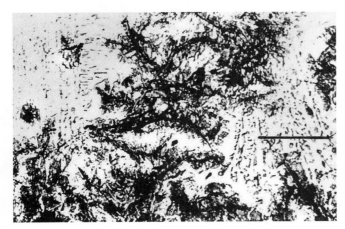

图一八四　刘胜墓出土铁锸（1:4333）的金相组织，腐蚀后，X160

（采自《满城汉墓发掘报告》，文物出版社，1980年，第111、370页，图版二五二，6）

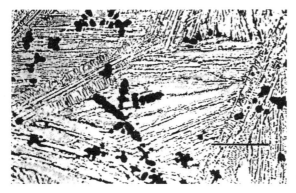

图一八五　刘胜墓出土铁锸
（1:4306）的金相组织，腐蚀后，X160
　（采自《满城汉墓发掘报告》，文物
出版社，1980年，第111、370页，图版
二五三，1）

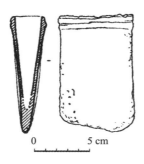

图一八六　窦绾墓出土铁锸
　（采自《满城汉墓发掘报告》，
文物出版社，1980年，第280—281
页，图版一九七，1）

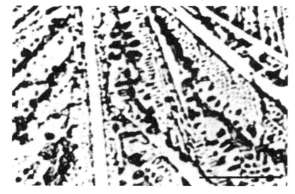

图一八七　窦绾墓出土铁锸的金
相组织，腐蚀后，X400
　（详见附表4.1，样本7。采自
《满城汉墓发掘报告》，文物出版
社，1980年，第280、388页，图版
二六一，1）

4.2.5 灰口铸铁

灰口铸铁是现代工业中使用最为广泛的铸铁。其低廉的成本、卓越的铸造性能以及尚佳的品质使其成为各种应用范围的首选材料。在现代工业中，灰口铸铁中一般含有大约2%的硅。而根据附表4.1中的分析结果来看，中国古代灰口铸铁器物中的硅含量十分低[①]，在铸造时，如此低的硅含量通常会使铸件固化为白口铸铁件。若要使这种铸铁固化为灰口铸铁需要精细的工艺来保证其在模具中的冷却速度极其缓慢，这可能就是中国古代很少使用灰口铸铁的原因。图一九一、图一九二以及附表4.5中是我所知的全部中国古代灰口铸铁器物的金相检测结果：一件器套、一件不知名器以及三件铸铁模具的残片。其中渑池县出土的铧范是最有意思的一件，我们也有它的化学成分分析（附表4.1，标本30）。它的碳含量及硅含量仅为2.31%与0.21%[②]，但仍然固化成了灰口铸铁（见附表4.5）。这件器物可能是在一个预先加热过的巨大陶范中铸造的，所以冷却的速度非常慢[③]。

那么，让我们来看看灰口铸铁微观结构以及它们的由来。以一件硅含量极低（或许0.2%）的铁为例，碳含量为3.5%，它的相图应该近似于图一七〇（理论上的零硅含量）。当温度高于1250℃时为液态。在冷却过程中，当温度到达约1250℃的液相线时，树状奥氏体开始形成。当温度正好在1153℃以上时，此时的铁由大约34%的含碳量2.03%的奥氏体以及大约66%的含碳量4.25%的液态铁组成。当温度低于1153℃而高于1147℃时，石墨开始形成，但还不足以形成渗碳体。如果铁长时间

[①] 其中一件标本（样品17）的硅含量为2.35%。除此之外，剩余的54件标本的平均硅含量为0.17%。最高的四件硅含量分别为0.69%、0.53%、0.42%以及0.38%（样品32、42、13、21），其余的50件硅含量全部低于0.30%。

[②] 北京钢铁学院金属材料系中心化验室：《河南渑池窖藏铁器检验报告》，《文物》1976年第8期，第54页。

[③] 在1884年 *Chemical news* 的记载中，今广东省惠阳区一带，有使用这种工艺制造铁镬（woks）的记载。将巨大的陶范在特殊的炉灶中进行加热，直到变为亮红色或白热阶段，然后灌入铁水，再将炉灶封闭起来经过大约两天时间的冷却。尽管我们没有这种铁的化学成分分析，但可以推测出这种铁要么是低硅要么是高硫，所以才能仅在缓慢冷却的条件下获得灰口结构。从其流铁沟可以被锯开来看，所固化的铸件一定是灰口铸铁，如果白口铸铁的话是做不到的。

维持在这个温度间，液态铁将会转化为固态结构，由约98%的含碳量2.03%的奥氏体与约2%（按重量计，如按体积计大约占7%）的石墨（含碳量100%）。这种情况下所形成石墨的最常见形态如图一九五中所示，当然也可能形成一些其他形态。在1153℃至738℃的缓慢冷却过程中，更多的石墨从奥氏体中析出，当温度正好在738℃以上时，此时的铁由约97%的含碳量0.69%的奥氏体与约3%的石墨（按体积计为10%）组成。温度在738℃至723℃之间，奥氏体可以转化为铁素体与石墨。当温度正好低于723℃时，残留的奥氏体将转化为珠光体（铁素体与渗碳体）。在余下的冷却中，直至到达室温都不会有其他明显的变化。

图一九一至一九四中所示为灰口铸铁的典型微观结构（经打磨抛光与侵蚀后）。其中的黑色条纹为片状石墨，这里看到的是其二维断面，图一九五中为通过一系列二维断面所推测出的三维结构图。片状石墨所嵌入的基体为珠光体（图一九一至一九二）与铁素体（图一九三至一九四），其中珠光体铸件可能在模具中的固化速度较快。珠光体基体的硬度要强于铁素体基体，但珠光体灰口铸铁的强度并不一定会优于铁素体灰口铸铁，其强度取决于片状石墨的数量。

当白热的铁水灌进模具时，瞬间的加热会对模具产生极大的压力，这跟沸水会使玻璃杯炸裂是一个道理。而且在冷却之后，可能还需要强烈地敲击模具来取出铸件。所以模的弹性与延展性是首要的，而不是高强度或硬度。在已发表铁范的金相检测结果中，有白口铸铁（附表4.1—4.2、图一七六至一七七）也有珠光体灰口铸铁（图一九一至一九二），还有一些铁素体灰口铸铁（附表4.5）。其中铁素体灰口铸铁铁范看起来效果最好，事实上要获得这种结构十分麻烦，这也表明了中国古代铸工们通过实践已经很好地掌握了冷却速率对铸件品质的影响。似乎从没见过使用韧性铸铁来制作模具的，这可能是由于铸造过程中对于模具各部件的贴合性要求十分的高，而韧性铸铁在退火过程中容易弯曲的原因。

图一八八与图一九〇所示为麻口铸铁的微观结构，这种结构是当温度在共晶温度附近（1153℃与1147℃）时，石墨与渗碳体同时形成，而后冷却所得。虽然很少会以这种铸铁作为首选材料，但在许多应用中它也是一种可以接受的材料。这些器物也许是固化速率的掌控尚未熟练的一些例子。

石墨的形状对于灰口铸铁的品质有着相当大的影响。一般来说，圆形要优于尖形。20世纪，进行了大量的研究以期提高灰口铸件中石墨的形状，但这些皆非中国古代所使用的工艺，所以在这里没有必要多提，只有一点需要说明，在20世纪40年代末，英国伯明翰的亨顿·莫勒（Henton Morrogh）开发出了一种高级的灰口铸铁。在灰口铸铁中加入镁和铈，可以使铸铁中的碳呈微小的球状石墨（graphite spheroids，或spherulites）形态固化[1]，这是所能达到的最圆形态，其品质当然十分卓越。作为一种优秀的灰口铸铁，它的运用十分广泛，一般称其为球墨铸铁。这种球状石墨在中国古代一些韧性铸铁件中也有发现，许多人认为它是球墨铸铁的原型[2]。对于这种结构是如何产生的，在当时引起了相当地关注（见4.3.7节）并且至今都还保有几分神秘，但有一点可以确定：它不是由附加镁或铈而产生的，因此肯定与莫勒的发明无关。也没有证据表明这种铸件的品质要优于中国古代其他韧性铸铁件，因为铸件的强度与韧性不仅仅取决于石墨的形态而与其他很多因素都有关系。并且，也没有证据可以表明中国古代铸工在铸造时会优先生产这种结构的铸铁。

前文中我们提到了白口铸铁在固化时会遇到的收缩问题。从灰口铸铁中所析出的石墨，其比重要比铁低很多，从而弥补了这种收缩。这也是为什么灰口铸铁是普通工业金属中最易铸造的材料的原因之一。在现代社会，灰口铸铁的高硅含量意味着熔化过程中更少的气体析出，因此气孔问题的影响也要小很多，当然这个因素不适用于中国古代的低硅铸铁。

① Morrogh, H. & Williams, W. J. 1948. 'The production of nodular graphite structures in cast iron', *Journal of the Iron and Steel Institute*（London）158:306–322。
② Guan Hongye（关洪野）& Hua Jueming（华觉明）1983. 'Research on Han Wei spheroidal-graphite cast iron', *Foundry trade journal international* **5**.17:89–94. Abridged version, *Foundry trade journal* 1983, 15: 352。另可参阅Parkes, L. R. 1983. 'S.–g. iron or not S.–g. iron?', *Foundry trade journal*, 27 Oct. 1983, 第391–392页。Comment on Guan Hongye & Hua Jueming 1983, repr. from *The metallurgist and materials technologist*, Oct. 1983。

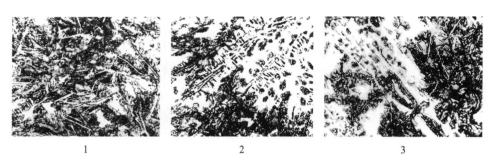

1   2   3

图一八八　窦绾墓出土铁犁铧的金相组织

1—2：左后部；3：尖部

（详见附表4.4。采自《满城汉墓发掘报告》，文物出版社，1980年，图版二五二，1—3）

图一八九　刘胜墓陪葬车马上的铁车锏

（采自《满城汉墓发掘报告》，文物出版社，1980年，第182页，图版一二三，1）

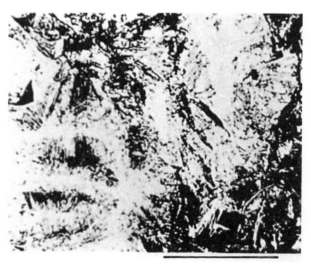

图一九○　刘胜墓出土铁车锏的金相组织，腐蚀后，X250

（采自《满城汉墓发掘报告》，文物出版社，1980年，第182、371、375页，图版二五三，4）

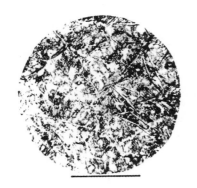

图一九一　窦绾墓出土铁锄内范的金相组织，腐蚀后，X250

（采自《满城汉墓发掘报告》，文物出版社，1980年，第280、371页，图版二五三，3）

图一九二　南阳瓦房庄汉代冶铁遗址出土铁器的金相组织，腐蚀后，X250

（采自《中国封建社会前期钢铁冶炼技术发展的探讨》，《考古学报》1975年第2期，第6页，图版二，9）

图一九三　河南渑池出土镢范（365号）的金相组织，腐蚀后，X100

（详见附表4.5。采自《河南渑池窖藏铁器的检验报告》，《文物》1976年第8期，第54页）

图一九四　河南渑池出土铧范（420号）的金相组织，腐蚀后，X100

（详见附表4.5。采自《河南渑池窖藏铁器的检验报告》，《文物》1976年第8期，第54页）

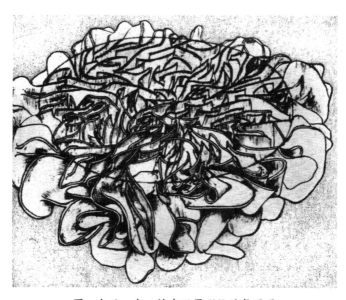

图一九五　灰口铁中石墨形状的复原图
［采自Bunin, K. P.; Malinochka, Ya N.; & Fedorova, S. A. 'On
the structure of the austenite–graphite eutectic in grey iron', *BCIRA
translations*, no. 7117（British Cast Iron Research Association,
Birmingham）. Orig. Liteinoe proizvodstvo, 1953, 4.9: 25ff］

4.3 韧性铸铁

如前文所述，白口铸铁件在高温下进行持续数日的退火（热处理），可以显著地提高其性能。有两种区别很大的工艺可以达到这个效果：固态脱碳（decarburization）和石墨化（graphitization）。

如果在退火过程中，炉内为轻微的氧化气氛，铁表面的碳便会被烧掉。而在数日的退火过程中，铸件中所有的或绝大部分的碳会扩散到铸件表面并被烧掉，最后留下一个脱碳的铁铸件，其碳含量相当于钢铁甚至是熟铁。

另一方面，还可以通过对铁进行石墨化，即铁中的渗碳体（Fe_3C）可以分解为石墨并析出（$Fe_3C \rightarrow 3Fe + C$）。从此工艺中析出的微小石墨粒往往比灰口铸铁中的片状石墨形状更圆，因此石墨化的白口铸铁要比灰口铸铁的韧性大得多。

在现代工业中，几乎所有的韧性铸铁都是通过石墨化的方式进行热处理的。而现代以前，通常会同时使用两种工艺。如果对铸件主要进行的是脱碳热处理，得到的产品便被称为白心韧性铸铁（whiteheart malleable cast iron）；如果主要进行的为石墨化处理，得到的产品便被称为黑心韧性铸铁（blackheart malleable cast iron），各因其断面的颜色而得名。

4.3.1 退火工艺

曾经，生产韧性铸铁时对铸件所使用的热处理通常是这样的[①]：铸件连同填充材料一起被封闭进铸铁、钢铁或陶质的退火罐（箱）。填充材料可以是像沙或碎炉渣等化学中性材料，其唯一目的在于为铸件提供力学上的支持，以免铸件在高温下发生弯曲或下垂；也可以是氧化材料，如氧化铁，以保证在退火罐中制造轻微的氧

---

① 在许多早期的记叙中，比较有意思的有：Strickland, — 1826. 'On softening cast iron', *The Franklin journal and mechanics' magazine*（Philadelphia），2.3:184–185；Terhune, R. H. 1873. 'Malleable cast–iron', *Transactions of the American Institute of Mining Engineers* 1871/73, 1:233–236 + discussion pp. 236–239；Rott, Carl 1881. 'Die Fabrikation des schmiedbaren und Tempergusses', *Der praktische Maschinen–Constructeur: Zeitschrift für Maschinenund Mühlenbauer, Ingenieure und Fabrikanten*, **40**.18:344–346；**40**.19:366–368 + Tafel 71, 76；James, Charles 1900. 'On the annealing of white cast iron', *Journal of the Franklin Institute*（Philadelphia），**150**.3:227–235；Akerlind, G. A. 1907. 'Manufacture of malleable iron', *The foundry*, May 1907, 154–158；Erbreich, Friedrich 1915. 'Der schmiedbare Guss', *SE* **35**.21:549–553 + Tafel 8；**35**.25:652–658；**35**.30:773–781 + Tafel 10；Turner, Thomas 1918. 'Malleable cast iron', *Journal of the West of Scotland Iron and Steel Institute*, 1917/18, **25**:285–307 + illustrations；Touceda, Enrique 1922. 'Making malleable castings', *The foundry*, 15 July 1922, 588–593；1 Aug., 622–626；15 Aug., 676–680；Schwartz, H. A. 1922. *American malleable cast iron*. Cleveland, Ohio: Penton；Guédras, M. 1927–28. 'La fonte malléable', *La revue de fonderie moderne*, 25 mars 1927, 30–32；10 avr., 58–61；25 juin, 185–190；25 juillet, 210–213；25 sept., 375–376；10 nov., 443–447；10 janv. 1928, 7–14；25 janv., 27–29；Schüz, E. & Stotz, R. 1930. *Der Temperguss: Ein Handbuch für den Praktiker und Studierenden*. Berlin: Springer；Rehder, J. E. 1945. 'Annealing malleable iron', *Canadian metals and metallurgical industries*, June 1945, **8**.6:29–34。

化气氛，从而使铸件脱碳。成吨的铸件被放进退火罐中，再将这些退火罐堆进一个大型的退火炉中，这种退火炉通常以便宜的煤或煤气为燃料。

在很早以前人们就认识到这种重型罐子以及填充材料既耗人力又耗燃料，如果能不用这些罐子，那必定是很大的节约。Charles James 描述了一种让铸件直接接触炉内燃烧气体的退火处理，尽管所得的铸件由于表面氧化会有一定程度的剥落，但方法应该是有效的①。然而在实践中，不使用退火罐的退火处理是很少的，直到第二次世界大战，德国与英国分别开发出气态法②。使用气体为燃料可以更好地控制炉内气氛，可以按需要精确调整为中性或氧化气氛，并且可以更好地掌控温度，从而更好地解决了铸件在高温下容易弯曲的问题。从一份美国铸造厂的调查报告来看③，气态法大大地节约了时间与燃料。那些仍然使用退火罐的铸造厂的退火时间在68—201小时，而使用气态法的退火时间为12—52小时。

资料表明，在中国古代至少有两种不同的方法可以对铸件进行退火处理：一种是将铸件与铁矿石一起放在一个大型的反射炉内（reverberatory furnace）；一种是像陶窑一样，不添加其他材料直接将铸件放在炉内。当然，也可能还使用过更多的方法。例如J.J. Rein所描述的一种日本传统的对茶壶铸件的脱碳方法，是通过将铸

---

① James, Charles 1900. 'On the annealing of white cast iron', *Journal of the Franklin Institute*（Philadelphia），**150**.3:227–235。

② 参阅1906年的*Journal of the Iron and Steel Institute*（London）；McMillan, W. D. 1938. 'Production of short cycle malleable iron', *Transactions of the American Foundrymen's Society* 46: 697–712；McMillan, W. D. 1950. 'Furnace atmosphere for malleable annealing', *Transactions of the American Foundrymen's Society* 58: 365–375；Hancock, P. F. 1946. 'Gaseous annealing of whiteheart malleable castings', *Foundry trade journal*, 80: 309–316（28 Nov. 1946）；Hancock, P. F. 1954. 'Annealing of malleable iron: Recent developments in industrial heat-treatment practice', *Iron and coal trades review,* 20 Aug. 1954, 459–465；Schulte, Fritz 1949. 'Annealing of whiteheart malleable castings: some aspects of the gaseous process'（Research report no. 244），*British Cast Iron Research Association, Journal of research and development*, 3: 177–199。Bernstein描述中是使用的类似的工艺，但使用的是电炉（Bernstein, Jeffrey 1954. 'Modern production of whiteheart malleable iron', *Foundry trade journal* 97: 169–178。）

③ Hernandez, Abelardo 1967. 'Analysis of survey on heat treatment practices used for annealing ferritic malleable castings', *Transactions of the American Foundrymen's Society* 75: 605–610。

件埋入燃烧的木炭来进行脱碳退火的[①]。在英国，韧性铸铁铁钉的制作，有时就是将铸铁铁钉在红热状态下从模具中取出，再吹风冷却，铁内的碳及部分铁本身的燃烧可以将其维持在必要的温度[②]。

4.3.2 石墨化退火处理：黑心韧性铸铁

回到图一七〇的铁碳合金相图，将某一含碳量3.5%的白口铸铁样本加热到950℃，保持一小段时间后（少于半小时）会达到亚稳定均衡状态。此时的铁由约60%含碳量1.4%的奥氏体与约40%含碳量6.7%的渗碳体组成。在高温下，亚稳定的铁-渗碳体系统不如在室温下稳定，渗碳体可以分解为铁与石墨（$Fe_3C \rightarrow 3Fe + C$）。在此过程中所析出的石墨为颗粒状，形态与灰口铸铁中的片状石墨有很大差异。图一九七、图一九九，1—2、图二〇一、图二〇三、图二〇四、图二〇六、图二〇七、图二〇九、图二一一、图二一四、图二一六与图二一七是一些可供参考的实例。受许多因素的影响尤其是合金中硅、硫等元素的含量，稳定的铁-石墨系统要达到均衡可能需要数小时乃至数日之久。硅会加速石墨化的进程，而硫则会使其减缓。

在950℃下稳定平衡的铁由约98%的含碳量约1.4%的奥氏体与约2%的石墨（含

---

① Rein, J. J. 1886. *Japan nach Reisen und Studien: Im Auftrage der Königlich Preussischen Regierung dargestellt*. Vol. 2: *Landund Forstwirtschaft, Industrie und Handel*. Leipzig: Wilhelm Engelmann，第518–520页。英文翻译版为Rein, J. J. 1889. *The industries of Japan: Together with an account of its agriculture, forestry, arts, and commerce*. London: Hodder and Stoughton。C.S. Smith引用了Joseph Priestley在1786年所描述的一些类似的工艺，Priestley认为伯明翰的铸铁铁钉是在木炭中进行退火处理的，而Smith认为是Priestley弄错了，这些钉子实际上是在氧化铁中进行退火的 [Smith, Cyril Stanley 1968. *Sources for the history of the science of steel 1532–1786*.（*Society for the History of Technology monograph series*, no. 4）. Cambridge, Mass.: M. I. T. Press，第268–270页]。

② Phillips, R. 1837. 'Action of cold air in maintaining heat', by R. P., *Philosophical magazine*, 3rd ser., 11: 407；Needham, Joseph 1958. *The development of iron and steel technology in China*（Second Dickinson Memorial Lecture to the Newcomen Society, 1956）. London: The Newcomen Society，第39–40页。这也可以解释Epstein所观察到的微观结构 [Epstein, S. M. 1981. 'A coffin nail from the slave cemetery at Catoctin, Maryland', *MASCA Journal*（Museum Applied Science Center for Archaeology, Philadelphia），**1**.7:208–210]。

碳100%）组成。在样本缓慢冷却至接近738℃以上时，奥氏体内碳的溶解性降低（见图一七〇中线S'E'），因此会析出更多的石墨，现存的石墨颗粒会变得更大。在正好738℃以上时，此时的铁由约97%的含碳量0.69%的奥氏体与约3%的石墨组成。当温度在738℃与723℃之间时，剩余的奥氏体可以转化为铁素体与石墨，得到一个由铁素体基体中的石墨颗粒组成的微观结构（如图一九七，1）所示。如果这个温度范围中的冷却速度对于更多石墨的析出而言太快的话，那么当温度降到723℃以下时，奥氏体会转化为珠光体，所得到的微观结构会由珠光体基体中的石墨颗粒或是珠光体加铁素体组成（如图一九七，4）。还有一种可能的微观结构呈牛眼状，如图二一七所示，每一个石墨颗粒都被一个环状的铁素体包围，但由于冷却速度太快而无法使全部的奥氏体转化为铁素体加石墨。

更重要的是，白口铸铁退火所得的这些石墨结构的形状要比片状石墨圆得多。相较于片状石墨而言，这种石墨对于铁本身品质的改善更大，所以黑心韧性铸铁的抗张强度要远胜于灰口铸铁。

对铸工而言，石墨析出的速度与所形成的形状是最重要的问题。析出的速度决定了退火的成本，而石墨的形状决定了产品的质量。为解决这两个问题，需要在实践中投入巨大的努力。虽然有大量使用最低成本生产优质韧性铸件的实践方法，但理论上的认识仍十分落后[①]。已知的经验数据可能对了解中国古代铸件的微观结构有所帮助，但在脑海中要记住这些数据是关于现代合金的。与现代合金相比，中国

---

① 有关这个问题，更详细的调查可参阅Wagner, Donald B. 1989 'Toward the reconstruction of ancient Chinese techniques for the production of malleable cast iron', *East Asian Institute occasional papers*（University of Copenhagen），4:3–72，第20–29页。我所知道的最好的调查报告有Kikuta, Tario 1926. 'On the malleable cast–iron and the mechanism of its graphitization', *Science reports of the Tohoku Imperial University*, 15:115–155 + plates 1–12；Boegehold, A. L. 1938. 'Factors influencing annealing malleable iron', *Transactions of the American Foundrymen's Association* 46:449–490；Morrogh, H. 1955. 'Graphite formation in grey cast irons and related alloys', *B.C.I.R.A. Journal of research and development*（British Cast Iron Research Association），5:655–673；Wieser, P. F.（et al.）1967. *Mechanism of graphite formation in iron–carbon–silicon alloys*. Cleveland, Ohio: Malleable Founders Society。Cura展示了绝大多数现代韧性铸铁制品的微观结构（Cura, R. 1969. 'Microstructure standards for malleable iron – parts I–II', *The British foundryman*, Jan. 1969, 第25–38页；Feb., 第41–53页）。

古代铸件的碳含量与磷含量较高，锰与硫的含量较低，硅含量则更低，这些差异十分重要。中国古代铸铁制品的硅含量通常都低于0.5%，但只有极少数研究涉及的铸铁硅含量是低于1%的，而以硅含量低于0.5%的铸铁为研究对象的则几乎没有[1]。要想更好地了解中国古代铸件的微观结构，需要对大量类似中国古代合金的样品进行实验研究。在我1989年的文章中记录了一些按此方向进行的实验工作[2]，而在4.3.6-7节中还将涉及一些尚未准备好发表的进一步实验工作。

所析出的微小石墨颗粒，按照形态的不同可分为以下三类：

球粒状。与第二种情况不同，特别是在正交偏光镜（crossed nicols）下，可观测到这种球粒状石墨呈放射状结构。如图二〇六、图二〇七与图二一一。

紧密聚合状。如图一九七，4与图二〇一。

四散聚合状或巢穴状。如图二一六与图二一七。

总而言之，在其他因素相同的情况下，球粒状石墨的铸铁品质最佳，然后是紧密聚合状，最后是四散聚合状或巢穴状。但无论哪一种，在一般应用中都要优于灰口铸铁或白口铸铁。

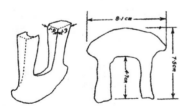 

图一九六　长沙出土凹形器套及其示意图
（采自《中国古代的冶铁技术》，《金属学报》1966年第9期，图版二，3）

---

[1]　关于这一点，更详细的讨论参阅Wagner, Donald B. 1989 'Toward the reconstruction of ancient Chinese techniques for the production of malleable cast iron', *East Asian Institute occasional papers*（University of Copenhagen），4:3–72，第28–29页。

[2]　Wagner, Donald B. 1989 'Toward the reconstruction of ancient Chinese techniques for the production of malleable cast iron', *East Asian Institute occasional papers*（University of Copenhagen），4:3–72。

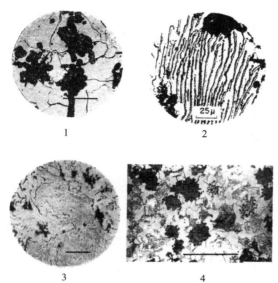

1

2

25μ

3

4

图一九七　长沙出土战国铁铲（凹形器套）的金相组织

（1—3：X550，X320，X400，采自《战国两汉铁器的金相学考查初步报告》，《考古学报》1960年第1期，图版二，3—5；4：X100，采自《中国冶铸史论集》，文物出版社，1986年，图版3.5。详见附表4.6）

1

2

3

4

5

图一九八　薛城出土西汉铁斧（空心）

1：铁斧外形；2：断面情况；3：B—C断面；4：B—C断面上的缩孔；5：A提切面

（采自《战国两汉铁器的金相学考查初步报告》，《考古学报》1960年第1期，图版四，1—5）

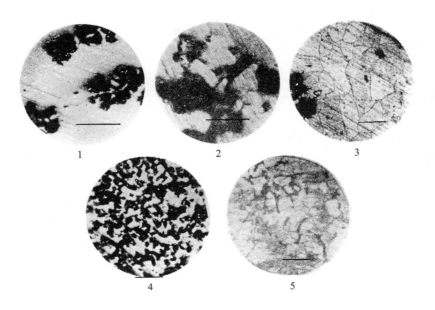

图一九九 薛城出土西汉铁斧（空心）的金相组织

1—2：腐蚀后，X320；3：腐蚀后，X200；4：苦味酸钠碱液中煮沸十
分钟，X200；5：腐蚀后，X200

（详见附表4.7。采自《战国两汉铁器的金相学考查初步报告》，《考古
学报》1960年第1期，图版五，1—5）

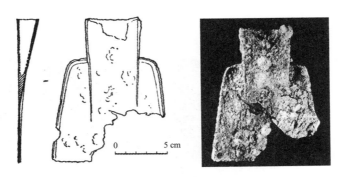

图二〇〇窦绾墓出土铁铲（2:001）

（采自《满城汉墓发掘报告》，文物出版社，1980年，
第280—281页，图版一九六，3）

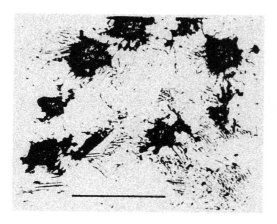

图二〇一　窦绾墓出土铁铲的金相组织，腐蚀后，X250

（采自《满城汉墓发掘报告》，文物出版社，1980年，第370页，图版二五二，4）

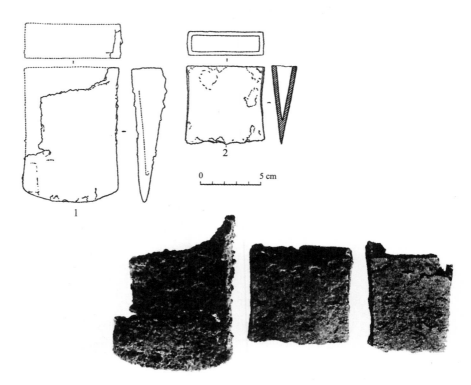

图二〇二　刘胜墓出土的3件铁镢

（采自《满城汉墓发掘报告》，文物出版社，1980年，第111—112页，图版七二，1）

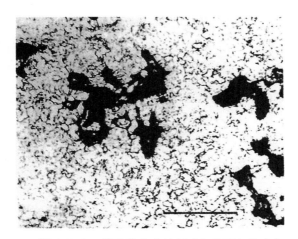

图二〇三　刘胜墓出土铁镢（1:4397）的金相组织，腐蚀后，X200

（采自《满城汉墓发掘报告》，文物出版社，1980年，第370页，图版二五二，2）

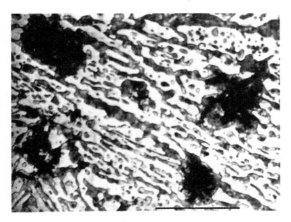

图二〇四　南阳瓦房庄汉代冶铁遗址出土东汉铁锛的金相组织，腐蚀后，X250

（采自《中国封建社会前期钢铁冶炼技术发展的探讨》，《考古学报》1975年第2期，第6页，图版一，6）

图二○五　渑池窖藏出土Ⅱ式斧
（编号257，照片由关洪野博士提供）

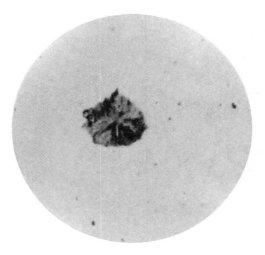

图二○六　渑池窖藏出土Ⅱ式斧（编号
257）的金相组织一

（详见附表4.8。采自《河南渑池窖藏铁
器检验报告》，《文物》1976年第8期，图版
四，5）

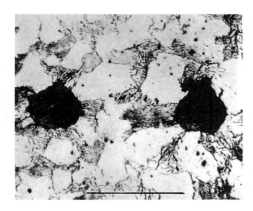

图二〇七　渑池窖藏出土Ⅱ式斧（编号257）的金相组织二

（详见附表4.8。采自《中国封建社会前期钢铁冶炼技术发展的探讨》，《考古学报》，1975年第2期，图版六，36）

图二〇八　洛阳出土战国初期铁铲

（采自《中国冶金史论文集》，北京钢铁学院，1986年，图版八，2:1）

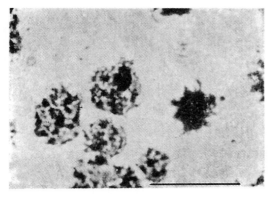

图二〇九　洛阳出土战国初期铁铲的金相组织，腐蚀前，X120

（详见附表4.9。采自《河南汉代冶铁技术初探》，《考古学报》1978年第1期，图版二，1）

图二一〇　巩县铁生沟出土铁锣

（采自《两千年前有球状石墨的铸铁》，《广东机械》1980年第2期，第35页；又见《河南汉代冶铁技术初探》，《考古学报》1978年第1期，图版二，2）

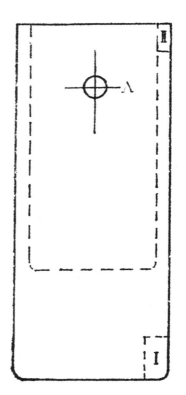
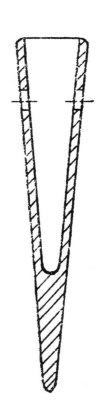

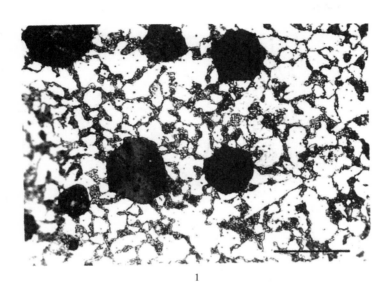

1

2

图二一一　铁生沟出土铁锣的金相组织

（1：腐蚀后，X420，采自《河南汉代冶铁技术初探》，《考古学报》1978年第1期，图版二；2：腐蚀前，关洪野博士供图）

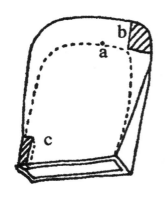
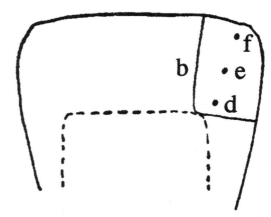

图二一二　铜绿山出土铁斧取样部位示意图

a：化学分析；b、c：金相样；d、e、f：金相样分析碳

（采自《铜绿山古矿井遗址出土铁制及铜制工具的初步鉴定》，《文物》
1975年第2期，第25页）

图二一三　铜绿山出土铁斧銎部边缘金相
组织，腐蚀后，X100

（详见附表4.10。采自《铜绿山古矿井遗址
出土铁制及铜制工具的初步鉴定》，《文物》
1975年第2期，第25页）

图二一四　铜绿山出土铁斧銎部中心金
相组织，腐蚀后，X100

（详见附表4.10。采自《铜绿山古矿井
遗址出土铁制及铜制工具的初步鉴定》，
《文物》1975年第2期，第25页）

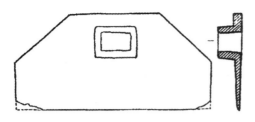

图二一五　河北易县燕下都出土的六边形锄

（采自《河北易县燕下都44号墓发掘报告》，《考古》1975年第4期，第233页，图版四，9）

图二一六　河北易县燕下都出土六边形锄的金相组织，腐蚀后，X120

（详见附表4.11。采自《中国封建社会前期钢铁冶炼技术发展的探讨》，《考古学报》1975年第2期，图版一，4）

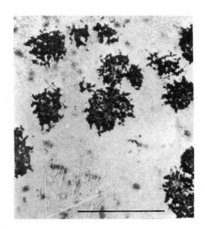

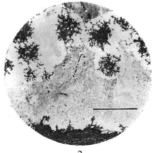

2

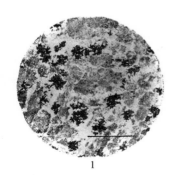

1

图二一七　南阳瓦房庄汉代冶铁遗址出土铁镬的金相组织，腐蚀后，X100

（采自《汉魏高强度铸铁的探讨》，《自然科学史研究》1982年第1期，图版二，4）

4.3.3 孙廷烈开拓性的研究

孙廷烈在1956年发表的文章中，首次对正式发掘出土的铁器进行了金相学研究[1]。他从辉县出土的铁器中挑选了6件似为铸铁件的器物进行了检测，检测结果令人大为震惊。从所得结构中特殊组织分布的不均匀性来看，孙廷烈推测这些物件不是熔化冶炼制造而是固态还原冶炼的结果。孙廷烈认为铸铁件必须是均匀结构，但他并没有考虑到这些古代铸件在铸造后可能还经过了退火处理。他假设他在铁带钩样品中所看到的颗粒状石墨为氧化铁夹渣（图二一九，1），但图二一九，2中大量的渗碳体却让他难以做出解释。经过一系列冗长的实验，他将这些渗碳体假定为，由铁矿中某些微量元素所产生的，在室温下保留下来的奥氏体。最后，他提出了一套非常复杂的复原方法作为器物成型的推测，但这些器物看上去明显就是通过铸造得到的[2]。

孙廷烈的报告很快就被其他学者进行了修正[3]，并且进一步的研究清楚地显示出，中国古代绝大多数工具制作更喜欢使用韧性铸铁。有几个原因使得孙廷烈的报告比较难以使用：一是其打磨抛光的技术比较欠缺，二是所使用的显微照片十分模糊，并且他所关注的微观结构是一些比较次要的方面。在本研究中，我将只参考他报告中的其中一件器物，即图二一八中的铁带钩[4]。这是极少数做过金相学研究的中国古代铁制装饰品之一，根据实验结果显示该铁带钩为韧性铸铁件。

标本侵蚀后的微观照片中的黑点（图二一九，1）毫无疑问是颗粒状石墨。但由于打磨抛光方法的不足，使得柔软的石墨被弄得模糊不清，所以无法观察到其细

---

[1]　孙廷烈：《辉县出土的几件铁器底金相学考察》，《考古学报》1956年第2期。

[2]　William Watson详细描述了这一复原的尝试（Watson, William 1971. *Cultural frontiers in ancient East Asia*. Edinburgh: at the University Press，第83~84页）。

[3]　杨宽引用了林寿晋与周则岳的出版物，不过我没能看到林、周的原书（杨宽：《中国土法冶铁炼钢技术发展简史》，人民出版社，1960年，第31—32页）。

[4]　关于带钩，参阅前文4.7节。

节①。图二一九，2中的基体明显是莱氏体，其中的大片黑色区域应该是被过度腐蚀的珠光体所包围的颗粒状石墨。这些具体细节告诉我们，该铁带钩无疑是白口铸铁经过退火处理而得。其退火的理由大概是想将表面软化，从而使之可以用于雕刻与镶嵌。因此，我们大概可以推测这件铁带钩在退火过程中使用的是氧化气氛，而带钩表面被脱碳为纯铁（铁素体）。但遗憾的是，孙廷烈并没有给出带钩表面附近的显微照片。其实在打磨金相标本的时候，特别是当标本内部为渗碳体（十分坚硬）而外部为纯铁（十分柔软）时，很难避免会将标本边缘磨圆的情况（这算是我和许多其他学者的经验之谈）。而如果边缘被磨圆了的话，就不能正确的对焦，显微照片所能为我们提供的信息就更少了。

图二一八　辉县固围村出土铁带钩示意图
（采自《辉县出土的几件铁器底金相学考察》，
《考古学报》1956年第2期，第126页）

---

① 在所有早期韧性铸铁件的金相学研究中，都存在这种把石墨弄模糊的情况。例如，在Schwartz的书中，这种情况随处可见（Schwartz, H. A. 1922. *American malleable cast iron*. Cleveland, Ohio: Penton）。H. Morrogh似乎是第一个掌握可以显示颗粒状石墨具体形状的打磨方法的人［Morrogh, H. 1941. 'The polishing of cast-iron micro-specimens and the metallography of graphite flakes'; 'The metallography of inclusions in cast irons and pig irons'; discussion. *Journal of the Iron and Steel Institute*（London）1941 no. 1, pp.195-205, 207-253, 254-286 + plates XXXVIII – XLVII, XLVIIA, XLVIIB］。

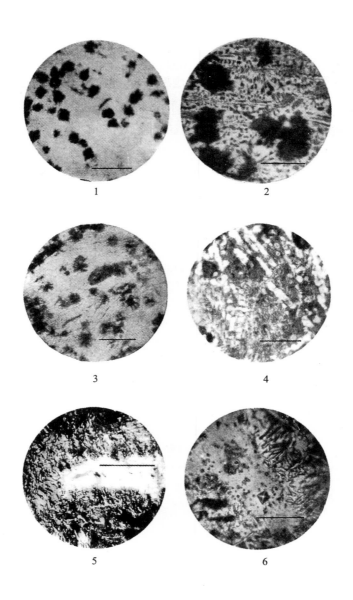

图二一九　辉县固围村出土铁带钩的金相组织

1：腐蚀前，X88；2：腐蚀后，X387；3：腐蚀后，X86；4：腐蚀后，X383；5：腐蚀后，X120；6：腐蚀后，X410

（采自《辉县出土的几件铁器底金相学考察》，《考古学报》1956年第2期，第140页，图版四，1—6）

4.3.4 脱碳退火处理：白心韧性铸铁

炉内或退火罐内的气氛是氧化气氛还是还原气氛主要取决于温度与一氧化碳和二氧化碳的含量（假设古代的情况为不含其他诸如氢气等一些化学活性气体）。图二二〇显示了一些相关化学反应的平衡条件，其中横轴为温度，纵轴为在炉内或退火罐内气氛中二氧化碳与一氧化碳的分压比率（分压比率可以简单地理解为体积比例）。在对白口铸铁件进行退火时，如果炉内气氛与温度处于线C上的某一点，或刚好在线C以下而在线D往右时，铁表面的碳将会被燃烧掉，且碳含量在铁表面的平衡将接近于零。随着铁表面的碳含量减少，铸件内部的碳将会向表面扩散，然后同样地被燃烧掉。当处于线C以上的任意位置时，铁本身也会被燃烧掉，这当然不是我们所希望的。在使用气态法获得白心韧性铸铁时，二氧化碳与一氧化碳的比例是可以进行测量（或从火焰颜色进行估计）并按照需求做出调整的。而早期使用封闭退火罐的方法时，铸件被连同氧化铁（通常为赤铁矿或其他一些含大量三氧化二铁的物质[①]）一起放进罐中。将用过与没用过的填料混合使用是十分重要的，比例为一份没用过的填料与三至五份用过的填料。退火罐中产生的化学反应为：在退火的最初几分钟，所有的氧气会与铁铸件中的碳起反应，从而得到一氧化碳（CO）。之后，三氧化二铁与一氧化碳反应生成四氧化三铁与二氧化碳（$3Fe_2O_3 + CO \rightarrow 2Fe_3O_4 + CO_2$）；铁里面的碳与二氧化碳反应生成一氧化碳（$C + CO_2 \rightarrow 2CO$）。换言之，一氧化碳与氧化铁反应，生成二氧化碳，所生成的二氧化碳又将铁中的碳氧化，从而还原为一氧化碳，进而又可以与氧化铁发生反应。当处于线A与线D之间的某处时，退火罐中的气氛达到平衡（图二二〇），为上述两种反应提供平衡条件。这个点无法计算，因为它取决于相对的反应速度，但就在这一区间中。通过实践证明，使用新旧混合的填料可以使气氛接近线C，也就是可

---

① Rott, Carl 1881. 'Die Fabrikation des schmiedbaren und Tempergusses', *Der praktische Maschinen-Constructeur: Zeitschrift für Maschinenund Mühlenbauer, Ingenieure und Fabrikanten*, **40**.18: 344–346; 40.19: 366–368 + Tafel 71, 76，第346页；Guédras, M. 1927. 'La fonte malléable', *La revue de fonderie moderne*, 10 nov. 1927, 443–447，第447页；Giessereipraxis 1938年。

以使铸件脱碳但不会使其燃烧的气氛。推测至少有两种因素可达到这个结果：要么已使用过的氧化铁中含有大量的四氧化三铁；要么该氧化铁的活跃性不如未使用过的氧化铁，使得前文所述的第一个反应进行得更缓慢。

在退火过程中，碳含量的扩散分布情况如图二二一与图二二二中所示。如果退火温度在910℃以上则如图二二一所示，实例可参考附表4.12，所述为河北省石家庄市市庄村出土的器套，其核心为莱氏体，表面为珠光体加铁素体，碳含量由内至外逐渐减少至几乎为零。而如果退火温度在723℃与910℃之间，碳含量分布则如图二二二中所示。在现代白心韧性铸铁的退火中，绝不会使用这样的低温。在附表4.13中铜绿山遗址出土的六边形锄样本中可以看到这样的结构。其核心部分为莱氏体，表面为1毫米厚的铁素体，中间夹有一层0.2毫米厚的珠光体，铁素体颗粒呈柱状形态表明它们在退火过程中是向内生长的。

理论上讲，铁素体层与珠光体层中间必然会有一条明显的分界（如图二二七与图二二二中的x1），因为扩散过程无法在Cα1与Cγ1（分别为该温度下铁素体的最大含碳量与奥氏体的最小含碳量，见图二二三）之间产生碳含量值。而核心中的莱氏体与珠光体层间的明显分界，虽然并不是理论上的必然情况（因为莱氏体是一个双相组织），但实际上经常可以观察到（见图二二五，6、图二二七与图二三〇）。

如果退火的效果仅为脱碳而没有石墨化，那么有时候是可以对退火的温度与时间做一个粗略的计算的。如果器物是平的而不是圆的，且假定在理想状态下，退火温度始终保持不变，炉内气氛正好使铁表面的含碳量为零，并且铁的燃烧量也为零，那么铁素体层与珠光体层的厚度公式为（参考图二二一与图二二二）：

$$p_\alpha = K_\alpha \sqrt{t}$$
$$p_\gamma = K_\gamma \sqrt{t}$$

其中K_a与K_y为退火温度与初始碳含量函数。计算所得K_a和K_y所代表的温度范围如图二二四中所示[1]。如果仍有莱氏体残留于核心内，那么退火温度则可以通过估算珠光体层的最大含碳量来进行估算（相当于图二二一至二二三中的C_r2）。如果器物表面未被腐蚀，那么仍可使用以上方程中的铁素体层与珠光体层的厚度（p_a与p_r）来对退火温度进行估算。

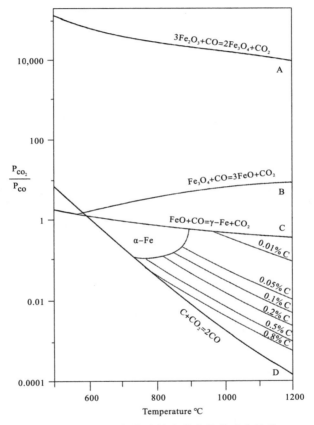

图二二〇　钢铁冶炼中特定化学反应的平衡条件

① 方程的推导过程与$K\alpha$和$K\gamma$的计算方法请参阅Wagner, Donald B. 1989 'Toward the reconstruction of ancient Chinese techniques for the production of malleable cast iron', *East Asian Institute occasional papers*（University of Copenhagen），4:3–72，第53–64页。

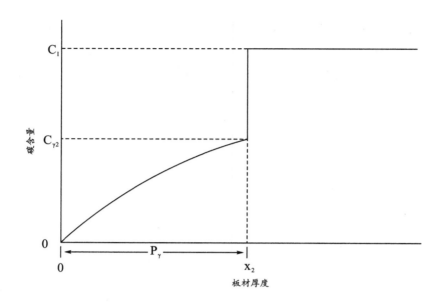

图二二一　白心可锻铸铁在910℃—1147℃退火时碳含量在板材中穿透度的变化

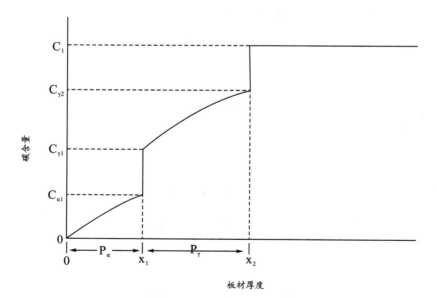

图二二二　白心可锻铸铁在723℃—910℃退火时碳含量在板材中穿透度的变化

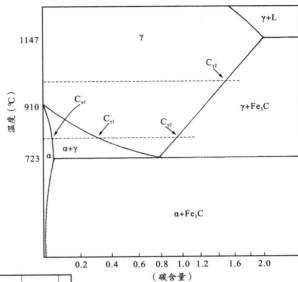

图二二三　铁碳合金相图左下部

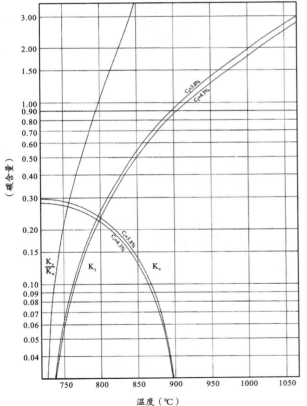

图二二四　退火温度与初始碳含量的函数关系

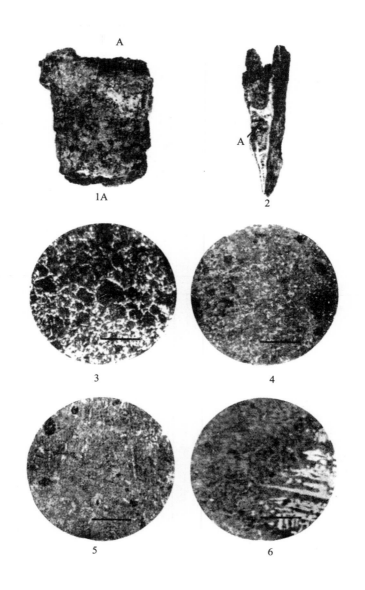

图二二五　河北石家庄战国铁斧及其金相组织

1：铁斧平面；2：铁斧断面；3：外层，腐蚀后，X250；4—5：中层，腐蚀后，X250；6：内层，腐蚀后，X250

（详见附表4.12。采自《战国两汉铁器的金相学考查初步报告》，《考古学报》1960年第1期，第78页）

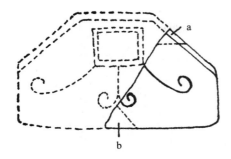

图二二六　铜绿山出土六角铁锄残片取样部位

（采自《铜绿山古矿井遗址出土铁制及铜制工具的初步鉴定》，《文物》1975年第2期，第25页）

图二二七　铜绿山出土六角铁锄残片的金相组织，腐蚀后，X40

（详见附表4.13。采自《铜绿山古矿井遗址出土铁制及铜制工具的初步鉴定》，《文物》1975年第2期，第25页）

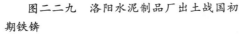

图二二八　铜绿山出土六角铁锄残片的金相组织，腐蚀后，X100

（详见附表4.13。采自《铜绿山古矿井遗址出土铁制及铜制工具的初步鉴定》，《文物》1975年第2期，第25页）

图二二九　洛阳水泥制品厂出土战国初期铁锛

（采自《中国封建社会前期钢铁冶炼技术发展的探讨》，《考古学报》1975年第2期，图版一，1）

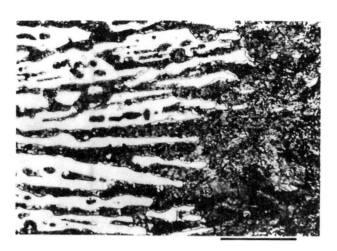

图二三〇　洛阳水泥制品厂出土战国初期铁锛的金相组织，腐蚀后，X200

（详见附表4.14。采自《中国封建社会前期钢铁冶炼技术发展的探讨》，《考古学报》1975年第2期，图版一，2）

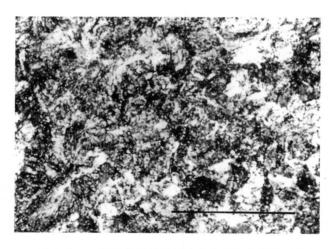

图二三一　洛阳水泥制品厂出土战国初期铁锛的金相组织，腐蚀后，X160

（详见附表4.14。采自《中国封建社会前期钢铁冶炼技术发展的探讨》，《考古学报》1975年第2期，图版一，3）

图二三二　河南渑池窖藏出土铁斧

1：Ⅰ式斧共33件；2：Ⅱ式斧共401件

（采自《渑池县发现的古代窖藏铁器》，《文物》1976年第8期，第48页）

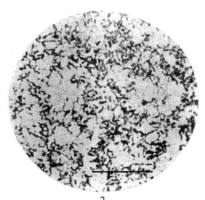

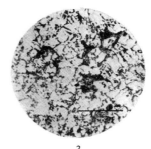

图二三三　渑池窖藏出土Ⅰ式斧（471号）的金相组织，腐蚀后，X100

1：刃部；2：中心；3：根部

（详见附表4.15。采自《河南渑池窖藏铁器检验报告》，《文物》1976年第8期，第55页）

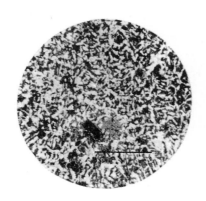

图二三四　渑池窖藏出土铁镰的金相组织，腐蚀后，X100

（详见附表4.16。采自《河南渑池窖藏铁器检验报告》，《文物》1976年第8期，图版四，2）

图二三五　武安午汲古城出土残铁犁

1：平面情况；2—3：断面情况

（详见附表4.17。采自《战国两汉铁器的金相学考查初步报告》，《考古学报》1960年第1期，图版六，3—5）

4.3.5 退火后处理（post-anneal treatments）

在附表4.15与表七（样品3和6）的金相检测分析中指出，样品在退火后进行过冷加工（cold-worked）。这种退火后处理，可以是将退火过程中发生弯曲的铸件弄直，也可以是将所铸工具的刃部进行硬化加工（见前文3.2节）。

还有一种退火后处理，是通过进行渗碳来增加器物表面的碳含量。附表4.15—4.16中指出，其中的镰与斧就是使用的这种后期处理。因此，我们可以将某些工具制作的完整工序总结为：首先，以白口铸铁进行铸造；然后，在氧化铁中进行退火，去掉绝大部分的碳；最后，在木炭中退火（渗碳），使铸件表面重获一定量的碳。

不过，对铸件表面的渗碳并不需要一个单独的步骤。因为在脱碳退火之后，在炉子的冷却过程中，通常炉内会处于一个渗碳气氛而不是脱碳气氛（见图二二〇）。在退火过程中，温度与一氧化碳和二氧化碳比例间的关系大概在线D右边与线C附近。当退火完成时，温度大约移至线D的左边，而一氧化碳和二氧化碳比例并不会很快改变。在余下的不稳定气氛下，会发生$2CO \rightarrow CO_2 + C$的反应。这个反应可能在烟灰的沉淀或是铁的渗碳过程中发生。在实践中，烟灰的沉淀十分缓慢，所以铁的渗碳在这里是最重要的反应。我在许多19世纪欧洲的白心韧性铸铁件中都曾观察到一个表面渗碳的薄层，这种现象在一些较老的技术文献中也有所提及[1]。

附表4.15中提到了几件在脱碳以后渗碳以前经过了冷锻的铁斧，但原文中并没对该结论阐明其依据。我估计作者是因为铸件中较小的奥氏体晶体而推断这些部位是经过了冷锻的。如果这个结论是正确的，则说明这些铁斧表面的渗碳确是一种单独的处理，而非我之前所提出的，是脱碳退火过程中的附带效应。

---

[1] 如 *Giessereipraxis* 1938, **59**.23/24:226–229 'Glühund Packmittel für Temperguss'，第227页。

表七　河南郑州附近出土铸铁件的金相研究统计表

编号		名称	出土地点	金相组织	硫印分析	检验结果	时代
1	古460	"王小"铁铲	古荥阳	表面球化较好的球光体；含碳0.3%—0.4%，中心为莱氏体	-	铸铁脱碳钢	北齐时期（公元550—577）
2	东554	剪刀	东史马	[见第6章6.14]	-	铸铁脱碳钢	公元2—3世纪
3	东317	铁镰	东史马	铁素体和珠光体，晶粒度5级左右，晶粒形变经锻打，但锻温度较低，含碳0.2%—0.3%	无硫	铸铁脱碳钢	公元2—3世纪
4	桐343	"官□"铁斧	桐树	珠光体，片间较细，部分碳化物球化，晶界有网状铁素体，夹杂物少见，含碳均匀约0.7%—0.8%	无硫	铸铁脱碳钢	公元2—5世纪
5	桐349	铁凿	桐树	珠光体细粒状，晶粒度5—6级，晶界有少量铁素体，夹杂物少见，经锻打加工，含碳约0.7%	无硫	铸铁脱碳钢	公元2—5世纪

续表七

	编号	名称	出土地点	金相组织	硫印分析	检验结果	时代
6	桐338	两股器	桐树	铁素体和珠光体，晶粒度4—5级，夹杂物较少，锻打加工，含碳约0.3%—0.4%	无硫	铸铁脱碳钢	公元2—5世纪
7	王382	铁齿轮	王湾	珠光体和铁素体，珠光体面积约占20%—30%，含碳0.3%—0.4%	无硫	铸铁脱碳钢	公元2—3世纪
8	王385	铁刀	王湾	菊花状和团絮状石墨，平均直径10—20微米，15颗/10倍基体为粒状珠光体	无硫	展性铸铁	公元2—3世纪

（采自《郑州近年发现的窖藏铜、铁器》，《考古学集刊·第一集》1981年第1期）

4.3.6 表面石墨化处理

当一件硅含量很低的白口铸铁样品，在中性或还原气氛下脱碳后，其表面结构通常如图二三六所示（我的实验样品）。这里的表面为一层5至10微米厚的铁，其下是一层25至50微米厚的石墨层。大量的石墨核子在铁表层之下形成了一个平面。在退火过程中，碳从铁中很深的地方向这些核子扩散，从而形成石墨层。在石墨层之下是一片脱碳区域，类似铁在氧化气氛中退火一样①。

一些中国古代白心韧性铸铁件上看似脱碳处理的表面区域，实际上可能就是经过这种表面石墨化的处理。真正的石墨外皮在使用中应该会迅速地被磨掉，或是腐蚀掉。有一种办法可以进行区别，即在脱碳处理的样品中，原始的莱氏体层与珠光体层之间有一条十分明显的界限（图二二一与图二二二中x2；图二二五，6、图二二七与图二三〇），且在珠光体层中不见大量的渗碳体。在表面石墨化处理的样品中，看不到明显的界限，且珠光体层中通常含有大量的渗碳体（如图二三六所示）②。从显微照片的文字描述来看，河北省武安县午汲村出土的犁（附表4.17）就是经过表面石墨化处理的。

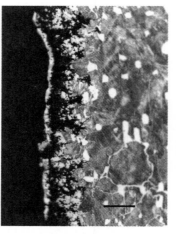

图二三六　白口铸铁样品在
长时间退火后形成的石墨化表面
（1000℃中性气氛下退火六天）

①　Bernstein［Bernstein, J. 1948. 'The annealing of cast iron in hydrogen', *Journal of the Iron and Steel Institute*（London），May 1948，第11–15页，图3–5］、Dawson与Smith［Dawson, J. V. & Smith, L. W. L. 1956. 'Pinholing in cast iron and its relationship to the hydrogen pick-up from the sand mould', *B.C.I.R.A. journal of research and development*（British Cast Iron Research Association），**6**: 226–248，第227页］也观察到了这一现象，但在其他铸造类文献中看到的不多。
②　我不是很清楚为什么中间会有这样的差别，其原因可能同渗碳体的扩散和分解间的复杂关系有关。

4.3.7 球状回火石墨

在4.2.5节中我们了解到在一些中国古代韧性铸铁件中发现有球状石墨。这种结构是如何得到的呢？虽然有不少相关的研究发表[1]，但仍未有一种确切的说法能被大家广泛接受。

现代韧性铸铁的研究结果指出，高硫与低锰白口韧性铸铁在退火处理中所析出的石墨都接近于球状[2]。这种球状并不是中国古代铸件中常见的那种完美的球状（如图二〇六、图二〇七与图二一一），并且那些古代铸件也没有这么高的含硫量。

不论是古代还是现代合金，看起来都找不到球状石墨形成的理论解释。只是从经验上知道这一现象，并能再现制作。早期的理论解释涉及石墨晶格中的择优生长

---

[1] 李蜀庆、钱翰城、李京华：《关于汉代铁器中球状石墨和基体组织成因的研究》，《重庆大学学报》1983年。

[2] Morrogh, H. & Williams, W. J. 1948. 'The production of nodular graphite structures in cast iron', *Journal of the Iron and Steel Institute*（London）158:306–322，第306页；Hultgren, Axel & Östberg, Gustaf 1954. 'Structural changes during annealing of white cast irons of high S:Mn ratios: Including the formation of spherulitic and non–spherulitic graphite and changes in sulphide inclusions', *Journal of the Iron and Steel Institute*（London），176:351–365；Hillert, M. & Lindblom, Y. 1954. 'The growth of nodular graphite', *JISI* 176: 388–390 + plate. Discussion, 1954, 178:153–161；Rote, F. B.; Chojnowski, E. F.; & Bryce, J. T. 1956. 'Malleable base spheroidal iron', *Transactions of the American Foundrymen's Society* 64:197–208；Stein, E. M.（et al.）1970. 'Effects of variations in Mn and S contents and Mn–S ratio on graphite–nodule structure and annealability of malleable–base iron', *Transactions of the American Foundrymen's Society* 78:435–442。我在Wagner, Donald B. 1989 'Toward the reconstruction of ancient Chinese techniques for the production of malleable cast iron', *East Asian Institute occasional papers*（University of Copenhagen），4:3–72，第22–23、27、50–51页也做了讨论。

方向，但随后又被实践研究结果所推翻[1]。

如果要提升对铸铁中石墨形态学的理解，则需要学习分形几何学。关于这个难懂的新数学分支，可以读一下Leonard M. Sander的文章[2]，比较通俗易懂。他对扩散限制凝聚（diffusion-limited aggregation）做了研究。对于这个现象，铸铁中的石墨化是一个非常好的例子。越四散的石墨颗粒（如图二一六与图二一七）越接近分形形态。笼统地讲，Sander的研究结果似乎指出任何扩散限制凝聚都将导致分形形态，且如果凝聚速度慢，则这个形态会更紧凑；如果凝聚速度快，则形态会更四散。有可能球状石墨就是紧凑分形形态的极限情况。在许多年前我们就知道，石墨化的速度与黑心韧性铸铁中石墨的最终形态有着直接的关系。Loper与Takizawa通过大量实验结果为我们展示了不考虑其他变量的情况下，石墨增长速度与其形态间的关系[3]。

① Keverian, Jack; Taylor, Howard F.; & Wulff, John 1953. 'Experiments on spherulite formation in cast iron', *American foundryman*, 23: 85–91；大出卓、大平五郎：《純粹系白鑄鐵の黒鉛化における，燒純黒鉛の球狀化》，《鑄物》1970年第四十二卷第5期，第394—404页；Hunter, M. J. & Chadwick, G. A. 1972. 'Structure of spheroidal graphite', *Journal of the Iron and Steel Institute*（London），Feb. 1972, 117–123；Hunter, M. J. & Chadwick, G. A. 1972. 'Nucleation and growth of spheroidal graphite alloys', *Journal of the Iron and Steel Institute*（London），Sept. 1972, 707–717；Johnson, W. C.; Kovacs, B. V.; & Clum, J. A. 1974. 'Interfacial chemistry in magnesium modified nodular iron', *Scripta metallurgica*, 8: 1309–1316；Zhao Bofan & Langer, E. W. 1984. 'The mechanism of interaction of Pb, Bi and Ce in ductile iron', *Scandinavian journal of metallurgy* 13: 15–22；Zhao Bofan & Langer, E. W. 1984. 'The mechanism of interaction of Mg, Sb and Ce in ductile iron', *Scandinavian journal of metallurgy* 13: 23–32；Il'inskii, V. A.（et al.）1986. 'Certain laws of geometric thermodynamics of the graphitization of white cast irons', Metal science and heat treatment, 1986: 415–419. Tr. from *Metallovedenie i termicheskaya obrabotka metallov*, 1986, no. 6, 26–29. 进一步地讨论可参阅Wagner, Donald B. 1989 'Toward the reconstruction of ancient Chinese techniques for the production of malleable cast iron', *East Asian Institute occasional papers*（University of Copenhagen），4: 3–72，第23页。
② Sander, Leonard M. 1987. 'Fractal growth', *Scientific American*（New York），Jan. 1987, 256: 82–88。
③ Loper, C. R. & Takizawa, N. 1965. 'Spheroidal graphite development in white cast irons', *Transactions of the American Foundrymen's Society* 72: 520–528。

我在研究中国古代韧性铸铁中球状石墨的问题时，为中国古代铸铁器预设了三个特征：其一，它们的硅含量十分低；其二，它们通常是在铸铁模具中铸造；其三，它们的厚度通常都很薄，大约2至3毫米。然后，我在中国古代合金范围内，在钢铁模具中铸造一系列厚度不同且化学成分不同的板材，并使用不同方法进行退火处理。整个实验还没有全部完成，但一些显要结果可以在此先说明一下。如图二三七中为薄铁板与厚铁板中所形成的石墨颗粒，两块铁板的合金成分与使用的退火处理完全相同。其中，薄铁板中的颗粒明显要比厚铁板中的更紧密，在打磨抛光标本表面后的光学显微照片中可以观察到（薄：图二三七，左上；厚：右上），在标本经过深度腐蚀后的扫描电子显微照片中可以看得更加清楚（薄：图二三七，左下；厚：右下）。要想理清这个问题还需要开展更多的研究工作，但这些实验结果本身充分说明铸件厚度是决定石墨形态的一项重要参数之一。在我开始这项研究工作时，我原以为厚度之所以会产生影响，一定与铸件最初在模具中的固化速度有关，因为薄铸件的固化速度要比厚铸件快[1]。但根据之前的实验研究显示，不管固化的情况如何，铸件厚度都会影响到黑心韧性铸铁的石墨化程度[2]，进而或也影响到石墨的形态。

---

[1] Wagner, Donald B. 1989 'Toward the reconstruction of ancient Chinese techniques for the production of malleable cast iron', *East Asian Institute occasional papers*（University of Copenhagen），4: 3–72，第50–51页。

[2] Schneidewind, Richard; Reese, D.J.; & Tang, A. 1947. 'Graphitization of white cast iron: Effect of section size and annealing temperature', *Transactions of the American Foundrymen's Association* 55: 252–259；Piaskowski, J. 1964. 'Effects of test bar diameter on the kinetics of first-stage graphitization of white cast iron', *Journal of the Iron and Steel Institute*（London），Jan. 1964, 22–27。

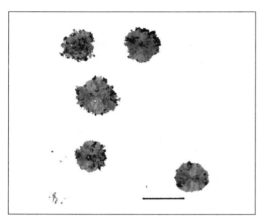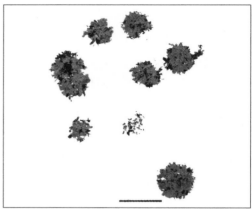

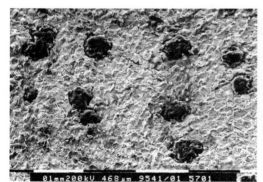

图二三七　石墨颗粒在不同厚度的相同样品中形态的区别

图二三八　渑池窖藏出土铁铧（197号）的金相组织，腐蚀后，X100

（详见附表4.18。采自《河南渑池窖藏铁器检验报告》，《文物》1976年第8期，图版四，4）

图二三九　刘胜墓出土Ⅲ型铁镞（1:4382）

（采自《满城汉墓发掘报告》上册，文物出版社，1980年，第109—111页、图版七〇，2）

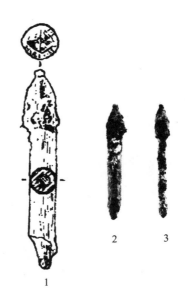

1

2　3

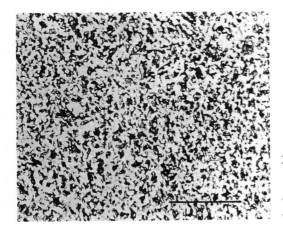

图二四〇　刘胜墓出土Ⅲ型铁镞（1：4382a）的金相组织，腐蚀后，X200

（详见附表4.19。采自《满城汉墓发掘报告》下册，文物出版社，1980年，图版二五四，1）

图二四一　刘胜墓出土Ⅲ型铁镞（1:4382b）的金相组织，腐蚀后，X200

（详见附表4.19。采自《满城汉墓发掘报告》下册，文物出版社，1980年，图版二五四，2）

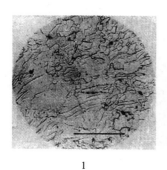

1

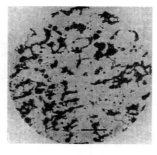

2

图二四二　刘胜墓出土Ⅲ型铁镞（1:4382c）的金相组织

1：C-1横截面，腐蚀后，X200；2：C-2竖截面，腐蚀后，X500；3：C-3竖截面夹杂物，腐蚀前，X110

（详见附表4.19。采自《满城汉墓出土铁镞的金相鉴定》，《考古》1981年第1期，第78页）

3

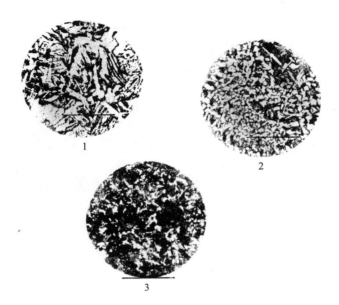

图二四三　刘胜墓出土Ⅲ型铁镞（1:4382c）的金相组织，腐蚀后，X500

　　　1：C-3铤部横截面；2：C-4横截面中心部位；3：C-5竖截面

（详见附表4.19。采自《满城汉墓出土铁镞的金相鉴定》，《考古》1981年第1期，图版一二，4—6）

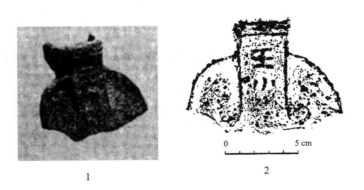

图二四四　河南郑州古荥镇附近出土铁铲

（采自《郑州近年发现的窖藏铜、铁器》，《考古学集刊》1981年第1期，第177、179页）

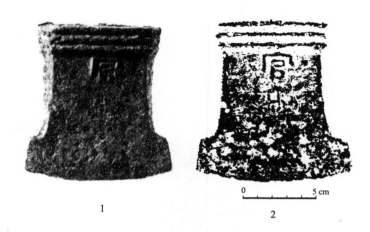

1   2

图二四五　河南郑州桐树村窖藏出土铁斧
（采自《郑州近年发现的窖藏铜、铁器》，《考古
学集刊》1981年第1期，第179页，图版三二，7）

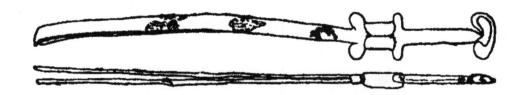

图二四六　郑州桐树村窖藏出土两股器
（采自《郑州近年发现的窖藏铜、铁器》，《考古学集刊》1981
年第1期，第180、183页）

附 表

本表为作者第三、四章中所参考引用的金相研究材料原文，为方便对照以3、4作为序号编排：

3.1 河北易县燕下都44号墓出土铁剑的金相研究

北京钢铁学院压力加工专业：《易县燕下都44号墓葬铁器金相考察初步报告》，《考古》1975年第4期，第241页。

"铁件带有铜剑首残部。铁部长697毫米，在距端部125毫米处沿刃部切取10毫米见方试样进行观察。样品全部为退火铁素体组织，仅沿晶粒间界有少量渗碳体（Fe_3C），不见有珠光体，含碳量估计在0.05%左右。铁中有很多5—10微米圆形或稍微延长的氧化铁（FeO）夹杂，和大块的沿剑伸长的氧化铁（吴氏体，FeO）和铁橄榄石（$2FeO \cdot SiO_2$）共晶夹杂物。根据金相判断，剑系用铁矿石在固态下经木炭还原（即块炼法）得到的海绵铁锻造而成。"

3.2 湖北大冶铜绿山出土铁耙的金相研究

大冶钢厂、冶军:《铜绿山古矿井遗址出土铁制及铜制工具的初步鉴定》,
《文物》1975年第2期,第19页。

"铁耙为一锻件。耙头似勺状,宽12、高10厘米。柄长50厘米。柄断面扁方,
近头部1.5×3、近尾部1×2厘米……表面轻微锈蚀。

化学成分:(取样部位a、b见图一一五,1)

部位	元素含量（%·）							
	C	Mn	Si	P	S	Cr	Ni	Cu
a点	0.10	0.06	0.10	0.113	0.004	0.01	0.02	0.01
b点	0.10							

金相观察:

试样抛光后,肉眼即见大量夹渣沿加工方向分布。夹杂物的形态和数量表现出
"固体还原法"生产的特征如图一一五,2。

进一步对夹杂物做金相定性:

夹杂类型	明场	暗场	偏光	夹杂名称
深灰色	深灰	透明	弱异性	$MnO \cdot S_iO_2$
浅灰色	浅灰	黑色不透明	同性	Fe_3O_4
灰黑色	灰黑	透明	异性	$FeO \cdot SiO_2$

"夹杂物都是硅酸盐及铁的氧化物。试样侵蚀后,组织很不均匀,大部分为
碳在0.15%—0.20%的亚共析组织(如图一一五,3)。试样上分布有很宽的贫碳条
带,几乎全是铁素体,而局部高碳处含碳达0.6%左右。"

3.3 河北满城刘胜墓出土铁戟的金相研究

中国社会科学院考古研究所、河北省文物管理处：《满城汉墓发掘报告》，文物出版社，1980年，第373、374、389页。

"戟（1：5023）已经锈蚀成数段，取援部进行金相和电子显微镜观察。钢戟的断面上看到有高碳和低碳的分层现象，但碳含量较均匀，分层不显著。戟表面为经渗碳的高碳区，其显微组织大部分为屈氏体，有极少数铁素体和无碳贝氏体，含碳量在0.6%以上（图一一七，1）。用电子显微镜观察到屈氏体和少量铁素体（图一一七，2）。在刃部向心部过渡区观察到索氏体、铁素体的针状的无碳贝氏体（图一一七，3）。其中电子显微组织见图一一七，4。心部的电子显微镜组织见图一一七，5。其索氏体中渗碳体片较粗较长，而表层的屈氏体中渗碳体呈粒状或短棒状，而且较细小，这是表面冷却速度较心部为大所造成的。由于锈蚀严重，在刃部表层没有观察到淬火马氏体组织，但从刃部和过渡区观察到无碳贝氏体。在这样细小晶粒情况下，只有较快的冷却速度才能得到这种组织。它与佩剑和错金刀的显微组织非常相似，所以我们初步判断钢戟是经过淬火热处理，不过援部的刃部薄层淬火马氏体组织已经锈蚀。"

发掘报告还引用了清华大学铸工教研组的简明报告，其关注的是样品戟的其他部分，如下：

"铁戟（1：5023）
中碳钢：含碳0.3%—0.4%
处理：长期退火
显微组织：铁素体加珠光体（部分珠光体为粒状）（图一一七，6）"

3.4 河北易县燕下都 44 号墓出土残铁剑的金相研究

北京钢铁学院压力加工专业：《易县燕下都44号墓葬铁器金相考察初步报告》，《考古》1975年第4期，第241—242页；李众：《中国封建社会前期钢铁冶炼技术发展的探讨》，《考古学报》1975年第2期，第10页。

"M44：100残剑约长160毫米，为剑端部，在断头切取全截面试样。两剑组织基本相同，由含碳分别为0.5%—0.6%及0.15%—0.2%的高碳层和低碳层多层相间组成，各层有宽有窄，分界有时明显，有时有较厚过渡层。钢件曾经加热至900℃以上淬火；在刃部，高碳部分为马氏体，局部有少量细珠光体（即所谓索氏体），……中低碳部分为带有铁素体的细珠光体。在心部，由于冷却速度快，马氏体组织中，细珠光体量增加，低碳部分铁素体量增加……"

"M44：100钢剑断面上高碳低碳分层如图一一八至图一二〇金相组织所示。此外，钢中含有大块的条状氧化亚铁（FeO）和铁橄榄石型硅酸铁（$2FeO \cdot SiO_2$）共晶夹杂，如图一二一，以及大量细颗粒不易变形的氧化亚铁（FeO）夹杂。这些细FeO夹杂有时伴有硅酸盐夹杂，分布不匀。根据X光荧光分析，锰含量平均为0.15%左右。但电子探针区分析表明，基体中锰分布很不均匀，有几微米大小、分布没有规律的高锰区域，含锰量在0.35%以上。磷虽然很低，亦在0.015%—0.018%之间分布不均。这些事实以及所含大夹杂物的不规则形状表明，这些材料的铁基体没有经过液态，是用较纯铁矿石直接还原而成，即系块炼铁；大夹杂物具有FeO和$2FeO \cdot SiO_2$共晶组织表明，这些夹杂物曾经处于液态，冶炼或锻造温度曾经达到共晶温度1175℃以上。铁中FeO分布不匀，当系原矿石中含铁纯度或孔隙度不匀的结果。

"……

"M44：100剑（以及其他遗物）都是用块炼铁渗碳制成的低碳钢件，碳的分布都不均匀。从图一一八至图一二〇可以看出，这把剑是用纯铁增碳后对折，然后多层叠打而成（没有固定的折叠方向，有的对折后按同样方向堆叠，有的则对接在一起），剑的断面上有十几个折弯，因表面锈蚀，总层数难以准确估计（大约由四五片经过对折的钢片叠打而成）。由于增碳后没有在高温（比如900℃以上）加热进行均匀化处理，或反复锻打，每片渗碳后表面为高碳层，中间为低碳层，对折后产生了如图一一九和图一二○的弯折。在高碳层中间常常有大块夹杂；有的可能相当于原来两片材料的界面。在弯折的地方，用电子探针测定各层的磷含量，发现低碳区及高碳区含磷量有少量差别，但是没有发现规律性变化。图一二○右侧垂直的低碳层中磷含量较附近高碳层稍低，而在弯折的低碳层中，磷含量稍高，相差均约0.01%，各层各部位的磷含量亦有类似差别。这些结果表明：（1）磷含量不均是固体还原法即块炼法造成的，在锻打后成为层状分布。（2）增碳是通过固体渗碳得到的，保持了原有的不均匀性，所以高碳层的磷有时低于低碳层的磷；由于以上两者是分别独立的过程，碳磷之间没有固定的关系。（3）当低碳层含磷较高时，由于磷提高了铁素体从奥氏体析出的温度，使碳向奥氏体里集中，使低碳高碳的分层更加明显。"

3.5 河北满城刘胜墓出土铁剑的金相研究

中国社会科学院考古研究所、河北省文物管理处：《满城汉墓发掘报告》，文物出版社，1980年，第373页。

"根据刘胜佩剑（1：5105）断面金相显微观察，可以看到佩剑心部有低碳和高碳的分层（图一二三，1）。低碳层含碳量最低约0.1%—0.2%，高碳层约0.5%—0.6%。心部的平均硬度为维氏硬度220—300公斤/毫米^2。佩剑经过表面渗碳，碳含量在0.6%以上（图一二三，2）。佩剑刃部锈蚀严重，但仍能观察到淬火马氏体组织（图一二三，3）。某些区域能观察到上贝氏体组织（图一二三，4）。刃部的硬度经测定约维氏硬度900公斤/毫米^2。由于反复加热锻打，低碳层和高碳层较薄，非金属夹杂物的尺寸较小，最大的约0.05—0.1毫米。佩剑的热处理是采用局部淬火，只有剑的刃部观察到淬火马氏体组织，某些区域发现上贝氏体，而佩剑的脊部只有珠光体加少量铁素体组织……"

3.6 河南洛阳徐美人墓出土铁刀的金相研究。只见描述，未见显微图片

李众：《中国封建社会前期钢铁冶炼技术发展的探讨》，《考古学报》1975年第2期，第14、15页。

"铁刀长约22厘米，系由含碳量在0.1%以下熟铁锻成，表面渗碳。刀经过淬火，刃端含马氏体层深约1.5毫米。有大量性质与永初刀和现代熟铁中夹杂物类似的硅酸盐，夹杂物尺寸较大，厚约40—50微米，宽度约为厚度的三至十倍，刃部尺寸略小，比永初刀中夹杂物厚十倍左右，这是未经反复锻造，加工量较小的缘故。徐氏刀的夹杂物总量也很大，截面上分布不匀，多的地方其体积占8%左右，少的地方约2%，平均3%—4%，与现代熟铁相似，而比永初刀中夹杂多三四倍以上，这是与徐氏刀基体含碳很少一致的。炒钢时已经形成的硅酸盐不能在重新增碳时减少，这一点也从徐氏刀的渗碳层中夹杂物没有变化得到证明。"

3.7 辽宁辽阳三道壕出土铁剑的金相研究

华觉明：《战国两汉铁器的金相学考查初步报告》，《考古学报》1960年第1期，第79—80页。

"长约20厘米，最宽处1.5厘米左右。在a-a处截开，如图一二五截面为扁圆形，金属组织为马氏体加少量铁素体。断面的试样抛光后，用4%硝酸酒精溶液侵蚀30秒，在放大400倍的显微镜下观察，只可看出在晶界上有少量铁素体析出，其他组织模糊一片。放大至500倍，观察到在每一个晶粒内，都有亮的马氏体针，并且每个马氏体针都有自己的方向性（图一二六）。马氏体是淬火后的组织，说明此剑是经过淬火热处理的。但是进行得并不完全，因为还有铁素体存在，可能是由于加热温度不够，铁素体还没有完全溶解，因此在快冷却之后保留了下来。"

3.8 河北满城刘胜墓出土错金刀的金相研究

中国社会科学院考古研究所、河北省文物管理处：《满城汉墓发掘报告》，文物出版社，1980年，第372、373、375页。

"根据切割所取试片的金相观察，错金刀是由低碳钢渗碳叠打而成，再经过表面渗碳，最后淬火。刀断面的显微组织中可以看到高碳和低碳分层现象（图一二八，1）。在高碳区有粗大的非金属夹杂物，这种夹杂物属于铁硅酸盐［$2FeO \cdot SiO_2$］（深黑色）和氧化铁［FeO］（颜色较浅）。刀的刃部的显微组织，表面为淬火马氏体组织，马氏体为针状或片状；往里是马氏体加屈氏体组织，根据组织，可以确定是渗碳后淬火得到的（图一二八，2）。书刀制作的工艺较复杂，我们初步认为：书刀由块炼铁锻打、渗碳后叠打成型，经过磨制，再表面渗碳，最后采用刃部局部淬火技术，使刀背没有淬火，在刀背部刻槽，将金丝嵌镶进去，组成精美的花纹图案。由金相组织可以看到只有刃部有淬火马氏体组织，心部为铁素体加珠光体组织。表层珠光体的硬度为维氏硬度570公斤/毫米^2，而刀背部表层组织为经过渗碳的珠光体组织，心部为铁素体加珠光体组织。表层珠光体的硬度为维式硬度260公斤/毫米^2，心部铁素体加珠光体的维氏硬度140公斤/毫米^2，这样刀背和刀身硬度较低，便于刻槽和嵌镶金丝……

"战国末期，使用的钢是块炼渗碳钢，即块炼法得到的海绵铁经过锻打、渗碳，并锻接而成，其锻打次数较少，钢件断面上高碳和低碳分层显著，可以看到折叠的层次。满城汉墓出土的刘胜佩剑、钢剑和错金书刀，在材质上与战国晚期并没有区别，仍为块炼渗碳钢，它们都有大块的以氧化铁为主的共晶型非金属夹杂物，如错金刀书中的共晶体夹杂物（图一二九，1）。但是西汉中期钢材的共晶夹杂物尺寸普遍减小，数量减少，有的钢件非金属夹杂物很少，这是其特点之一。第二个特点是高碳层和低碳层之间碳含量差别减小，组织比较均匀。第三个特点是断面上高碳层和低碳层的层次增多，层间厚度减薄。上述特点说明钢件是经过反复锻打的结果。由于反复折叠锻打，使高碳和低碳层的层次增多，非金属夹杂物尺寸减小，分层的厚度减薄，由于反复加热锻打，碳的扩散较为充分，断面上的组织也较均匀。这正是在向东汉时期出现的'百炼钢'逐步发展。……在增碳工艺方面，根据非金属夹杂物的电子探针分析，认为系采用固体渗碳的技术，采用生铁增碳（即灌钢）的可能性很小。刘胜佩剑、钢剑和错金书刀，其高碳层的夹杂物中都含有较多的FeO，这是渗碳后叠打时夹进去的，其中硅含量很低，而钙和磷含量较高（图一二九，2—4）。低碳层中非金属夹杂物弥散细小，其中硅含量较高而钙含量很少（附录3.13，图一四五）。来自块炼铁的低碳层夹杂物以硅酸盐为主，其中含钙很少，表明在块炼时，并未加入石灰等含钙物质。高碳层是块炼铁经过渗碳得到的，由于渗碳剂中可能使用了兽骨骨灰作为木炭的促渗剂，因而钢件表面沾有含钙和磷的骨粉，在叠打时与表面的氧化皮一起形成含FeO和钙、磷较多的大颗粒非金属夹杂物。"

3.9 河北满城窦绾墓出土铁凿的金相研究

中国社会科学院考古研究所、河北省文物管理处编：《满城汉墓发掘报告》，文物出版社，1980年，第371页。

"刃部的硬度较錾身为高，刃部边缘维氏硬度约HV=250公斤/毫米^2，刃部中心约HV=200公斤/毫米^2。经金相观察，其显微组织为铁素体加珠光体，含碳量约0.25%（图一三一）。刃部的铁素体晶粒有明显的伸长，其显微硬度也较高，说明錾在制作最后受了冷锻，变形量估计30%左右。"

3.10 湖南长沙出土汉代以前钢剑的金相研究

陈慰民，长沙铁路车站建设工程文物发掘队：《长沙新发现春秋晚期的钢剑和铁器》，《文物》1978年第10期，第44、46—47页。

"钢剑表面已氧化，剑首已残……在剑身断面上可以用放大镜看出反复锻打的层次，约七至九层。在离剑锋约3厘米处取样观察，金相鉴定为含有球状碳化物的碳钢，碳化物沿一定方向成串，基体晶粒平均直径约0.003毫米。这是含碳0.5%左右的钢，可能是经过锻造加工退火得到的；由于样品较小，其工艺还难以全面判定。"

［附件：《中南矿冶学院炼钢教研组关于本文所述出土文物的金相检验报告》（摘要）］

"从剑端取样，样品厚约1.5—2.0毫米，长宽为20×10毫米，表面已严重腐蚀，经磨样后仅在中部残存约1.5毫米长、0.2毫米宽的一条金属，其余均为腐蚀物。金相组织为含有球状碳化铁的铁素体组织，在全部残存的金属范围内，组织较均匀，铁素体晶粒平均直径约为0.003毫米。在所观察的范围内，仅发现一条（长约5—6个晶粒、宽约1—2个晶粒）的褐色氧化铁夹杂物。由碳化物的数量估计，原件可能相当于0.5%左右碳的钢经高温回火的处理状态。"

3.11 山东苍山县出土三十炼钢刀的金相研究

韩汝玢、柯俊：《中国古代的百炼钢》，《自然科学史研究》1984年第4期，第317页；李众：《中国封建社会前期钢铁冶炼技术发展的探讨》，《考古学报》1975年第2期，第14页。

"从刀的刃缘取样，刃部由组织均匀，晶体粒很细的珠光体和铁素体组成，各部分含碳均匀，估计碳含量在0.6%—0.7%之间（如图一三七，1）。刀的刃部经过淬火，虽经锈蚀，还可见少量马氏体。钢刀的夹杂物经过电子探针鉴定，是以细长的硅酸盐为主，并含有微量的钾、钛等元素。所含夹杂物数目多，细薄分散，变形量很大，分布比较均匀，大部分厚度在2.5—5微米，长度在25—40微米。除硅酸盐外，尚有少量变形较小的灰色氧化铁夹杂物。钢刀样品截面的夹杂物显示排列成行，表现有分层现象（图一三六，2）。以位于同一平面的连续或间断的夹杂物作分层的标准，由三个观察人（其中两人事先不知道检测样品为三十炼钢刀样品及检测目的）在100倍的金相显微镜下观察样品整个截面的层数，结果分别平均为31层、31层弱及25层。根据夹杂物形态分析，可以认为这把三十炼钢刀，是以含碳较高的炒钢为原料，经过反复多次加热锻打制成，刃口部分并经过了局部淬火处理。"

"这些夹杂物与西汉中叶以前刀剑中夹杂物有明显差别（见附录3.4）：永初刀中没有大块$FeO-2FeO \cdot SiO_2$共晶夹杂，而以细长硅酸盐夹杂为主，夹杂物数目多，细薄分散，变形量很大，而分布比较均匀……钢的各部分含碳量均匀，这也和以前不同……但是永初三十炼刀的夹杂物与现代熟铁却很相似，不过夹杂物数量较少，约占体积的1%，较熟铁少二三倍，夹杂物也较细，分层比较明显。

"根据夹杂物形态的分析，初步认为这把刀是用炒钢为原料反复折叠锻打而成；首先将生铁在空气中加热，利用碳的氧化升温至半熔融状态。在1200℃，含碳总量3%的铁，由约60%的含碳1.7%的奥氏体和40%含碳3.7%左右的液体组成，在空气中，搅拌首先使液体中碳氧化，随着温度升高，奥氏体中含碳量逐渐下降；铁中硅锰氧化后与氧化铁生成硅酸盐夹杂。如在半固态继续搅拌氧化则成为低碳熟铁，但也可以在不完全脱碳时停止，得到人们要求的中碳钢或高碳钢。这种钢经过反复锻打伸长，就可以得到与永初三十炼刀相似的组织。由于含碳量较高，氧化程度低，与低碳的熟铁比较，所含的夹杂物应该较小较少。"

3.12 江苏铜山出土五十炼钢剑的金相研究

韩汝玢、柯俊：《中国古代的百炼钢》，《自然科学史研究》1984年，第318、319页。

"在钢剑剑身刃口及剑柄端部分别取样。剑身样品金相组织显示为珠光体和铁素体，含碳高低不同。样品两边各1.5毫米处，高低碳层相见，各约20层。每层厚薄不同，一般为50—60微米，也有20微米的，每层的组织是均匀的，（两边似对称图一三八，1）。边部高碳区含碳0.6%—0.7%，HV=279，279，300，310；低碳区含碳约0.4%，HV=187，263，275，279。中心部分厚约2毫米，组织显示为珠光体，含碳0.7%—0.8%，组织均匀，HV=296，292。有明显亮带，宽度约30—50微米，中心部分按明暗分层约15层，亮带的HV=299，311（如图一三八，2）将金相样品用奥勃氏试剂侵蚀，以显示固溶体中的磷偏析……试验表明，样品在边部及中心部分均显示有明显的分层现象（如stead1915:173）……钢剑刃口未经淬火处理。剑身样品断面因组织与成分差异，金相观察到分层数目近60层。剑柄样品的金相组织亦为珠光体和铁素体，中心含碳约0.7%，边部因锈蚀严重，分层数目不清，最低含碳约0.4%，夹杂物形貌与剑身同，数量稍多。图一四〇是剑身样品中高碳、低碳部分的电子显微镜复型照片。图一四一，1是剑身样品中心部位用扫描电镜显示的二次电子像。图一四一，2—3是剑身样品边部高碳、低碳区用扫描电镜显示的二次电子像。五十炼钢剑以硅酸盐夹杂物为主，高碳部分夹杂物细薄分散，变形量较大；边部低碳部分夹杂物较高碳部分略多，细碎，变形程度不大。夹杂物亦排列成行，数量较三十炼钢刀（见附录3.11）略少（图一三八，3）。

"检测结果如下：

	五十炼钢剑夹杂物中出现所列元素的次数							
	镁	铝	硅	硫	钾	钙	钛	锰	铁
边部低碳区中的8块夹杂物检测了9次（含碳0.4%）	－	2	7	1	1	3	3	8	9
边部高碳区中的10块夹杂物检测了11次（含碳0.6%—0.7%）	4	11	10	－	7	11	2	－	11
中心部分的6块夹杂物检测了7次（含碳0.7%—0.8%）	－	7	7	－	7	7	5	－	7

"由北京钢铁学院金属物理教研组用S600扫描电镜能谱分析仪进行元素的定性分析。

"由上可知，边部的低碳区中的夹杂物多含锰，与高碳区及中心部分夹杂物成分有差异。可以认为，边部低碳与高碳区所用的原料不同，边部低碳的组织不是由于锻造加热过程中脱碳形成的。而中心和边部高碳区所用的原料可能是相同的。夹杂物中所含的镁、铝、硅、钾、钙等元素，是生铁炒钢过程中因接触耐火材料而带入的。钛、锰等元素是由矿石带入的。根据以上鉴定可知，五十炼钢剑是以含碳较高的炒钢为原料，把不同含碳量的原料叠在一起，经过多次加热、锻打、折叠成形而制成的。……从文中可知，'炼'代表了一定的工艺和产品的质量，从三十炼钢刀（见附录3.11）和五十炼钢剑的检验结果推测，炼数可能是指叠打后的层数。"

3.13 河北满城刘胜墓出土铁剑的金相研究

中国社会科学院考古研究所、河北省文物管理处：《满城汉墓发掘报告》，文物出版社，1980年，第372页；李众：《中国封建社会前期钢铁冶炼技术发展的探讨》，《考古学报》1975年第2期，第11页。

"切取剑身试片进行金相观察，断面上发现有高碳和低碳层存在（图一四四，2）。剑的脊部有五层，刃部只有四层。高碳层含碳量约0.6%—0.7%，低碳层含碳量约0.3%。和河北易县燕下都出土的钢剑（公元前3世纪）比较，各层之间碳含量差别较小，各层组织也较均匀，质量有很大进步。表层组织可看到有铁素体、索氏体和无碳贝氏体（图一四四，3）。其电子显微镜照片见图一四四，4—5。非金属夹杂物较细小，较多分布在高碳层。上述组织特征说明钢剑在制作过程中经过反复锻打和加热，高碳和低碳层的碳较均匀，层与层之间的界限不太分明。显微组织观察发现剑的刃部有马氏体组织，表层内部有无碳贝氏体组织，证明钢剑经过淬火热处理。这些都表明此剑的制作工艺比较先进。"

"满城1号汉墓出土的刘胜佩剑（M1：5105）、钢剑（M1：4249）和错金书刀（M1：5197）的金相检查表明，这些钢的冶炼原料与燕下都出土的没有差别，二者都有大共晶夹杂物，证明都是块炼渗碳的钢。但是，满城的钢，除磷含量略高（约0.1%）外，钢的质量有很大提高，表现在一般大共晶夹杂物的尺寸减小，数目减少（图一四四，2和图一二三，5）；剑刀中不同碳含量分层程度减小，各层组织均匀（图一四四，3），没有像燕下都钢剑那样明显分层和折叠的痕迹。燕下都剑的低碳层厚约0.2毫米，刘胜剑为0.05—0.1毫米，每层厚度减小，当系反复锻打的结果，也就是向'百炼钢'发展的过程。"

"根据大夹杂物的分布和含碳量分层判断，钢剑中部剑叶的厚度由五层至七层叠打而成；含碳量最低处0.05%左右，高处为0.15%—0.4%；在高碳层与低碳层之间没有明显的夹杂物存在。这一事实以及高碳层中含有较多夹杂物表明，这些刀剑中的高碳层是渗碳得到的，而不是分别制成高碳钢和低碳钢后再叠打的，剑中大夹杂物层附近高碳层内含有较多小颗粒FeO夹杂（图一四四，2和图一四五，1）。电子探针分析表明，小夹杂物中含有少量的硅（图一四五，1）。由此表明，在公元前2世纪末叶（刘胜葬于公元前113年），刀剑等锻造兵器仍以块炼铁渗碳多层叠打的钢为主要材料制成。"

3.14 河南郑州出土东汉铁剪的金相研究

韩汝玢、于晓兴：《郑州东史马东汉剪刀与铸铁脱碳钢》，《中原文物》1983年特刊，第239—241页。

"对东史马出土的剪刀中三件取样进行金相检验。（据柯俊《中国冶金史论文集》，1986年A47页英文摘要，除554样本采自剪刀刃部，其余均采自柄部）

"东554剪刀断面含碳量约1%，组织是球状小颗粒的渗碳体，均匀分布在铁素体基体上，组织均匀，沿原奥氏体晶界有少量网状碳化物，如图一四七，1。在断面较厚部位仔细观察，有微小的球形石墨析出，如图一四六，2。

"东306剪刀断面含碳量为0.55%，组织细小，断面约一半为珠光体和铁素体，另一半中碳化物部分球化，如图一四七，2。

"东310剪刀断面组织均匀，为铁素体和珠光体，碳化物略有球化，含碳量为0.4%，如图一四七，3。

"三把剪刀质地纯净，夹杂物极少，东310剪刀发现少量颗粒状硅酸盐夹杂，细小分散。均未见有经过变形的夹杂物。剪刀刃口锈蚀，不能判定刃口是否经过淬火。

"上述结果表明，这些剪刀都是用生铁铸造出成形铁条，脱碳处理成钢材，低硅生铁尺寸较薄时，可以做到在退火过程中，不析出或析出很少石墨，磨砺刃部（开刃），然后加热弯成8字形，制成剪刀。"

3.15 内蒙古呼和浩特二十家子出土西汉铁甲的金相研究。从其描述来看该甲片与图一五二，4 中的甲片非常相似

内蒙古自治区文物工作队，陆思贤：《呼和浩特二十家子古城出土的西汉铁甲》，《考古》1975年第4期，第257页。

"我们曾选取了一件Ⅲ型甲片（T126②：2），送请北京钢铁学院进行金相鉴定。初步鉴定结果，是一种低碳钢。表面磨光，为铁素体组织的纯铁（图一五一，1）。横断面中心部位，铁素体加珠光体，有氧化物和硅酸盐夹杂，含碳约0.1%—0.15%（图一五一，2）。可能是海绵铁渗碳后反复锻打然后退火（730℃以上），表面脱碳晶粒长大，中心为含碳略高的低碳钢。"

3.16 陕西西安半坡出土战国时期铁器套的金相研究。未见金相显微照片。

华觉明：《战国两汉铁器的金相学考查初步报告》，《考古学报》1960年第1期，第79、86页。

"截面成尖劈状，中间有銎，壁厚为0.25厘米。由图示a-a处截开，截面上发现有多处微小疏松，取1和3处的表面部分做试样观察：在1、3处发现明显的纵向条状分布杂质，含碳量不等，主要是纯铁体，颗粒变化程度较大，是典型的亚共析体经过加工处理的退火组织。在2处和1、3处相似，并发现有明显的亚共析组织的流层状分布。……半坡战国铁锄，和其他铸造成型的铁锄相比较，它的特点是銎特别深，尖劈甚短，劈较薄，它的锻造工艺过程如图一五五。"

3.17 湖北大冶铜绿山出土铁钻的金相研究

大冶钢厂，冶军：《铜绿山古矿井遗址出土铁制及铜制工具的初步鉴定》，《文物》1975年第2期，第19—20页。

"铁钻一端是方形断面，尺寸为3.8×3.8厘米；一端尖锥状。全长25.5厘米。大头因被锤打击而镟边。表面轻微锈蚀。化学成分：（取样部位见图一五六，1）

元素	C	Mn	Si	P	S	Cr	Ni	Cu
%	0.06	0.05	0.06	0.12	0.009	0.01	0.01	0.17

"铁钻头、中、尾表面压硬度：

部位	a点	b点	c点
布氏硬度	175	171	170

"头、中、尾数值相近，都很软。虽然铁钻表面，尤其是尖部很需要坚硬耐磨，但并没有进行渗碳、淬火等热处理操作。上述情况说明，铁耙和铁钻这两个锻件，内部都含有大量夹渣，组织很不均匀，碳含量和硅含量都很低。它们是由'固体还原法'生产的海绵铁，经过反复加热锻打制成的。"

3.18 辽宁辽阳三道壕出土铁镞的金相研究

华觉明：《战国两汉铁器的金相学考查初步报告》，《考古学报》1960年第1期，第80页。

"铁镞长约6厘米，在a-a处截开（图一五八，1），观察其金属组织为铁素体加珠光体。把a-a断面在被硝酸酒精浸触后，中心和四周位置效果不同。放大320倍，看到中间是珠光体组织，边上为铁素体组织，愈向表面含碳量越低。这种现象或系高温氧化脱碳的缘故，或系原来成分就不均匀。"

3.19 辽宁辽阳三道壕出土铁锥的金相研究

华觉明：《战国两汉铁器的金相学考查初步报告》，《考古学报》1960年第1期，第80页。

"铁锥残段，长约10厘米。出土时呈圆棒状，除去外层铁锈后，发现它的截面是矩形的，一端有较锐利的尖劈。如图一五九，1所示，在A-A、Б-Б及B处分别取横截面、从剖面和工作部分做试样，观察它们的金相组织，发现都是纯铁体。其中B处和Б-Б截面的纯铁体晶粒变化程度大，有明显的方向性。晶粒都向某一定方向伸长，特别是Б-Б截面的纯铁体晶粒变化最甚，这显然是多次锻打的结果。A-A断面的晶粒组成见图一六〇。铁锥的截面见图一五九，2。A-A处试样的示意图（Б-Б也有类似情况），斜线部分腐蚀后较暗，存在着变异的组织。在图上自上而下含碳量逐渐增多，个别地区是全共析组织。……（铁锥）可能是用含碳量较高的钢锻制而成的，在加工时可能要经过多次加热锻打，逐渐由表层至内部改变其含碳量，同时向纵向近伸，并在一端做成尖劈形。"

3.20 河南渑池出土铁圈的金相研究

北京钢铁学院金属材料系中心化验室：《河南渑池窖藏铁器检验报告》，《文物》1976年第8期，第58页。

"铁器中一部分是经过锻造而成的器具，厚度较薄，一般在3—6毫米。铁圈（586号）就是其代表，如图一六一，纯铁基体中，有较多的条状夹杂物，夹杂物由氧化铁（FeO）和铁橄榄石型硅酸盐夹杂（$2FeO \cdot SiO_2$）组成。夹杂物经过大量变形伸长，比较细小和分散，但没有西汉中期以前锻铁中经常存在的大块的、形状不规则的夹杂。从夹杂物的类型和分布形态，可以确定这些器件是以生铁炒成的熟铁为原料制造的。"

4.1 河北兴隆出土战国铁范芯的金相研究

华觉明：《战国两汉铁器的金相学考查初步报告》，《考古学报》1960年第1期，第75页。

"1953年，河北兴隆战国冶铁遗址共出铁生产工具铸范87件。这是其中的1件内范，外形完整，呈长方形，长约10、宽约6厘米。下端稍小，两端厚度不一，呈楔状。表面稍有腐蚀。这块内范出土时，厚的部分已经断裂，在断面上有许多气孔和缩孔，并看得出明显的方向性结晶（如图一七四）。取样时，在范的右下方打断，断面也看出明显的方向性结晶。断面甚亮，全是白口粗铁，上有夹杂物数处，最大者直径约3毫米，并有直径约2毫米的气孔（图一七四）。从小块上取样品做金相考查，证实它是典型的白口粗铁，在共晶体内有初生的碳化铁，其金相显微组织如图一七五。"

4.2 辽宁辽阳三道壕出土汉代铁车辖的金相研究

华觉明：《战国两汉铁器的金相学考查初步报告》，《考古学报》1960年第1期，第76页。

"车辖残块呈弧形，内径约5、厚1厘米。内部有部分已锈蚀成深褐色，其余部分都十分完好（图一七九）。

"在a–a，b–b处敲断（图一七九），发现断裂面有很粗大的方向性结晶（图一八一）。从小块上取样，观察金相组织，在显微镜下，结晶方向也十分清楚，金相组织是典型的白口共晶组织（图一八〇）。由结晶的显微组织看来，估计这一铸件是用金属型铸造的。由于冷却很高，自表面向内层急剧散热，形成了粗大的方向性白口结晶组织。"

4.3 辽宁辽阳三道壕出土汉代铁镶的金相研究

华觉明：《战国两汉铁器的金相学考查初步报告》，《考古学报》1960年第1期，第76—77页。

"铁镶是一种农具。长形空口，下端扁尖有锋刃，长约20、宽6、壁厚4厘米。从a-a面切断观察（图一八三）是典型白口粗铁，断面晶粒比较细小（与附表4.2的车辖比较），这是铸造时冷却较慢所形成的。"

4.4 河北满城窦绾墓出土铁犁铧的金相研究

中国社会科学院考古研究所、河北省文物管理处：《满城汉墓发掘报告》，文物出版社，1980年，第370页。

"取铁犁铧的左翼后部进行金相观察，其显微组织为灰口铁和麻口铁。某些区域为灰口铁（图一八八，1）；某些区域为灰口铁和白口铁相杂的混合组织（图一八八，2），即麻口铁。在灰口部分，可以看到片状石墨（灰黑色）、自由渗碳体（白色块状）及珠光体组织（细片状渗碳体和铁素体混合物，灰黑色）；在麻口部分，除上述灰口组织外，还有大片的莱氏体共晶组织。另外，取铁犁铧之尖部进行金相分析，证明是麻口铁组织。"

4.5 河南渑池出土铁范及铁器套的金相研究。铁铧范成分分析见表六，样本30

北京钢铁学院金属材料系中心化验室：《河南渑池窖藏铁器检验报告》，《文物》1976年第8期，第53页。

"图一九三及一九四所示的金相组织为铁素体及石墨。石墨分布形状大致相同，成菊花状，围绕一个中心向各个方向发散。按石墨长度评级，铧范（420号）石墨长度平均为0.045毫米，相当于现行标准6号石墨（石墨最大长度0.032—0.064毫米）；箭头范（365号）和石墨（540号）长度平均为0.032毫米，相当于7号石墨（石墨最大长度0.016—0.032毫米）。"

4.6 湖南长沙出土战国时期凹形铁器套的金相研究

华觉明：《战国两汉铁器的金相学考查初步报告》，《考古学报》1960年第1期，第76-77页。

"这是一件非常完整的铁器，形状精美，铲的平面略成方形，原物尺寸如图一九六，尖端呈尖劈形，夹角约20°，铲的厚度仅1—2毫米。外形细致端正，壁薄，显示了战国铸造技术已达很高水平。铲的颜色是深青绿色，几乎没有一点腐蚀，这是古代遗留铁器中所罕见的，可能是在墓葬中保存较好……为了保持这件罕见的铁器的完整，我们没有将它破坏，只是在外表面上找到几小块位置抛光、侵蚀，观察它的显微组织，如图一九七，1—2。它的组织是以铁素体为基体的展性铁，其铁素体呈不均匀分布。在此点附近观察，也有以铁素体、珠光体为基体的展性铁组织（图一九七，4）。在表面上另一位置抛光观察，发现它的组织分布情况基本相同，两处取样的位置相距很远，其组织情况没有什么变化，证明铁铲表面的组织还是比较均匀的（图一九七，3）。另外，在未侵蚀前看其夹杂分布很广，还值得做进一步研究。总的看来，它的组织特点是珠光体和铁素体为基体的展性铁。铁铲的内部组织如何，其热处理进行的程度怎样，没有进行考察，留待以后用其他方法来考察。"

4.7 山东薛城出土汉代铁器套的金相研究

华觉明：《战国两汉铁器的金相学考查初步报告》，《考古学报》1960年第1期，第77—78页。

"（薛城）铁斧是一件比较完整的铁器，外形作长方形。长约12、宽约8厘米，侧面呈尖劈形。从B—C处切开，可以看出它的断面图一九八，1—2。断面为中有錾的锥形，如图一九八，3，从断面处，发现了在厚度最大处有铸件……如图一九八，4。将斧再由A处垂直B—C的方向横断，在截面上看到一系列的气孔和疏松的组织（图一九八，5）。在取样时发现錾壁部分组织韧度较大，可弯至90°以上，断面呈暗灰色。在显微镜下观察D点的组织（图一九八，3），是普通的纯铁体，并没有加工的痕迹，也未发现石墨。在A点横截面上观察，发现了圆状石墨，由内部到外层石墨渐细（图一九九，1—3）……"

4.8 河南渑池出土 B 型铁斧的金相研究。成分分析见表六，样本 40

北京钢铁学院金属材料系中心化验室：《河南渑池窖藏铁器检验报告》，《文物》1976年第8期，第53页。

"斧的基体与铧（197号）相似，大部分组织相当于0.4%碳钢，各部分成分不匀，经分析有的地方碳含量达到0.6%—0.9%，而表面含碳较低，显然是铸造后脱碳制成。组织中没有展性铸铁常见的团絮状石墨。但是与铧不同，斧的錾部有相当于现代球墨铸铁中的球状石墨，直径约20微米（图二〇六和图二〇七），在平均厚度约3.2毫米、总长50毫米的U形截面上约有三十颗。这是一个值得注意的现象。"

4.9 河南洛阳附近出土战国末铁矛的金相研究（图二○八）。具体发掘信息未见发表

柯俊：《中国冶金史论文集（一）》，北京钢铁学院，1986年，第55页；河南省博物馆、石景山钢铁公司炼铁厂及《中国冶金史》编写组：《河南汉代冶铁技术初探》，《考古学报》1978年第1期，第19页。

"该铸件基本被腐蚀，但在肩部仍遗留有金属，约有1毫米厚，金相观察其为白口铁经过柔化处理得到展性铸铁，基体为有发展相对较好的团絮状石墨的铁素体脱碳层（图二○九）。因内部已被锈蚀，我们无从知晓铁素体的渗透。"

4.10 湖北大冶铜绿山出土铁斧的金相研究

大冶钢厂，冶军：《铜绿山古矿井遗址出土铁制及铜制工具的初步鉴定》，《文物》1975年第2期，第20—21页。

"铁斧取样一件，刃部因冲凿硬物而稍有破损。a处（图二一二）钻样后，在銎内侧暴露出直径0.5厘米的铸造气孔……铁斧表面有一层黑皮覆盖，没有锈蚀。a点的化学分析见图二一二（表六第一条）。

"金相组织：銎部试样厚0.4厘米（如图二一二），由边缘到中心有几种不同组织。边缘为亚共析组织（如图二一三）。向里则有少量石墨分布，中心部肉眼即可看出一条明显条带，组织为珠光体，基体上有很多雪花状石墨，并有大量鱼骨状的渗碳体残留。

"这件铁斧，从其碳含量来看，似乎是钢，但通过金相组织观察，才知道原来是一个白口铁铸件。古人为了克服白口铸件的脆性，将其在900℃以上进行数小时的'退火'，即柔化处理，使之变成白心可锻铸铁件（不完全）。刃部试样相当于图二一二b点处布氏硬度219，e点处为212，而白口铁则应为600左右，也可以说明之。由金相样看出其断面上中心处碳高，近表面处碳低。将斧刃部金相样用光谱半定量分析其不同部位（图二一二）各自的含碳量如下：

部位	d点	c点	f点
C%	0.7—1.0	2.5—2.0	1.5—2.0

"化学分析铁斧含碳量只有1.25%，是因为化学分析样正钻在銎前端内层处，而此处含碳较低所致。另外，銎闭虽然中间碳高，表面碳低，但表面并无明显的全脱碳层，可能古人已意识到铁斧表面需要坚硬耐磨，而在热处理时有意加以保护，防止大量脱碳。"

4.11 河北易县燕下都 44 号墓出土六角铁锄的金相研究

北京钢铁学院压力加工专业：《易县燕下都44号墓葬铁器金相考察初步报告》，《考古》1975年第4期，第243页。

"铁锄銎部中间为莱氏体，稍外有少量团絮状石墨（如图二一六），最外部为柱状晶状铁素体。后者是在约730℃—900℃间脱碳退火时，铁素体从最先脱碳的外部向内逐渐生长得到的组织。这种结构使铁锄有很硬耐磨的心部，外边由柔韧铁素体层保护，具有良好的耐用性。"

4.12 河北石家庄出土战国时期铁器的金相研究。原报告中作镢，金相研究中作斧

华觉明：《战国两汉铁器的金相学考查初步报告》，《考古学报》1960年第1期，第75页。

"铁斧长7.2、宽5.6厘米，下端稍窄，侧面呈尖劈形，顶宽为1.6、銎深3、劈厚约0.3厘米。如图二二五，1所示A-A处断开，断面如图二二五，2。经考查看出，在銎部和尖劈的外层是灰白色的细小结晶体，中间是粗大的方向性亮白色结

晶，用肉眼即可十分清楚地看出这两层结晶的界限，经硝酸酒精腐蚀后更为明显。当腐蚀较久时，外层呈黑色，中间仍较亮，外层结晶粒的厚度自1—2毫米不等（原来还要厚些，因表面已被腐蚀了一部分）。图二二五，2上A处所指的是缩孔，径宽约5毫米，其中有许多夹杂物。

"铁斧断面上的金相组织不同，由外到内逐步有了变化，从图可看出由外层至中心组织的变化（图二二五，3—6）。它们说明：边缘层组织是各种含碳不同的共析和亚共析组织，自内至外，含碳量逐渐下降，在最边缘处（长21毫米）出现了脱碳组织，而在内层则系粗大的白口粗铁，其中也有初生的碳化铁，因此属于过共晶组织。在共析组织与白口粗铁间有着少数的过共析体。除了边缘层的脱碳组织外，在銎的底部也存在着粗大的脱碳组织，最外层含碳量很低，几乎全是铁素体。这些部分恰恰是铸件厚度较大的所在，距内层白口粗铁约为2毫米，可以肯定它们代表了整个铸件外层的原有情况。这件铁器长期埋在地下，使大部分脱碳层被腐蚀脱落了，只有少数部分保存下来。銎壁部分，在靠下部分较厚处，还有很少的白口粗铁，约0.5毫米宽，其余大部分是亚共析珠光体组织。"

4.13 湖北大冶铜绿山出土六角铁锄的金相研究（图二二六，对比图六三，2、图六七、图六八及图一〇七，2）

大冶钢厂，冶军：《铜绿山古矿井遗址出土铁制及铜制工具的初步鉴定》，《文物》1975年第2期，第21页。

"六角铁锄残片于a、b两处各取一金相样（图二二六）。表面经酸浸去锈后，用刨床分层刨取化学分析样（化学分析如附录4.1，第2条）。金相组织：a处试样，抛光后即可见中间有一条明显的亮带。侵蚀后，出现很有意义的现象：中间是莱氏体和一次渗碳体组成的过共晶组织。两边是垂直于外表面的柱状晶，组织为铁素体。二者之间有很窄的一条珠光体带，其间的界限分明（图二二七和图二二八）。b处组织从刃部下沿向上约0.8厘米，都是铁素体，再向上即有中间条带。锄板很薄，白口铁铸件又很脆，为了消除其脆性，进行了热处理。铁锄的热处理方法和铁斧不同，推测是在氧化介质或氧化气氛中，于723℃—910℃温度下较长时间退火，使碳分由表面向里逐渐脱去。脱碳时，铁素体晶粒向里生长，形成了一个明显的垂直于表面的柱状晶带。处理后效果是明显的。将锄板弯曲90°，仅表面微裂而不折断。"

4.14 河南洛阳附近出土铁锛的金相研究。具体发掘信息未发表

李众：《中国封建社会前期钢铁冶炼技术发展的探讨》，《考古学报》1975年第2期，第5页。

"锛大部已锈蚀，但銎部还残留部分金属，经金相检验，证明具有莱氏体组织。靠近銎的表面有1毫米左右的珠光体带（图二三〇和图二三一）……组织中从莱氏体到珠光体和从珠光体到铁素体的过渡层都很薄。这一事实表明，它是通过在奥氏体成分范围很窄的较低温度下（即稍高于723℃）退火得到的。"

4.15 河南渑池出土A型铁斧的金相研究。成分分析见表六，样本36

北京钢铁学院金属材料系中心化验室：《河南渑池窖藏铁器检验报告》，《文物》1976年第8期，第56页。

"图二三三，1—3分别是斧刃部、中心和根部的金相组织。刃部表面为全珠光体（含碳0.7%—0.8%），稍里（图二三三，1）为细晶粒珠光体，分布均匀，铁素体较少，含碳量约0.5%—0.6%。中心（图二三三，2）基本没有石墨，珠光体较刃部显著减少，含碳量约0.3%—0.4%。根部为铁素体和存在于晶粒间的少量珠光体（图二三三，3），还可以明显看到石墨以及一些铸造疏松的缺陷。Ⅰ式斧（453号）也具有类似的组织。这些样品，在侵蚀后，用肉眼可以看见厚约1至1.5毫米的亮白边缘——渗碳层。由此更清楚地表明它们是用白口铁铸成器物后，在氧化气氛中脱碳，使中心部分的碳含量降低到0.2%—0.3%或更低一些，然后对刃部渗碳以提

高硬度。个别斧（如257号）的刃部，在渗碳前还经过了锻打加工。"

4.16 河南渑池出土铁镰的金相分析。成分分析见表六，样本 33

北京钢铁学院金属材料系中心化验室：《河南渑池窖藏铁器检验报告》，《文物》1976年第8期，第56页。

"图二三四为铁镰的金相显微组织，由铁素体（白色）与珠光体（黑色）组成。但是仔细的金相观察表明，有时可以在组织的中心部分观察到少量石墨……铁镰的刃口边缘含碳较高，珠光体（相当于含碳0.8%）占70%；而在中心珠光体只占30%左右。由于脱碳时碳向外扩散，表面含碳应较少，而铁镰表面含碳却较高，显然是用生铁铸造后先脱碳再进行表面渗碳制成的。"

4.17 河北武安出土东汉 V 形铧套残片的金相研究

华觉明：《战国两汉铁器的金相学考查初步报告》，《考古学报》1960年第1期，第78页。

"铁犁出土已残破（如图二三五，1），约为原犁的一半。长约15厘米。将犁当中横断，断面如图二三五，2—3，顶宽约17、壁厚约3、銎深24毫米。铁犁的金相组织，在尖劈部位，外层为灰色细小结晶，厚约1.5毫米，内层为粗大方向性白色发亮的白口粗铁。这两部分腐蚀以后，看得更为清楚，白口粗铁还部分地向上伸展至銎壁部分（图二三五，1）。

"外层组织的边缘部分，也是含碳量逐渐自内向外减少的亚共析组织。由于表面锈蚀较多，未曾发现粗大的脱碳组织。在铁犁的亚共析组织中，发现许多残余的白口粗铁。白口粗铁的形状和方向，和内层完全相同……"

4.18 河南渑池出土 V 形铧套的金相研究

北京钢铁学院金属材料系中心化验室：《河南渑池窖藏铁器检验报告》，《文物》1976年第8期，第57页。

"铁铧的中心部分金相组织如图二三八，由铁素体和局部球化的较粗的珠光体组成，含碳量约0.3%；边缘部分则基本上为铁素体。这种铸件退火时可能先在较高温度（900℃以上）长时间脱碳并避免生成石墨，而冷却至700℃左右，再经较长时间保温或缓慢冷却，得到较粗的珠光体。这个组织具有较好的机械性能。"

4.19 河北满城刘胜墓出土 239 件 C 型铁镞中 8 件的金相分析，原作者认为前 2 件（图二三九）为熟铁制品，其余 6 件为铸铁制品

中国社会科学院考古研究所、河北省文物管理处：《满城汉墓发掘报告》，文物出版社，1980年，第371—372页；中国社会科学院考古研究所实验室：《满城汉墓出土铁镞的金相鉴定》，《考古》1981年第1期，第77—78页。

"铁镞（1:4382）a（图二四〇），经过金相观察，证明它是由中碳钢制造的，含碳量约0.4%。在侵蚀前观察抛光面时，发现非金属夹杂物很少，颗粒很小，分布均匀，没有粗大的氧化铁和共晶硅酸盐夹杂。其显微组织中的铁素体和珠光体区域也很细小，分布均匀，这表明化学成分较均匀。此外有较高的锻造技术，停锻温度较低，得到细小的奥氏体晶粒，加之成分均匀，因而冷却下来时，得到细小的、均匀分布的铁素体和珠光体。

"铁镞（1:4382）b，取铁镞头部经金相观察，其显微组织由铁素体（白色）及夹杂物组成，晶粒之间有球状细小晶粒（如图二四一）。

"铁镞（1:4382）c，取铁镞头部经金相观察，其显微组织中心部分是珠光体和铁素体，含碳量约0.65%—0.7%，组织均匀，质地纯净，夹杂物极少，仅见微量硅酸盐夹杂物，与块炼铁锻件有明显差别，可以确定是用生铁固体脱碳成钢的。由

这种方法制成的铁镞共检验了六件，虽然其含碳量高低不同，一般表面含碳量比中心低……"

"我们选取了其中六件比较完好的进行了金相检验，原编号为1:4382C，我们改用C-1至C-6作为简称。

"C-1、C-6取两件铁镞尖部横截面经抛光侵蚀后，两件金相组织基本相同，全为铁素体及少量夹杂物，不见有珠光体（如图二四二，1）。

"C-2取铁镞尖部横截面，金相组织是铁素体和珠光体，组织均匀，含碳量在0.15%—0.20%。

"同样部位竖截面中心部位其显微组织是铁素体和珠光体，含碳量在0.20%—0.25%（图二四二，2）。边缘脱碳成纯铁素体组织，基体有少量圆形小颗粒非金属夹杂物。

"C-3取铁镞尖部横截面由金相看出其断面中心部位是铁素体和珠光体组织，晶粒比较细，含碳量在0.35%—0.45%，边缘脱碳成纯铁素体组织，非金属夹杂物极少。

"在同样部位竖截面金相组织是铁素体和珠光体，中心含碳量约在0.45%，边缘脱碳成纯铁素体组织，非金属夹杂物极少（图二四二，3）。

"铁镞铤部横截面中心部位金相组织是粗晶粒铁素体及珠光体（图二四三，1），有魏氏组织趋向，中心含碳量在0.35%—0.40%，边缘脱碳为纯铁素体组织。

"C-4取铁镞尖部横截面金相组织是铁素体和珠光体与（C-3）组织基本相似，中心部分含碳量在0.35%—0.45%（图二四三，2）。近表层含碳量逐渐减低，边缘脱碳成为纯铁素体组织，非金属夹杂物极少。

"C-5取铁镞尖部的横截面及竖截面（图二四三，3）经抛光侵蚀后，金相组织是铁素体和珠光体，质地纯净，组织均匀。中心部位与表层含碳量相同，在0.65%—0.70%……"

参考文献

中 文

古籍:

（西汉）司马迁：《史记》，中华书局，1969年。

（东汉）班固撰、（唐）颜师古注：《汉书》，中华书局，1962年。

（东汉）许慎撰、（清）段玉裁注：《说文解字注》，上海古籍出版社，1983年。

（东汉）许慎撰：《说文解字》，中华书局，1979年。

（西晋）左思：《蜀都赋》。

（南朝）范晔：《后汉书》卷三一，中华书局，1965年。

（梁）萧统编、（唐）李善注：《文选》，上海古籍出版社，1986年。

（明）宋应星著、钟广言注：《天工开物》，中华书局，1978年。

（清）阮福：《耒耜考》。

（清）阮元校刻：《十三经注疏》，世界书局，1935年。

（清）王先谦：《汉书补注》，中华书局。

（清）王先谦：《释名疏证补》，上海古籍出版社，卷七。

四部丛刊本《韩非子·五蠹》（卷一九），商务印书馆。

四部丛刊本《华阳国志·蜀志》卷三，商务印书馆。

四部丛刊本《吕氏春秋》卷九，商务印书馆。

四部丛刊本《孟子》卷五，商务印书馆。

四部丛刊本《山海经》卷二，商务印书馆。

四部丛刊本《释名·释兵》卷七，商务印书馆。

四部丛刊本《荀子》卷一〇，商务印书馆。

四部丛刊本《盐铁论》卷一，商务印书馆。

四部丛刊本《左传·宣公十二年》卷一一，商务印书馆。

考古发掘报告、专著、论文集：

艾芜：《百炼成钢》，作家出版社，1958年。

曾昭燏、蒋宝庚、黎忠义：《沂南古画像石墓发掘报告》，文化部文物管理局出版社，1956年。

陈奇猷：《韩非子集释》，上海人民出版社，1974年。

陈直：《两汉经济史料论丛》，陕西人民出版社，1980年。

楚文物展览会：《楚文物展览图录》，北京历史博物馆，1954年。

丁格兰著、谢家荣译：《中国铁矿志》，农商部地质调查所，1924年。

高至喜：《从长沙楚墓看春秋战国时期当地经济文化的发展》，《中国考古学会第二次年会论文集》，文物出版社，1982年。

广西壮族自治区文物管理委员会：《广西出土文物》，文物出版社，1978年。

郭宝钧：《山彪镇与琉璃阁》，科学出版社，1959年。

郭沫若：《奴隶制时代》，人民出版社，1973年。

河北省博物馆、河北省文物管理处：《河北省出土文物选集》，文物出版社，1980年。

河北省博物馆等：《藁城台西商代遗址》，文物出版社，1977年。

河南省文化局文物工作队、中国科学院考古研究所：《巩县铁生沟》，文物出版社，1962年。

河南省文化局文物工作队：《邓县彩色画像砖墓》，文物出版社，1958年。

河南省文物研究所：《信阳楚墓》，文物出版社，1986年。

荷马著、杨宪益译：《奥德修纪》，上海译文出版社，1979年。

湖北省黄石市博物馆：《铜绿山——中国古矿冶遗址》，文物出版社，1980年。

湖北省荆州地区博物馆：《江陵雨台山楚墓》，文物出版社，1984年。

华觉明：《中国冶铸史论集》，文物出版社，1986年。

黄明兰：《洛阳西汉画像空心砖》，人民美术出版社，1982年。

晋侯文：《山西侯马战国奴隶殉葬墓》，《“文化大革命”期间出土文物》，人民出版社，1972年。

柯俊：《中国冶金史论文集》，北京钢铁学院出版，1986年。

李济：《豫北出土青铜句兵分类图解》，《“中央研究院”历史语言研究所集刊》第二十二本，1950年。

李学勤：《东周与秦代文明》，文物出版社，1984年。

刘集贤、孔繁珠、万良适：《山西名产》，山西人民出版社，1982年。

刘琳：《华阳国志校注》，巴蜀书社，1984年。

罗振玉：《贞堂松集古遗文》，崇基书店，1968年。

马非百：《管子轻重篇新诠》，中华书局，1979年。

马非百：《秦集史》，中华书局，1982年。

蒙文通：《略论<山海经>的写作时代及其产生地域》，《巴蜀古史论述》，四川人民出版社，1981年。

全国基本建设工程中出土文物展览会工作委员会编：《全国基本建设工程中出土文物展览图录》，中国古典艺术出版社，1956年。

任乃强：《华阳国志图注》，上海古籍出版社，1987年。

山东省博物馆、山东省文物考古研究所编：《山东汉画像石选集》，齐鲁书社，1982年。

陕西省博物馆、文管会：《“文化大革命”期间陕西出土文物》，陕西人民出版社，1973年。

陕西始皇陵秦俑坑考古发掘队、秦始皇兵马俑博物馆：《秦始皇陵兵马俑》，文物出版社，1983年。

石璋如：《小屯殷代的成套兵器（附殷代的策）》，《"中央研究院"历史语言研究所集刊》第二十二本，1950年。

史金波、白滨、吴峰云：《西夏文物》，文物出版社，1988年。

睡虎地秦墓竹简整理小组：《睡虎地秦墓竹简》，文物出版社，1978年。

孙常叙：《未耜的起源及其发展》，上海人民出版社，1959年。

王国维：《观堂集林》，商务印书馆，1927年。

王景尊、王曰伦：《正太铁路线地质矿产》，地质汇报，1930年。

王利器：《盐铁论校注》，古典文学出版社，1958年。

王学理：《秦都咸阳》，陕西人民出版社，1985年。

王仲殊：《汉代考古学概说》，中华书局，1984年。

韦镇福等：《中国军事史·第一卷·兵器》，解放军出版社，1983年。

文物编辑委员会编：《文物考古工作三十年（1949-1979）》，文物出版社，1981年。

文物出版社编著：《中国古青铜器选》，文物出版社，1976年。

谢寿昌：《中国古今地名大辞典》，商务印书馆，1931年。

严杰补编：《经义丛钞》。

杨伯峻：《春秋左传注》，中华书局，1981年。

杨泓：《中国古兵器论丛》，文物出版社，1980年。

杨宽：《战国史》，人民出版社，1980年。

杨宽：《中国土法冶铁炼钢技术发展简史》，人民出版社，1960年。

杨宗荣：《战国绘图资料》，中国古典艺术出版社，1957年。

袁珂：《山海经校注》，上海古籍出版社，1980年。

张道一：《徐州汉画像石》，江苏美术出版社，1985年。

张诗同：《荀子简注》，上海人民出版社，1974年。

中国钢铁学院《中国冶金简史》编写组：《中国冶金简史》，科学出版社，1978年。

中国科学院考古研究所：《沣西发掘报告》，文物出版社，1962年。

中国科学院考古研究所：《辉县发掘报告》，科学出版社，1956年。

中国科学院考古研究所：《庙底沟与三里桥》，科学出版社，1959年。

中国科学院考古研究所：《上村岭虢国墓地》，科学出版社，1959年。

中国科学院考古研究所：《新中国的考古收获》，文物出版社，1961年。

中国科学院考古研究所：《长沙发掘报告》，科学出版社，1957年。

中国人民大学北京经济学院：《〈管子〉经济篇文注译》，江西人民出版社，1980年。

中国社会科学院考古研究所、河北省文物管理处：《满城汉墓发掘报告》，文物出版社，1980年。

中国社会科学院考古研究所：《新中国的考古发现和研究》，文物出版社，1984年。

《中国古代历史地图集》编辑组：《中国古代历史地图册》（上册），辽宁人民出版社，1984年。

期刊：

安徽省文物工作队：《安徽舒城九里墩春秋墓》，《考古学报》1982年第2期。

安志敏：《中国考古学的新起点——纪念辉县发掘四十年》，《文物天地》1990年第5期。

北京钢铁学院金属材料系与中心化验室：《河南渑池窖藏铁器检验报告》，《文物》1976年第8期。

陈文华、张忠宽：《中国古代农业考古资料索引2：生产工具》，《农业考古》1981年第2期。

陈文华、张忠宽：《中国古代农业考古资料索引4：农作图》，《农业考古》1984年第1期。

陈文华：《从出土文物看汉代农业生产技术》，《文物》1985年第8期。

陈文华：《试论我国农具史上的几个问题》，《考古学报》1981年第4期。

陈文华：《中国汉代长江流域的水稻栽培和有关农具的成就》，《农业考古》1987年第1期。

陈应琦：《燕下都遗址出土奴隶铁颈锁和脚镣》，《文物》1975年第6期。

陈自经、刘心健：《山东苍山发现东汉永初纪年铁刀》，《文物》1974年第12期。

陈祖全：《一九七九年纪南城古井发掘简报》，《文物》1980年第10期。

丁文江：《漫游散记》，《"中央研究院"院刊》1956年第3期。

杜莆运：《满城汉墓出土铁镞的金相鉴定》，《考古》1981年第1期。

杜恒：《试论百花潭嵌错图像铜壶》，《文物》1976年第3期。

范百胜：《山西晋城坩埚炼铁调查报告》，《科技史文集》1985年第13期。

方壮猷：《初论江陵望山楚墓的年代与墓主》，《江汉考古》1980年第1期。

凤凰山一六七号汉墓发掘整理小组：《江陵凤凰山一六七号汉墓发掘简报》，《文物》1976年第10期。

甘肃省博物馆：《武威磨咀子三座汉墓发掘简报》，《文物》1972年第12期。

甘肃省博物馆文物队：《甘肃灵台百草坡西周墓》，《考古学报》1977年第2期。

高至喜：《论长沙、常德出土弩机的战国墓——兼谈有关弩机、弓矢的几个问题》，《文物》1964年第6期。

管维良：《宜昌前坪战国两汉墓》，《考古学报》1976年第2期。

郭德维：《戈戟之再辩》，《考古》1984年第12期。

郭德维：《江陵楚墓论述》，《考古学报》1982年第2期。

韩汝玢、柯俊：《中国古代的百炼钢》，《自然科学史研究》1984年第三卷第4期。

韩伟：《略论陕西春秋战国秦墓》，《考古与文物》1981年第1期。

何堂坤、林育炼、叶万松、余扶危：《洛阳坩埚附着钢的初步研究》，《自然科学史研究》第四卷第1期。

何堂坤：《百炼钢及其工艺》，《科技史文集》1985年第13期。

河北省博物馆、河北省文管处、台西发掘小组：《河北藁城县台西村商代遗址1973年的重要发现》，《文物》1974年第8期。

河南省博物馆、石景山钢铁公司炼铁厂、《中国冶金史》编写组：《河南汉代冶铁技术初探》，《考古学报》1978年第1期。

河南省博物馆：《灵宝张湾汉墓》，《文物》1975年第11期。

河南省文化局文物工作队（裴明相）：《南阳汉代铁工厂发掘简报》，《文物》1960年第1期。

河南省文化局文物工作队第二队（蒋若是、郭文轩）：《洛阳晋墓的发掘》，《考古学报》1957年第1期。

侯马市考古发掘委员会：《侯马牛村古城南东周遗址发掘简报》，《考古》1962年第2期。

胡德平、杜耀西：《从门巴、珞巴族的耕作方式谈耦耕》，《文物》1980年第12期。

湖北省博物馆：《楚都纪南城的勘查与发掘（上）》，《考古学报》1982年第3期。

湖北省博物馆：《楚都纪南城的勘查与发掘（下）》，《考古学报》1982年第4期。

湖北省博物馆：《湖北古矿冶遗址调查》，《考古》1974年第4期。

湖北省博物馆江陵工作站：《江陵溪峨山楚墓》，《考古》1984年第6期。

湖北省荆州地区博物馆：《江陵天星观1号楚墓》，《考古学报》1982年第1期。

湖北省文化局文物工作队：《湖北江陵三座楚墓出土大批重要文物》，《文物》1966年第5期。

湖南省博物馆：《长沙浏城桥一号墓》，《考古学报》1972年第1期。

湖南省文物考古研究所、慈利县文物保护管理研究所：《湖南慈利石板村36号战国墓发掘简报》，《文物》1990年第10期。

华觉明、杨根、刘恩珠：《战国两汉铁器的金相学考查初步报告》，《考古学报》1960年第1期。

华觉明：《汉魏高强度铸铁的探讨》，《自然科学史研究》1982年第1期。

华觉明：《两千年前有球状石墨的铸铁》，《广东机械》1980年第2期。

黄河水库考古工作队：《河南陕县刘家渠汉墓》，《考古学报》1965年第1期。

黄盛璋：《关于战国中山国墓葬遗物若干问题辩证》，《文物》1979年第5期。

黄展岳：《古代农具统一定名小议》，《农业考古》1981年第1期。

黄展岳：《关于中国开始冶铁和使用铁器的问题》，《文物》1976年第6期。

黄展岳：《记凉台东汉画像石上的"髡笞圖"》，《文物》1981年第10期。

黄展岳：《近年出土的战国两汉铁器》，《考古学报》1957年第3期。

黄展岳：《论两广出土的先秦青铜器》，《考古学报》1986年第4期。

江西省博物馆、清江县博物馆（唐昌朴、赵适凡）：《近年江西出土的商代青铜器》，《文物》1977年第9期。

江西省文物工作队、九江市博物馆（李家和、刘诗中、曹柯平）：《江西九江神墩遗址发掘简报》，《江汉考古》1987年第4期。

蒋廷瑜、蓝日勇：《广西出土的楚文物及相关问题》，《江汉考古》1986年第4期。

金学山：《西安半坡的战国墓葬》，《考古学报》1957年第3期。

荆三林、李趁有：《中国古代农具史分期初探》，《中国农史》1985年第1期。

孔令壇：《介绍陕西省的两种土法炼铁》，《钢铁》1957年第5期。

蓝日勇：《银山陵战国墓并非楚墓说》，《江汉考古》1988年第4期。

雷从云：《三十年来春秋战国铁器发现述略》，《中国历史博物馆馆刊》1980年第2期。

雷从云：《战国铁农具的考古发现及其意义》，《考古》1980年第3期。

李恒德：《中国历史上的钢铁冶金技术》，《自然科学》1951年第一卷第7期。

李济：《豫北出土青铜句兵分类图解》，《"中央研究院"历史语言研究所集刊》第二十二本，1950年。

李京华：《持耒俑》，《农业考古》1981年第2期。

李京华：《汉代的铁钩镶与铁钺戟》，《文物》1965年第2期。

李京华：《河南冶金考古概述》，《华夏考古》1987年第1期。

李士星：《记山东嘉祥发现的一批汉画像石》，《考古与文物》1988年第3期。

李蜀庆、钱翰城、李京华等：《关于汉代铁器中球状石墨和基体组织成因的研究》，《重庆大学学报》1983年第1期。

李学勤、李零：《平山三器与中山国史的若干问题》，《考古学报》1979年第2期。

李学勤：《平山墓葬群与中山国的文化》，《文物》1979年第1期。

李众（假名，实为北京钢铁学院冶金史组）：《中国封建社会前期钢铁冶炼技术发展的探讨》，《考古学报》1975年第2期。

廖志豪、罗保芸：《苏州封门河道内发现东周青铜文物》，《文物》1982年第2期。

林华寿：《汉代铁镢的材质及其制造工艺的探讨》，《科技史文集》1985年第13期。

刘敦愿：《青铜器舟战图像小释》，《文物天地》1988年第2期。

刘来成、李晓东：《试谈战国时期中山国历史上的几个问题》，《文物》1979年第1期。

刘庆柱：《陕西永寿出土的汉代铁农具》，《农业考古》1982年第1期。

刘世枢：《河北易县燕下都44号墓发掘报告》，《考古》1975年第4期。

刘炜：《燕下都访古散记》，《文物天地》1981年第6期。

刘云彩：《用物料平衡法研究古代冶金遗址》，《中原文物》1984年第1期。

刘云彩：《中国古代高炉的起源和演变》，《文物》1978年第2期。

卢本珊、张宏礼：《铜绿山春秋早期炼铜技术续探》，《自然科学史研究》1984年第三卷第2期。

陆达：《中国古代的冶铁技术》，《金属学报》1966年第九卷第1期。

陆懋德：《中国发现之上古铜犁考》，《燕京学报》1949年第37期。

洛阳博物馆（叶万松）：《洛阳中州路战国车马坑》，《考古》1974年第3期。

孟池：《从新疆历史文物看汉代在西域的政治措施和经济建设》，《文物》

1975年第7期。

渑池县文化馆、河南省博物馆（李京华）：《渑池县发现的古代窖藏铁器》，《文物》1976年第8期。

南京博物院：《江苏六合程桥二号东周墓》，《考古》1974年第2期。

内蒙古自治区文物工作队（陆思贤）：《呼和浩特二十家子古城出土的西汉铁甲》，《考古》1975年第4期。

秦都咸阳考古队：《咸阳市黄家沟战国墓发掘简报》，《考古与文物》1982年第6期。

秦鸣：《秦俑坑兵马俑军阵内容及兵器试探》，《文物》1975年第11期。

秦俑考古队：《临潼县陈家沟遗址调查简记》，《考古与文物》1985年第1期。

秦俑考古队：《秦代陶窑遗址调查清理简报》，《考古与文物》1985年第5期。

秦俑考古队：《临潼郑庄秦石料加工场遗址调查简报》，《考古与文物》1981年第1期。

秦中行：《汉阳陵附近钳徒墓的发现》，《文物》1972年第7期。

丘亮辉、于晓兴：《郑州古荥镇冶铁遗址出土铁器的初步研究》，《中原文物》1983年特刊。

丘亮辉：《河南汉代铁器的金相普查》，《科技史文集》1985年第13期。

任日新：《山东诸城汉墓画像石》，《文物》1981年第10期。

山东省博物馆：《山东省莱芜县西汉农具铁范》，《文物》1977年第7期。

山西省文物工作委员会写作小组：《侯马战国奴隶殉葬墓的发掘——奴隶制度的罪证》，《文物》1972年第1期。

山西省文物管理委员会、山西省考古研究所：《侯马东周殉人墓》，《文物》1960年第8、9期。

陕西省博物馆、文物管理委员会（李长庆、何汉南）：《陕西省发现的汉代铁铧和鐴土》，《文物》1966年第1期。

陕西省临汝县文化馆：《秦始皇陵附近新发现的文物》，《文物》1973年第5期。

石永士：《战国时期燕国农业生产的发展》，《农业考古》1985年第1期。

石璋如：《小屯殷代的成套兵器（附殷代的策）》，《"中央研究院"历史语言研究所集刊》第二十二本，1950年。

史占扬：《从陶俑看四川汉代农夫形象和农具》，《农业考古》1985年第1期。

首都钢铁公司（刘云彩）：《中国古代高炉的起源和演变》，《文物》1978年第2期。

四川省博物馆：《成都百花潭中学十号墓发掘记》，《文物》1976年第3期。

苏州市博物馆（王德庆）：《苏州新庄东周遗址试掘简报》，《考古》1987年第4期。

孙机：《略论百炼钢刀剑及相关问题》，《文物》1990年第1期。

孙机：《有刃车䡰与多戈戟》，《文物》1980年第12期。

孙廷烈：《辉县出土的几件铁器底金相学考察》，《考古学报》1956年第2期。

唐云明、刘世枢：《河北藁城台西村的商代遗址》，《考古》1973年第5期。

唐云明：《河北藁城台西村商代遗址发掘简报》，《文物》1979年第6期。

铜绿山考古发掘队：《湖北铜绿山春秋战国古矿井遗址发掘简报》，《文物》1975年第2期。

汪宁生：《耦耕新解》，《文物》1977年第4期。

王和平：《舟山发现东周青铜农具》，《文物》1983年第6期。

王静如：《敦煌莫高窟和安西榆林窟中的西夏壁画》，《文物》1980年第9期。

王静如：《论中国古代耕犁和田亩的发展》，《农业考古》1984年第1期。

王明达：《浙江余杭反山良渚墓地发掘简报》，《文物》1988年第1期。

王仁湘：《带钩概论》，《考古学报》1985年第3期。

王仁湘：《带扣略论》，《考古》1986年第1期。

王仁湘：《古代带钩用途考》，《文物》1982年第10期。

王素芳、石永士：《燕下都遗址》，《文物》1982年第8期。

王学理：《秦俑兵器刍论》，《考古与文物》1983年第4期。

王学理：《长铍春秋》，《考古与文物》1985年第2期。

王仲殊：《洛阳烧沟附近的战国墓葬》，《考古学报》1954年第8期。

吴大林：《试论铜铁合制器物的产生与消亡》，《考古与文物》1984年第3期。

吴振武：《战国"居（虞）"字考察》，《考古与文物》1984年第4期。

吴镇烽、尚志儒：《陕西凤翔高庄秦国墓葬发掘简报》，《考古与文物》1981年第1期。

西安博物馆等：《陕西临潼姜寨遗址第二、三次发掘的主要收获》，《考古》1975年第5期。

夏鼐：《考古学和科技史——最近我国有关科技史的考古新发现》，《考古》1977年第2期。

徐定水：《浙江永嘉出土的一批青铜器简介》，《文物》1980年第8期。

徐学书：《战国晚期官营冶铁手工业初探》，《文博》1990年第2期。

徐中舒：《耒耜考》，《"中央研究院"历史语言研究所集刊》第二本第一分册。

徐州博物馆（王凯）：《徐州发现东汉建初二年五十湅钢剑》，《文物》1979年第7期。

岩青：《也谈我国开始冶铁的年代》，《文史哲》1982年第4期。

杨宽：《关于西周农业生产工具和生产技术》，《历史研究》1957年第10期。

杨新平、陈旭：《试论商代青铜武器的分期》，《中原文物》1983年特刊。

冶军：《铜绿山古矿井遗址出土铁制及铜制工具的初步鉴定》，《文物》1975年第2期。

叶小燕：《秦墓初探》，《考古》1982年第1期。

叶照涵：《汉代石刻冶铁鼓风炉图》，《文物》1959年第1期。

宜昌地区博物馆：《湖北当阳赵巷4号春秋墓发掘简报》，《文物》1990年第10期。

尤振尧、周晓陆：《泗洪重岗汉代农业画像石刻研究》，《农业考古》1984年第2期。

于豪亮：《汉代的生产工具——锸》，《考古》1959年第8期及1960年第1期。

于豪亮：《中山三器铭文考释》，《考古学报》1979年第2期。

袁颖：《江苏赣榆新石器时代到汉代遗址和墓葬》，《考古》1962年第3期。

张波：《周畿求耜——关于古代耦耕的实验、调查和研究报告》，《农业考古》1987年第1期。

张传玺：《两汉大铁犁研究》，《北京大学学报（哲学社会科学版）》1985年第1期。

张青山、秦晋：《朝邑战国墓葬发掘简报》，《文物资料丛刊》第2期。

张英群：《试论河南战国青铜器的画像艺术》，《中原文物》1984年第2期。

张增祺、王大道：《云南江川李家山古墓群发掘报告》，《考古学报》1975年第2期。

张政烺：《中山王壶与鼎铭考释》，《古文字研究》1979年第1期。

长沙市文化局文物组：《长沙咸家湖西汉曹墓》，《文物》1979年第3期。

长沙铁路车站建设工程文物发掘队（陈慰民）：《长沙新发现春秋晚期的钢剑和铁器》，《文物》1978年第10期。

长沙铁路车站建设工程文物发掘队：《长沙新发现春秋晚期的铜剑和铁器》，《文物》1978年第10期。

赵青云、李京华、韩汝玢、丘亮辉、柯俊：《巩县铁生沟汉代冶铸遗址再探讨》，《考古学报》1985年第2期。

郑绍宗：《河北藁城县商代遗址和墓葬的调查》，《考古》1973年第1期。

郑文兰：《陕西长安张家坡M170号井叔墓发掘简报》，《考古》1990年第6期。

郑州工学院机械系：《河南镇平出土的汉代铁器金相分析》，《考古》1982年第3期。

郑州市博物馆（于晓兴）：《郑州近年发现的窖藏铜、铁器》，《考古学集刊·第一集》，中国社会科学出版社，1981年。

郑州市博物馆：《郑州古荥镇汉代冶铁遗址发掘简报》，《文物》1978年第2期。

中国科学院考古研究所安阳工作队：《1958—1959年殷墟发掘简报》，《考古》1961年第2期。

中国社会科学院考古研究所汉城工作队：《汉长安城武库遗址发掘的初步收获》，《考古》1978年第4期。

中国冶金史编写组：《从古荥遗址看汉代生铁冶炼技术》，《文物》1978年第2期。

中国冶金史编写组、河南省博物馆：《关于"河三"遗址的铁器分析》，《河南文博通讯》1980年第4期。

中国冶金史编写组、首钢研究所金相组：《磁县元代木船出土铁器金相鉴定》，《考古》1978年第6期。

中国冶金史编写组：《我国古代炼铁技术》，《化学通报》1978年第2期。

中航：《济南市发现青铜犁铧》，《文物》1979年第12期。

周世德：《中国古船桨系考略》，《自然科学史研究》1989年第2期。

|外 文|

AA = *Artibus Asiae* (Ascona).

AO = *Ars Orientalis: The arts of Islam and the East.*

AP *0000*= *Asian perspectives: A journal of archaeology and prehistory of Asia and the Pacific* (Honolulu: University Press of Hawaii).

BHMG = *Bulletin of the Historical Metallurgy Group.* Predecessor of JHMS.

BMFEA = *Bulletin of the Museum of Far Eastern Antiquities* (Stockholm).

BMM = *Bulletin of the Metals Museum* (Sendai, Japan). Japanese title: *Kinzoku Hakubutsukan kiyo* 金属博物馆纪要 .

BR = *Beijing review.*

CP = *China pictorial* (Beijing).

CR = *China reconstructs* (Beijing: China Welfare Institute).

CSA = *Chinese sociology and anthropology* (White Plains, N.Y.: International Arts and Sciences Press).

CSH = *Chinese studies in history* (White Plains, N.Y.: International Arts and Sciences Press).

EC = *Early China* (Berkeley).

EH = *Eastern horizon.*

GP = *Giessereipraxis.*

JHMS = *Historical metallurgy: Journal of the Historical Metallurgy Society*. Successor of BHMG.

JISI = *Journal of the Iron and Steel Institute* (London).

MS = *Monumenta Serica: Journal of Oriental studies*.

NSS = *Nippon Steel news*.

OE = *Oriens extremus: Zeitschrift für Sprache, Kunst und Kultur der Länder des Fernen Ostens* (Wiesbaden: Harrassowitz).

SA = *Scientific American* (New York).

SE = *Stahl und Eisen*.

TAFA = *Transactions of the American Foundrymen's Association*.

TAFS = *Transactions of the American Foundrymen's Society*.

TAIME = *Transactions of the American Institute of Mining Engineers*.

TAIMME = *Transactions of the American Institute of Mining and Metallurgical Engineers*.

TC = *Technology and culture: The international quarterly of the Society for the History of Technology* (University of Chicago Press).

TP = *T'oung pao:ou, Archives concernant l'histoire, les langues, la géographie et l'ethnographie de l'Asie Orientale* (Leiden: Brill).

TT = *Tools and tillage: A journal on the history of the implements of cultivation and other agricultural processes*. Copenhagen: International Secretariat for Research on the History of Agricultural Implements.

Akerlind, G. A. 1907. 'Manufacture of malleable iron', *The foundry*, May 1907, 154–158.

Alexander, William Mason, George Henry 1988& Mason, George Henry 1988 *Views of 18th century China: Costumes, history, customs*. London: Studio Editions. Interleaved repr. of separate books by Alexander and Mason, each titled *The costumes of China*, publ. in 1804 and 1805 respectively.

Alley, Rewi 1961a *China's hinterland—in the leap forward*. Peking: New World Press.

Anazawa Wakou & Manome Jun'ichi 1986. Two inscribed swords from Japanese tumuli: Discoveries and research on finds from the Sakitama–Inariyama and Eta–Funayama tumuli'; Pearson 1986: 375–395.

Andersen, Poul 1990. 'The practice of *bugang*: Historical introduction', *Cahiers d'Extrême-Asie*, 1989/90, **5**: 15–53.

Angus, H. T. 1976. *Cast iron: Physical and engineering properties*. 2nd ed., London: Butterworth.

Aston, W. G. 1896 (tr.) . *Nihongi: Chronicles of Japan from the earliest times to A.D. 697. Translated from the original Chinese and Japanese* (*Transactions and proceedings of the Japan Society, London, Supplement* 1) . 2 vols., London: Kegan Paul.

Barnard & Satō 1975. *Metallurgical remains of ancient China*. Tōkyō: Nichiōsha, pp. 164–265.

Barnard, Noel 1979. 'Did the swords exist? Some comments on historical disciplines in the study of archaeological data', EC 4 (1978/79) : 60–65.

Barnard, Noel 1985. "Casting-on' – A characteristic method of joining employed in ancient China', paper presented at the International Conference on Ancient Chinese Civilization [La civiltà cinese antica], Venice, 1–5 April 1985. (Noel Barnard Pre-print no. 13, June 1985) .

Barnard, Noel 1986. 'A new approach to the study of clan-sign inscriptions of Shang', In Kwang-chih Chang (ed.) . *Studies of Shang archaeology: selected papers from the International Conference on Shang Civilization*. New Haven: Yale University Press. pp. 141–206.

Barraclough, K. C. & Kerr, J. A. 1973. 'Metallographic examination of some archive samples of steel', *JISI*, July 1973, pp. 470–474.

Barraclough, K. C. 1976. *Sheffield steel* (*Historic industrial scenes*) . Buxton, Derbys.: Moorland.

Barrow, John 1804. *Travels in China: Containing descriptions, observations, and comparisons, made and collected in the course of a short residence at the Imperial Palace of Yuen-Ming-Yuen, and on a subsequent journey through the country from Pekin to Canton . . .* London: T. Cadell & W. Davies.

Beck, Ludwig 1910. 'Urkundliches zur Geschichte der Eisengiesserei', Beiträge zur Geschichte der Technik und Industrie（Berlin）, 2: 83–89.

Beck, Ludwig 1925. 'Geschichte der Eisenund Stahlgiesserei', pp. 8–36 in C. Geiger（hrsg.）: *Handbuch der Eisenund Stahlgiesserei.* Berlin: Springer.

Bergkvist, Sven O. & Olls, Bert 1971. *Gamla smeder och bruk.* Stockholm: Rabén & Sjögren.

Bernstein（Bernstein, J. 1948. 'The annealing of cast iron in hydrogen', *Journal of the Iron and Steel Institute*（London）, May 1948, pp. 11–15.

Bernstein, Jeffrey 1954. 'Modern production of whiteheart malleable iron', *Foundry trade journal* **97**: 169–178.

Bining, Arthur Cecil 1933. 'The iron plantations of early Pennsylvania', *The Pennsylvania magazine of history and biography*（Philadelphia）, **57.2**: 117–137.

Bining, Arthur Cecil 1938. *Pennsylvania iron manufacture in the eighteenth century.* Harrisburg, Pa.: Pennsylvania Historical Commission. Repr. New York: Augustus M.

Blomgren, Stig & Tholander, Erik 1986. 'Influence of the ore smelting course on the slag microstructures at [*sic*] early ironmaking, usable as identification basis for the furnace process employed', *Scandinavian journal of metallurgy* **15**: 151–160.

Bodde, Derk 1975 *Festivals in classical China: New Year and other annual observances during the Han dynasty, 206 B.C. – A.D. 220.* Princeton University Press & The Chinese University of Hong Kong.

Boegehold, A. L. 1938. 'Factors influencing annealing malleable iron', *Transactions of the American Foundrymen's Association* **46**: 449–490.

Bray, Francesca 1984. Joseph Needham, *Science and civilisation in China*, vol. 6, part 2: *Agriculture.* Cambridge University Press.

Brepohl, Erhard 1987（tr.）. *Theophilus Presbyter und die mittelalterliche Goldschmiedekunst.* Wien, Köln, & Graz: Hermann Böhlaus Nachf.

Brick, Robert M.（et al.）1977. *Structure and properties of engineering materials*, 4th ed., New York: McGraw–Hill.

Bronson, Bennet 1986. 'The making and selling of wootz, a crucible steel of India',

Archeomaterials, **1**: 13–51.

Brunhes Delamarre Mariel J. Hairy, H. 1971, Mariel J. & Hairy, H. 1971 *Techniques de production: l'agriculture.*（Musée des Arts et Traditions Populaires, *Guides ethnologiques*, 4/5）. Paris.

Bunin, K. P.; Malinochka, Ya N.; & Fedorova, S. A. 'On the structure of the austenite–graphite eutectic in grey iron', *BCIRA translations*, no. 7117（British Cast Iron Research Association, Birmingham）. Orig. *Liteinoe proizvodstvo*, 1953, **4**.9: 25ff.

Byrd, William 1966. 'A progress to the mines in the year 1732', pp. 337–378 in *The prose works of William Byrd of Westover: Narratives of a colonial Virginian*, ed. by Louis B. Wright. Cambridge, Mass.: Harvard University Press.

Caroselli, Susan L.（ed.）1987. *The quest for eternity: Chinese ceramic sculptures from the People's Republic of China.* Los Angeles & London: Los Angeles County Museum of Art & Thames and Hudson.

Chang Kwang-chih 1977. *The archaeology of ancient China*, 3rd ed. New Haven & London: Yale University Press.

Chang, Kwang-chih 1980. *Shang civilization.* New Haven & London: Yale University Press.

Chavannes, Édouard 1895（tr.）1895–1905, 1969. *Les mémoires historiques de Se-ma Ts'ien.* T. 1, 1895; t. 2, 1897; t. 3, 1898; t. 4, 1901; t. 5, 1905; t. 1–5 repr. Paris: Maisonneuve, 1967. T. 6, ed. and completed by Paul Demiéville, Max Kaltenmark, & Timoteus Pokora, Paris: Maisonneuve.

Chavannes, Édouard 1909–15 *Mission archéologique dans la Chine septentrionale*（*Publications de l'École Française d'Extrême-Orient*, 13）. 2 albums comprenant 488 planches en 2 cartons, 1909; t. 1, 1ére partie, 1913; 2ême partie, 1915. Paris: Ernest Leroux.

Cheng Shih-po 1978. 'An iron and steel works of 2,000 years ago', *CR* **27**.1: 32–34.

Cheng Te-k'un 1963. Archaeology in China. Vol. 3: Chou China. Cambridge: Heffer.

Corder, Philip 1943. 'Roman spade-irons from Verulamium, with some notes on examples elsewhere', *Archaeological journal*（London: Royal Archaeological Institute of Great Britain and Ireland）, **100**: 224–231.

Couvreur, Séraphin 1914（tr.）. *Tch'oun ts'iou et Tso tchouan: Texte chinois avec traduction française.* 3 vols., Ho Kien Fou（河间府）: Imprimerie de la Mission Catholique. Facs. repr. retitled *La chronique de la principauté de Lòu*, 3 vols., Paris: Cathasia, 1951.

Cura, R. 1969. 'Microstructure standards for malleable iron – parts I–II', *The British foundryman*, Jan. 1969, pp. 25–38; Feb., pp. 41–53.

Davidov, — (mining engineer) 1872. 'O mineral'nyikh bogatstvakh Kul'dzhi i o sposobakh razrabotki ikh tuzemtsami' (On the mineral resources of Kul'dzhi and on the indigenous methods of exploiting them), *Gornyii Zhurnal* (St. Petersburg), 1872, no. 2, pp. 193–212 + ill. Tr. by J. H. Langer, 'Montanindustrie an der Grenze Chinas', *Bergund Hüttenmännischen Zeitung*, 1872, **31**: 394–400 + Taf. 11.

Dawson, J. V. & Smith, L. W. L. 1956. 'Pinholing in cast iron and its relationship to the hydrogen pick-up from the sand mould', *B.C.I.R.A. journal of research and development* (British Cast Iron Research Association), **6**: 226–248.

Dickmann, H. 1932. 'Primitive Verkokungs- und Eisendarstellungsverfahren in China', *Beiträge zur Geschichte der Technik und Industrie* (Verein Deutscher Ingenieure, Berlin), 1931/32, **21**: 152–154.

Dien, Albert E. (et al., eds.) 1985. *Chinese archaeological abstracts*, vols. 2–4 (*Monumenta archaeologica*, vols. 9–11), ed. by Dien, Albert E., Jeffrey K. Riegel, and Nancy T. Price. 3 vols., Los Angeles: Institute of Archaeology, University of California. Cf. Rudolph 1978.

Direct reduction of iron ore: A bibliographical survey. London: The Metals Society, 1969.

Dodwell, C. R. 1961 (tr.). *Theophilus: The various arts*. London etc.: Nelson.

Drachmann, A. G. 1967. *De navngivne sværd i saga, sagn og folkevise* (*Studier fra sprogog oldtidsforskning udgivet af det Filologisk–Historiske Samfund*, nr. 264). København: Gad.

Dresser, Christopher 1882. *Japan: Its architecture, art, and art manufactures*. London: Longmans, Green.

Dubs, Homer H. 1938–55 (tr.) 1938–55. *The history of the Former Han Dynasty*, by Pan Ku, a critical translation with annotations. Vols. 1–3, Baltimore: Waverly Press, 1938, 1944, 1955.

Edelberg, Lennart 1952. 'Træk af Landbrug og Livsform hos Bjergstammer i Hindukush', s. 14–35 i *Næsgaardsbogen*, udg. af og for gl. Næsgaardianere (Næsgaard Landbrugsskole), Nykøbing Falster 1952.

Eketorp, Sven 1945. 'Höganäs järnsvampsprocess', *Jernkontorets annaler*, **129**.12: 703–721.

Epstein, S. M. 1981. 'A coffin nail from the slave cemetery at Catoctin, Maryland', *MASCA Journal* （Museum Applied Science Center for Archaeology, Philadelphia）, **1**.7: 208–210.

Erbreich, Friedrich 1915. 'Der schmiedbare Guss', SE **35**.21: 549–553 + Tafel 8; **35**.25: 652–658; **35**.30: 773–781 + Tafel 10.

Evenstad, Ole 1790. 'Afhandling om Jern-Malm, som findes i Myrer og Moradser i Norge, og Omgangsmaaden med at forvandle den til Jern og Staal. Et Priisskrift, som vandt det Kongelige Landhuusholdnings-Selskabs 2den Guldmedaille, i Aaret 1782', *Det Kongelige Danske Landhuusholdningsselskabs Skrifter*, **D.3**: 387–449 + Tab. I–II. English translation Jensen 1968.

Ferguson, John C. 1930 'The ancient capital of Yen', *China journal* （Shanghai）, **12**: 133–135.

Finsterbusch, Käthe 1966–71. *Verzeichnis und Motivindex der Han-Darstellungen*. Bd. 1: *Text*, 1966. Bd. 2: *Abbildungen und Addenda*, 1971. Wiesbaden: Otto Harrassowitz.

Flemings, Merton C. 1974. 'The solidification of castings', *Scientific American*, Dec. 1974, **231**.6: 88–95.

Foley, Vernard Palmer, George & Soedel, Werner 1985. 'The crossbow', SA, January 1985, **252**.1: 80–86.

Fong, Wen （ed.） 1980. *The great Bronze Age of China: An exhibition from the People's Republic of China*. London: Thames & Hudson （Orig. New York: Metropolitan Museum of Art / Alfred A. Knopf, 1980）.

Gailey, Alan 1968. 'Irish iron-shod wooden spades', *Ulster journal of archaeology* （Dublin: Ulster Archaeological Society）, **31**: 77–86.

Gale, W. K. V. 1977. *Historical industrial scenes: Iron and steel*. Buxton, Derbys.: Moorland Publishing Co.

Gale, W. K. V. 1979. *The black country iron industry: A technical history*. London: The Metals Society.

Geerts, A. J. C. 1878–83 *Les produits de la nature japonaise et chinoise . . . Partie inorganique et minéralogique, contenant la description des minéraux et des substances qui dérivent du règne minérale*. Yokohama: C. Lévy, vol. 1, 1878; vol. 2, 1883.

Genshokuban Kokuho：《原色版图宝 1：上古·飞鸟·奈良》。

Gettens, Rutherford John 1969. *The Freer Chinese bronzes*. Vol. 2: *Technical studies*. (*Smithsonian Institution, Freer Gallery of Art, Oriental studies*, no. 7). Washington: Smithsonian Institution (publ. 4706).

Giessereipraxis 1938, **59**.23/24: 226–229 'Glühund Packmittel für Temperguss'.

Glukhareva, O. 1956 *Izobrazitel'noe iskusstvo Kitaya*. Preface by Glukhareva, O. Moskva: Gosudarstvennoe Izdatel'stvo Izobrazitel'nogo Iskusstva.

Gordon, R. B. & van der Merwe, N. J. 1984. 'Metallographic study of iron artifacts from the eastern Transvaal, South Africa', *Archaeometry*, **26**.1: 108–127.

Gordon, Robert B. 1983. 'English iron for American arms: Laboratory evidence on the iron used at the Springfield Armoury in 1860', *Historical metallurgy: Journal of the Historical Metallurgy Society* **17**.2: 91–98.

Gordon, Robert B. 1984. 'The quality of wrought iron evaluated by microprobe analysis', Romig & Goldstein 1984: 231–234.

Gordon, Robert B. 1988. 'Strength and structure of wrought iron', *Archeomaterials*, **2**.2: 109–137.

Gowland, William 1914. 'Metals and metal-working in old Japan', *Transactions and proceedings of the Japan Society* (London), 1914/15, **13**.1: 20–99 + plates 1–29.

Granet, Marcel 1959. *Danses et légendes de la Chine ancienne* (*Annales du Musée Guimet: Bibliothèque d'études*, T. 64). Nouv. éd., 2 vols. with continuous pagination, Paris: Presses Universitaires de France.

Guan Hongye & Hua Jueming 1983. 'Research on Han Wei spheroidal-graphite cast iron', *Foundry trade journal international* **5**.17: 89–94. Abridged version, *Foundry trade journal* 1983, **15**: 352.

Guédras, M. 1927–28. 'La fonte malléable', *La revue de fonderie moderne*, 25 mars 1927, 30–32; 10 avr., 58–61; 25 juin, 185–190; 10 juillet, 210–213; 25 Sept., 375–376; 10 nov., 443–447; 10 janv. 1928, 7–14; 25 janv., 27–29.

Hall, Bert 1983. 'Cast iron in late medieval Europe: A re-examination', *CIM bulletin* (Canadian Institute of Mining and Metallurgy), July 1983, **76** (no. 855): 86–91.

Hancock, P. F. 1946. 'Gaseous annealing of whiteheart malleable castings', *Foundry trade journal*, **80**: 309–316 (28 Nov. 1946).

Hancock, P. F. 1954. 'Annealing of malleable iron: Recent developments in industrial heat-treatment practice', *Iron and coal trades review*, 20 Aug. 1954, 459–465.

Hansen, Max 1958. *Constitution of binary alloys*. 2nd ed., New York: McGraw-Hill.

Hansford, S. Howard 1961. *A glossary of Chinese art and archaeology* (*China Society sinological series*, no. 4). 1st ed. London: The China Society, 1954; 2nd rev. ed. 1961; repr. 1979.

Hawthorne, John G. & Smith, Cyril Stanley (trs.) 1963. *On divers arts: The treatise of Theophilus*. University of Chicago Press.

Heckscher, Eli F. 1954. *An economic history of Sweden* (*Harvard economic studies*, 95). Cambridge, Mass.: Harvard University Press, 2nd printing 1963.

Heine, R. W. 1986. 'The Fe–C–Si solidification diagram for cast irons', *Transactions of the American Foundrymen's Society* **94**: 391–402.

Hentze, C. 1928. *Chinese tomb figures: A study in the beliefs and folklore of ancient China*. London: Edward Goldston; repr. New York: AMS Press, 1974. Tr. from *Les figurines de la céramique funéraire*, Hellerau bei Dresden, 1928.

Hernandez, Abelardo 1967. 'Analysis of survey on heat treatment practices used for annealing ferritic malleable castings', *Transactions of the American Foundrymen's Society* **75**: 605–610.

Higham, Charles 1989. *The archaeology of mainland Southeast Asia* (*Cambridge world archaeology*). Cambridge University Press.

Hillert, M. & Lindblom, Y. 1954. 'The growth of nodular graphite', *JISI* **176**: 388–390 + plate. Discussion, 1954, **178**: 153–161.

Höllmann, Thomas O. 1986. *Jinan: Die Chu-Hauptstadt Ying im China der späteren Zhou-Zeit. Unter Zugrundelegung der Fundberichte dargestellt.*

Holzer, Rainer 1983 (tr.) 1983 *Yen-tzu und das Yen-tzu ch'un-ch'iu* (*Würzburger Sino-Japonica*, 10). Frankfurt a.M. & Bern: Verlag Peter Lang.

Hommel, Rudolf P. 1937 *China at work: An illustrated record of the primitive industries of China's masses, whose life is toil, and thus an account of Chinese civilization*. New York: John Day. Repr. Cambridge, Mass.: M.I.T. Press.

Honda, Kōtarō & Saitō, Seitō 1920. 'On the formation of spheroidal cementite', *JISI* **102**.2: 261–

269.

Hsu, Cho-yun（许倬云）1980. *Han agriculture: The formation of early Chinese agrarian economy*（*206 B.C. – A.D. 220*）（*Han Dynasty China*, 2）. Ed. by Jack L. Dull. Seattle & London: University of Washington Press.

Huard, Pierre Wong, Ming 1962& Wong, Ming 1962 'Un album chinois de l'époque Ts'ing consacré à la fabrication de la porcelain', *Arts asiatiques*, **9**.1/2: 3–60.

Huard, Pierre Wong, Ming 1966Huard, P. & Wong, M. 1966 'Les enquêtes françaises sur la science et la technologie chinoises au XVIIIe siècle', *BEFEO* **52**.1: 137–226.

Hulsewé, A. F. P. 1955. *Remnants of Han law: Introductory studies and an annotated translation of chapters 22 and 23 of the History of the Former Han Dynasty*（*Sinica Leidensia*, vol. 9）. Leiden: E. J. Brill.

Hultgren, Axel & Östberg, Gustaf 1954. 'Structural changes during annealing of white cast irons of high S:Mn ratios: Including the formation of spherulitic and non-spherulitic graphite and changes in sulphide inclusions', *Journal of the Iron and Steel Institute*（London）, **176**: 351–365.

Humlum, Johannes 1959. *La géographie de l'Afghanistan: Étude d'un pays aride*（*Publications de l'Institut de Géographie de l'Université d'Aarhus*, no. 10）. Copenhague: Gyldendal; Oslo: J. W. Cappelen; Helsinki: Akateeminen Kirjakauppa.

Hunter, M. J. & Chadwick, G. A. 1972. 'Structure of spheroidal graphite', *Journal of the Iron and Steel Institute*（London）, Feb. 1972, 117–123.

Iinuma, Jiro（饭沼二郎）1982. 'The development of ploughs in Japan', TT **4**.3: 139–154 + 157.

Il'inskii, V. A.（et al.）1986. 'Certain laws of geometric thermodynamics of the graphitization of white cast irons', *Metal science and heat treatment*, 1986: 415–419. Tr. from *Metallovedenie i termicheskaya obrabotka metallov*, 1986, no. 6, 26–29.

J.E. Rehder（Rehder, J. E. 1989. 'Ancient carburization of iron to steel', *Archeomaterials*, **3**.1: 27–37.

Jacobson, Esther 1988. 'Beyond the frontier: A reconsideration of cultural interchange between China and the early nomads', *EC* **13**: 201–240.

James, Charles 1900. 'On the annealing of white cast iron', *Journal of the Franklin Institute*

（Philadelphia）, **150**.3: 227–235.

Janse, Olov 1930. 'Notes sur quelques épées anciennes trouvées en Chine', *Bulletin of the Museum of Far Eastern Antiquities* 2: 67–134 + planches 1–21.

Jensen, Niels L. （tr.） 1968. 'A treatise on iron ore as found in the bogs and swamps of Norway and the process of turning it into iron and steel', *Bulletin of the Historical Metallurgy Group* **2**.2: 61–65. Abridged translation of Evenstad 1790.

Jensen, Niels L. （tr.） 1968. Ole Evenstad, 'A treatise on iron ore as found in the bogs and swamps of Norway and the process of turning it into iron and steel', *BHMG* **2**.2: 61–65. Abridged translation of Evenstad 1790.

Johannsen, Otto 1910. 'Eine Anleitung zum Eisenguss vom Jahre 1454', *Stahl und Eisen* **30**.32: 1373–1376.

Johannsen, Otto 1911–17. 'Die Quellen zur Geschichte des Eisengusses im Mittelalter und in der neueren Zeit bis zum Jahre 1530', *Archiv für die Geschichte der Naturwissenschaften und der Technik* （Leipzig）, 1911, **3**: 365–394; 1914, **5**: 127–141; 1917, **8**: 66–81.

Johannsen, Otto 1913. 'Die Bedeutung der Bronzekupolöfen für die Geschichte des Eisengusses'; *Stahl und Eisen* **33**.26: 1061–1063.

Johannsen, Otto 1919. 'Die Erfindung der Eisengusstechnik', *Stahl und Eisen* **39**.48: 1457–1466; **39**.52: 1625–1629; Johannsen, Otto 1953. *Geschichte des Eisens*. 3. Aufl. Düsseldorf: Verlag Stahleisen.

Johannsen, Otto 1947. 'Probleme der älteren Geschichte des Eisens'; *Forschungen und Fortschritte*, **21/23**.4/5/6: 40–43.

Johannsen, Otto 1953. *Geschichte des Eisens*. 3. Aufl. Düsseldorf: Verlag Stahleisen.

Johnson, W. C.; Kovacs, B. V.; & Clum, J. A. 1974. 'Interfacial chemistry in magnesium modified nodular iron', *Scripta metallurgica*, **8**: 1309–1316.

Karlbeck, Orvar 1952. 'Notes on a Hui Hsien tomb', *Röhsska Kunstslöjdmuseets årstryck* （Göteborg）, 1952: 41–47.

Karlgren, Bernhard 1946. 'Legends and cults in ancient China', *Bulletin of the Museum of Far Eastern Antiquities* （Stockholm） **18**: 199–365.

Karlgren, Bernhard 1957 'Grammata Serica recensa', Facs. repr. as a separate vol., Göteborg 1964.

Karlgren, Bernhard 1966. 'Chinese agraffes in two Swedish collections', *BMFEA* **38**: 83–192 + 95 plates.

Karlgren, Bernhard 1969. 'Glosses on the Tso chuan', *BMFEA* 1969, **41**: 1–158.

Keightley, David N. 1976 'Where have all the swords gone? Reflections on the unification of China', EC **2**: 31–34.

Keverian, Jack; Taylor, Howard F.; & Wulff, John 1953. 'Experiments on spherulite formation in cast iron', *American foundryman*, 23: 85–91.

Kikuta, Tario 1926. 'On the malleable cast-iron and the mechanism of its graphitization', *Science reports of the Tohoku Imperial University*, **15**: 115–155 + plates 1–12.

Krapp, Heinz 1987. 'Metallurgisches zu zwei Eisenblöcken römischen Ursprungs' / 'Metallurgical aspects concerning two iron blocks of Roman origin', *Radex-Rundschau*, 1987.1: 315–330.

Kresten, Peter 1984. 'The ore–slag–technology link: Examples from bloomery and blast furnace sites in Dalarna, Sweden', Scott & Cleere 1984: 29–33.

Lang, Janet 1984. 'The technology of Celtic iron swords', Scott & Cleere 1984.

Lau, D. C. 1970（tr.）1970 *Mencius*. Harmondsworth: Penguin Books.

Legge, James 1872（tr.）. *The Chinese classics: With a translation, critical and exegetical notes, prolegomena, and copious indexes*. Vol. 5, pts. 1–2: *The Ch'un ts'ew, with the Tso chuen*. Hongkong: Lane, Crawford; London: Trübner. Facs. repr. Hong Kong University Press, 1960.

Levi, L. I. & Stamenov, S. D. 1967. 'Features of eutectic crystallisation in the metastable Fe – Fe$_3$C – Si system and Si segregation in white iron', *Russian castings production*, 1967.5: 221–224.

Levinsen, Karin Tweddell 1980. 'En analyse af jernfremstillingen i ældre jernalder samt en vurdering af de kulturelle konsekvenser deraf', thesis in prehistoric archaeology, University of Århus.

Liao W. K.（tr.）1939. *The complete works of Han Fei tzu: A classic of Chinese political science*. 2 vols., London: Arthur Probsthain; repr. 1959.

Licent, Émile 1924. *Dix années（1914–1923）dans le bassin du Fleuve Jaune et autres tributaires du Golfe du Pei Tcheu Ly*. Tôme 2, Tientsinn: Librairie Française / Imprimerie de la Mission Catholique Sienhien.

Loehr, Max 1956. *Chinese bronze age weapons: The Werner Jannings Collection in the Chinese*

National Palace Museum, Peking. Ann Arbor: University of Michigan Press / London: Geoffrey Cumberlege, Oxford University Press.

Loehr, Max 1956. *Chinese bronze age weapons: The Werner Jannings Collection in the Chinese National Palace Museum, Peking.* Ann Arbor: University of Michigan Press.

Loewe, Michael 1985. 'The royal tombs of Zhongshan（c. 310 B.C.）', *Arts asiatiques,* **40**: 130– 134.

Loper, C. R. & Takizawa, N. 1965. 'Spheroidal graphite development in white cast irons', *Transactions of the American Foundrymen's Society* **72**: 520–528.

Lownie, H. W.（et al.）1952. 'How iron and steel melt in a cupola', by Lownie, H. W., D. E. Krause, and C. T. Greenidge. *Transactions of the American Foundrymen's Society* **60**: 766–774.

MacKenzie, Donald 1984. 'Marx and the machine', *Technology and culture: The international quarterly of the Society for the History of Technology* **25**.3: 473–502.

Maddin, Robert (ed.) 1988. *The beginning of the use of metals and alloys: Papers from the Second International Conference on the beginning of the use of metals and alloys, Zhengzhou, China, 21–26 October 1986.* Cambridge, Mass. & London: MIT Press.

Mänchen-Helfen, Otto 1924. 'The later books of the Shan-Hai-King（with a translation of books VI–IX）', part I, *Asia Major*（Leipzig）, **1**: 550–586.

Manning, W. H. 1985. *Catalogue of the Romano–British iron tools, fittings and weapons in the British Museum.* London: British Museum Publications Ltd.

Massari, S. C. 1938. 'The properties and uses of chilled iron', *Proceedings of the American Society for Testing Metals,* **38**: 217–234.

McDonnell, J. G. 1984. 'The study of early iron smithing residues', Scott & Cleere 1984: 47–52.

McMillan, W. D. 1938. 'Production of short cycle malleable iron', *Transactions of the American Foundrymen's Society* 46: 697–712.

McMillan, W. D. 1950. 'Furnace atmosphere for malleable annealing', *Transactions of the American Foundrymen's Society* 58: 365–375.

Mémoires concernant l'Asie Orientale（Inde, Asie Centrale, Extrême-Orient）, publiés par l'Academie des Inscriptions et Belle-Lettres, 1779,**4**:491.

Metals handbook, 1939 edition. Cleveland, Ohio: American Society for Metals.

Middleton, Albert B. 1913. 'Native iron and steel practice in China', *The iron and coal trades review*, 23 May 1913.

Morrogh, H. & Williams, W. J. 1948. 'The production of nodular graphite structures in cast iron', *Journal of the Iron and Steel Institute*（London）**158**: 306–322.

Morrogh, H. 1941. 'The polishing of cast-iron micro-specimens and the metallography of graphite flakes'; 'The metallography of inclusions in cast irons and pig irons'; discussion. *Journal of the Iron and Steel Institute*（London）1941 no. 1, pp. 195P–205P, 207P–253P, 254P–286P + plates XXXVIII – XLVII, XLVIIA, XLVIIB.

Morrogh, H. 1955. 'Graphite formation in grey cast irons and related alloys', *B.C.I.R.A. Journal of research and development*（British Cast Iron Research Association）, **5**: 655–673.

Morton, G. R. & Wingrove, J. 1969. 'Constitution of bloomery slags: Part I: Roman', *JISI*, Dec. 1969, pp. 1556–1564.

Morton, G. R. & Wingrove, J. 1972. 'Constitution of bloomery slags: Part II: Medieval', *JISI*, July 1972, pp. 478–488.

Morton, G. R. & Wingrove, Joyce 1971. 'The charcoal finery and chafery forge', *Journal of the Historical Metallurgy Society* **5**.1: 24–28.

Mott, R. A. 1983. *Henry Cort: The great finer. Creator of puddled iron*. Ed. by Peter Singer. London: The Metals Society.

Muan, Arnulf & Osborn, E. F. 1965. *Phase equilibria among oxides in steelmaking*. Reading, Mass.: Addison-Wesley; Oxford, etc.: Pergamon Press.

Mukhiddinov, Ikromiddin 1979. 'Spade digging by means of andzhan traction in the West Pamirs in the 19th and early 20th centuries', *TT* **3**.4: 245–248.

Murata, T. & Sasaki, M. 1984. 'Rust analysis of the Inariyama sword', Romig & Goldstein 1984: 257–260.

Myrdal, Janken 1982. 'Jordbruksredskap av järn före år 1000'（'Iron agricultural implements before the year 1000'）, *Fornvännen: Tidskrift för svensk antikvarisk forskning*, **77**: 81–104. English abstract, p. 81.

Myrdal, Janken 1983. 'Grepar, hackor, spadar och skovlar i hundratal' ('Forks, hacks, spades and shovels in hundreds'), *Fataburen: Nordiska Museets och Skansens årsbok*, 1983: 153–164. English abstract, pp. 163–164.

Needham, Joseph & Needham, Dorothy (eds.) 1948 *Science outpost: Papers of the Sino-British Science Co-Operation Office (British Council Scientific Office in China) 1942–1946*. London: Pilot Press.

Needham, Joseph 1956. *Science and civilisation in China*. Vol. 2: *History of scientific thought*. Cambridge University Press.

Needham, Joseph 1958. *The development of iron and steel technology in China* (Second Dickinson Memorial Lecture to the Newcomen Society, 1956). London: The Newcomen Society.

Needham, Joseph 1965. *Science and civilisation in China*. Vol. 4, Part 2: *Mechanical engineering*. Cambridge University Press.

Needham, Joseph 1971. *Science and civilisation in China*. Vol. 4, part 3: *Civil engineering and nautics*. Cambridge University Press.

Niezoldi, Otto 1942. 'Ein gusseiserner Grenzpfahl aus dem Mittelalter', *Die Giesserei*, **29**.8: 136–137.

Nippon Steel News, Jan. 1985, no. 175, p. 3 'The Inariyama sword: Flakes of rust tell the story'.

Ó Danachair, Caoimhín 1963 'The spade in Ireland', *Béaloideas: The journal of the Folklore of Ireland Society* (Dublin), **31**: 98–114.

Offer Andersen, K. (et al.) 1984. *Metallurgi for ingeniører*, af — i samarbejde med Celia Juhl, Conrad Vogel, og Erik Nielsen. 5. udg. [København]: Akademisk Forlag.

Okauchi Mitsuzane 1986. 'Mounded tombs in East Asia from the 3rd to the 7th centuries A.D.', Pearson et al. 1986: 127–148.

Ouden, Alex 1981–82. 'The production of wrought iron in finery hearths', parts 1–2. *JHMS* **15**.2: 63–87; **16**.1: 29–32.

Palmqvist, Lenason 1983. 'Timmermannens redskap' ('The carpenter's tools'), *Fataburen: Nordiska Museets och Skansens årsbok*, 1983.

Parkes, L. R. 1983. 'S.-g. iron or not S.-g. iron?', *Foundry trade journal*, 27 Oct. 1983, pp.

391–392. Comment on Guan Hongye & Hua Jueming 1983, repr. from *The metallurgist and materials technologist*, Oct. 1983.

Paton, W. R. 1922（tr.）. *Polybius: The histories*, vol. 1. London: Heinemann; New York: Putnam.

Paul-David, Madeleine 1954. 'Les fouilles de Houei-hien', *Arts asiatiques*, 1.2: 157–160.

Paulinyi, Akos 1987. *Das Puddeln: Ein Kapitel aus der Geschichte des Eisens in der Industriellen Revolution*（Deutsches Museum von Meisterwerken der Naturwissenschaft und Technik: *Abhandlungen und Berichte*, N.F., Bd. 4）. München: Oldenbourg.

Pearson, Richard J. (a.o., eds.) 1986. *Windows on the Japanese past: Studies in archaeology and prehistory*. Editor —; coeditors Gina Lee Barnes & Karl L. Hutterer. Ann Arbor, Mich.: Center for Japanese Studies, University of Michigan.

Pelliot, Paul 1929. 'L'édition collective des oeuvres de Wang Kouo-wei', *TP* **26**: 113–182.

Percy, John 1864. *Metallurgy*···[Vol. 2:] *Iron; steel*. London: John Murray. Facs. repr. in 3 pts., Eindhoven: De Archaeologische Pers Nederland, n.d. [ca. 1983].

Perrin, Bernadotte 1914（ed. & tr.）. *Plutarch's lives*, vol. 2. London: Heinemann; Cambridge, Mass.: Harvard University Press, repr. 1968.

Phillips, R. 1837. 'Action of cold air in maintaining heat', by R. P., *Philosophical magazine*, 3rd ser., **11**: 407.

Piaskowski, Jerzy 1989. 'Phosphorous in iron ore and slag, and in bloomery iron', *Archeomaterials*, **3**.1: 47–59.

Pinel, Maurice L.（et al.）1938 'Composition and microstructure of ancient iron castings', *Transactions of the American Institute of Mining and Metallurgical Engineers* **131**: 174–194.

Pleiner, Radomír 1980. 'Early iron metallurgy in Europe', Wertime & Muhly 1980.

Pluarch, *Camillus*, 41.5；Flacelière, Robert（et al., ed. & tr.）1961. *Plutarque: Vies*, t. 2. Paris: Société d'Édition 'Les Belles Lettres'.

Rambush, N. E. & Taylor, G. B. 1945. 'A new method of investigating the behaviour of charge material in an iron-foundry cupola and some results obtained', *Foundry trade journal*, 8 Nov. 1945, 197–204 + 212.

Rawdon, Henry & Epstein, Samuel 1926. 'Observations on phosphorous in wrought iron made by different puddling processes', *American Iron and Steel Institute, Yearbook* **16**: 117–148.

Read, Thomas T. 1921. 'Primitive iron smelting in China: Tubal Cains of today – How natives make cast iron and put phosphorous into it without knowing it', *The iron age*（New York）, **108**.8: 451–455.

Read, Thomas T. 1934. 'The early casting of iron: A stage in iron age civilization', *The geographical review*（American Geographical Society, New York）, **24**: 544–554.

Rehder, J. E. 1945. 'Annealing malleable iron', *Canadian metals and metallurgical industries*, June 1945, **8**.6: 29–34.

Rein, J. J. 1881–86. *Japan nach Reisen und Studien: Im Auftrage der Königlich Preussischen Regierung dargestellt.* Vol. 1: *Natur und Volk des Mikadoreiches*, 1881. Vol. 2: *Landund Forstwirtschaft, Industrie und Handel*, 1886. Leipzig: Wilhelm Engelmann.

Rein, J. J. 1889. *The industries of Japan: Together with an account of its agriculture, forestry, arts, and commerce.* London: Hodder and Stoughton. Tr. of 1886.

Richthofen, Ferdinand 1872. *Baron Richthofen's letters, 1870–1872* [to the Shanghai Chamber of Commerce]. Shanghai: North China Herald, n.d.

Rinman, Sven 1782. *Försök til järnets historia, med tillämpning för slögder och handtwerk.* 2 vols., Stockholm: Petter Hesselberg.

Romig, A. D. & Goldstein, J. I. (eds.) 1984. *Microbeam analysis 1984: Proceedings of the 19th Annual Conference of the Microbeam Analysis Society, Bethlehem, Pennsylvania, 16-20 July 1984.* San Francisco: The San Francisco Press. ('Archaeological applications', 11 papers, pp. 223-263)

Ronald Lewis 1974. 'Slavery on Chesapeake iron plantations before the American Revolution', *Journal of Negro history*, **59**.3: 242–254.

Rosenholtz, Joseph L. & Oesterle, Joseph F. 1938. *The elements of ferrous metallurgy.* 2nd ed. New York: Wiley; London: Chapman & Hall.

Rosenqvist, Terkel 1974. *Principles of extractive metallurgy*, New York, etc.: McGraw–Hill.

Rostoker, W. 1990& Dvorak, James 1990. 'Wrought irons: Distinguishing between processes', *Archeomaterials*, **4**.2: 153–156.

Rostoker, William & Dvorak, James 1988. 'Blister steel = clean steel', *Archeomaterials*, **2**.2: 175–186.

Rostoker, William 1983. 'Casting farm implements, comparable tools and hardware in Ancient China', by Rostoker, William, B. Bronson, J. Dvorak and G. Shen. *World archaeology*, **15**.2: 196–210.

Rostoker, William 1985（et al.）1985. 'Some insights on the 'hundred refined' steel of ancient China', by Rostoker, William, M. B. Notis, J. R. Dvorak, and B. Bronson. *MASCA journal*（Museum Applied Science Center for Archaeology, Philadelphia）, **3**.4: 99–103. Important correction, Rostoker & Dvorak 1988: 186.

Rostoker, William 1987. 'White cast iron as a weapon and tool material', *Archeomaterials*, **1**.2: 145–148.

Rote, F. B.; Chojnowski, E. F.; & Bryce, J. T. 1956. 'Malleable base spheroidal iron', *Transactions of the American Foundrymen's Society* **64**: 197–208.

Rott, Carl 1881. 'Die Fabrikation des schmiedbaren und Tempergusses', *Der praktische Maschinen-Constructeur: Zeitschrift für Maschinenund Mühlenbauer, Ingenieure und Fabrikanten*, **40**.18: 344–346; **40**.19: 366–368 + Tafel 71, 76.

Sahlin, Emil 1988. *British contributions to Sweden's industrial development: Some historical notes*. Orig. publ. 1964 by Sveriges Allmänna Exportförening; repr. *Polhem: Tidskrift för teknikhistoria*, **6**.4b: 1–121.

Sander, Leonard M. 1987. 'Fractal growth', *Scientific American*（New York）, Jan. 1987, **256**: 82–88.

Sauveur, Albert 1920. *The metallography and heat treatment of iron and steel*. 2nd ed., Cambridge, Mass.: Sauveur and Boylston Mechanical Engineers.

Scheibe, Arnold 1937（Hrsg.）1937 *Deutsche im Hindukusch: Bericht der Deutschen Hindukusch-Expedition 1935 der Deutschen Forschungsgemeinschaft*（*Deutsche Forschung: Schriften der Deutschen Forschungsgemeinschaft*, N.F., 1）. Berlin: Karl Siegismund Verlag.

Scherman, L. 1915. 'Zur altchinesischen Plastik: Erläuterung einiger Neuzugänge im Münchener Ethnographischen Museum', *Sitzungsberichte der Königlich Bayerischen Akademie der Wissenschaften, Philosophisch–philologische und historische Klasse*, Jhrg. 1915, 6. Abhandlung, S. 3–62.

Schmidt, Hans & Dickmann, Herbert 1958. *Bronze- und Eisenguss: Bilder aus dem Werden der Giesstechnik*, Ein Bericht über die historische Sonderschau der Internationale Giessereifachmesse, 1956.

Düsseldorf.

Schulte, Fritz 1949. 'Annealing of whiteheart malleable castings: some aspects of the gaseous process'（Research report no. 244）, *British Cast Iron Research Association, Journal of research and development*, **3**: 177–199.

Schüz, E. & Stotz, R. 1930. *Der Temperguss: Ein Handbuch für den Praktiker und Studierenden*. Berlin: Springer.

Schwartz, H. A. 1922. *American malleable cast iron*. Cleveland, Ohio: Penton.

Scott, B. G. & Cleere, H. (eds.) 1984. *The crafts of the blacksmith: Essays presented to R. F. Tylecote at the 1984 symposium of the UISPP Comité pour la Sidérurgie Ancienne* . . . N.p., n.d.

Sekai kōkogaku taikei 1959. *Survey of world archaeology*（世界考古大系）, vols. 6-7, Tōkyō: Heibonsha, 7:70, pl. 123, 125.

Sekino, Takeshi 1967. 'New researches on the *lei-ssu*', *Memoires of the Research Department of the Toyo Bunko*（Tokyo）, **25**: 59–120.

Shi, Yongshi 1987. 'Xiadu: Beijing's twin capital in Warring States times', *China reconstructs*（《中国建设》）, Dec. 1987, 57–59.

Shockley, William H. 1904. 'Notes on the coal- and iron-fields of southeastern Shansi, China', *TAIME* **34**: 841–871.

Shrager, Arthur M. 1969 *Elementary metallurgy and metallography*. Orig. New York: MacMillan, 1949; 3rd rev. ed. New York: Dover.

Sieurin, Emil 1911. 'Höganäs järnsvamp', *Jernkontorets annaler* 1911.3/5: 448–493.

Simpson, Bruce L. 1948. *Development of the metal castings industry*. Chicago: American Foundrymen's Association; Maréchal, Jean R. 1955. 'Evolution de la fabrication de la fonte en Europe et ses relations avec la méthode wallon d'affinage', *Techniques et civilisations*, **4**.4: 129–143.

Sisco, Anneliese Grünhaldt（tr.）& Smith, Cyril Stanley（ed.）1956. *Réaumur's Memoirs on iron and steel*. Chicago: University of Chicago Press.

Sjögren, Hj.（tr.）1923. *Mineralriket, av Emanuel Swedenborg: Om järnet och de i Europa vanligast vedertagna järnframställningssätten* ... Stockholm: Wahlström & Widstrand. Swedish tr. of Swedenborg 1734.

Smith, Cyril Stanley 1968（ed.）. *Sources for the history of the science of steel 1532–1786*.（*Society for the History of Technology monograph series*, no. 4）. Cambridge, Mass.: M. I. T. Press.

Smith, Cyril Stanley 1988. *A history of metallography: The development of ideas on the structure of metals before 1890*. Rev. ed. Cambridge, Mass.: MIT Press. Orig. University of Chicago Press, 1960.

Sperl, Gerhard 1986. 'Geschichte des Eisens in Korea（Montanhistorische Mitteilungen）', *Berg- und Hüttenmännische Monatshefte*, **131**.5: 168–170.

Stead, J. E. 1915–18. 'Iron, carbon, and phosphorous', *Journal of the Iron and Steel Institute*, 1915: 140–181 + plates 21–39 + discussion pp. 182–198; 1918, **97**: 389–412 + plates 37–40 + correspondence pp. 413ff.

Stech & Maddin（Stech, Tamara & Maddin, Robert 1986. 'Reflections on early metallurgy in Southeast Asia', *Bulletin of the Metals Museum* 11: 43–56.

Stein, E. M.（et al.）1970. 'Effects of variations in Mn and S contents and Mn–S ratio on graphite-nodule structure and annealability of malleable-base iron', *Transactions of the American Foundrymen's Society* 78: 435–442.

Stern, Fritz 1977. *Gold and iron: Bismarck, Bleichröder, and the building of the German Empire*. New York: Vintage Books.

Strickland, — 1826. 'On softening cast iron', *The Franklin journal and mechanics' magazine*（Philadelphia）, **2**.3: 184–185.

Swank, James M. 1892 *History of the manufacture of iron in all ages, and particularly in the United States from colonial times to 1891. Also a short history of early coal mining in the United States and a full account of the influences which long delayed the development of all American manufacturing industries*. 2nd ed., Philadelphia: American Iron and Steel Association. [1st ed. 1884.]

Swann, Nancy Lee 1950（tr.）1950. *Food and money in ancient China: The earliest economic history of China to A.D. 25*. Princeton University Press. Repr. New York: Octagon Books, 1974.

Swann, Nancy Lee 1950（tr.）. *Food and money in ancient China: The earliest economic history of China to A.D. 25*. Princeton University Press. Repr. New York: Octagon Books, 1974.

Swedenborg, Emanuel 1734. *Regnum subterraneum sive minerale*. [Vol. 2:] *De ferro, deque modis liquationum ferri per Europam passim in usum receptis ...* Dresdæ et Lipsiæ: sumptibus Friderici Hekeli.

Swedenborg, Emanuel 1762. *Traité du fer*, par M. Swedemborg; trad. du Latin par M. Bouchu. （*Description des arts et métiers: Art des forges et fourneaux à fer*, par M. le Marquis de Courtivron et par M. Bouchu; 4ème section）.

Taylor, S. J. Shell, C. A. 1988& Shell, C. A. 1988 'Social and historical implications of early Chinese iron technology', Maddin 1988: 205–221.

Tegengren, F. R. 1923–24 *The iron ores and iron industry of China: Including a summary of the iron situation of the circum-Pacific region.* Peking: Geological Survey of China, Ministry of Agriculture and Commerce, part I 1921–23, part II 1923–24. （*Memoirs of the Geological Survey of China*, series A, no. 2）.

Terhune, R. H. 1873. 'Malleable cast-iron', *TAIME* 1871/73, **1**: 233–236 + discussion pp. 236–239.

Terhune, R. H. 1873. 'Malleable cast-iron', *Transactions of the American Institute of Mining Engineers* 1871/73, **1**: 233–236 + discussion pp. 236–239.

Thomsen, Robert 1975. *Et meget mærkeligt metal: En beretning fra jernets barndom.* Varde, Denmark: Varde Staalværk.

Thomsen, Robert 1976. 'Om myremalm og bondejern', *Jernkontorets annaler* （Stockholm）, **160**.5: 38–42.

Tite, M. S. 1972. *Methods of physical examination in archaeology.* London & New York: Seminar Press. 2nd printing 1975.

Tobiassen, Anna Helene 1981. *Smeden i eldre tid.* Oslo: Institutt for Folkelivsgranskning & Universitetsforlaget.

Todd, J. A & Charles, J. A. 1978. 'Ethiopian bloomery iron and the significance of inclusion analysis in iron studies', *Historical metallurgy: Journal of the Historical Metallurgy Society* 12.2: 63–87.

Todd, J. A. 1984. 'The relationship between ore, slag, and metal compositions in pre-industrial iron', Romig & Goldstein 1984: 235–239.

Torrance, T. 1931. 'Notes on the cave tombs and ancient burial mounds of western Szechwan', *Journal of the West China Border Research Society* （Chengtu）, 1930/31, 4: 88–96 + plates.

Touceda, Enrique 1922. 'Making malleable castings', *The foundry*, 15 July 1922, 588–593; 1 Aug., 622–626; 15 Aug., 676–680.

Trent, E. M. & Smart, E. F. 1984. 'Machining wrought iron with carbon steel tools', *Historical metallurgy: Journal of the Historical Metallurgy Society* 18.2: 82–88.

Trousdale, William 1975. *The long sword and scabbard slide in Asia*（*Smithsonian contributions to anthropology*, 17）. Washington, D. C.: Smithsonian Institution Press.

Trousdale, William 1977. 'Where all the swords have gone: Reflections on some questions raised by Professor Keightley', *EC* 3: 65–66.

Turner, Thomas 1895. *The metallurgy of iron and steel*. Vol. 1: *The metallurgy of iron*. London: Charles Griffin.

Turner, Thomas 1918. 'Malleable cast iron', *Journal of the West of Scotland Iron and Steel Institute*, 1917/18, 25: 285–307 + illustrations.

Twitchett, Denis & Loewe, Michael（eds.）1986. *The Cambridge history of China*. Vol. 1: *The Ch'in and Han empires, 221 B.C. – A.D. 220*. Cambridge University Press.

Tylecote, R. F. & Gilmour, B. J. J. 1986. *The metallography of early ferrous edge tools and edged weapons*（*BAR British series*, 155）. Oxford: B. A. R.

Tylecote, R. F. 1968. *The solid phase welding of metals*. London: Edward Arnold.

Tylecote, R. F. 1976. *A history of metallurgy*. London: The Metals Society, 2nd imp. 1979.

Tylecote, R. F. 1983. 'Ancient metallurgy in China', *The metallurgist and materials technologist*, Sept. 1983.

Tylecote, R. F. 1987 *The early history of metallurgy in Europe*. London & New York: Longman.

Van Vlack, Lawrence H. 1964. *Elements of materials science: An introductory text for engineering students*. 2nd ed., Reading, Mass. etc.: Addison–Wesley; 3rd printing, 1967.

Vavilov, N. I. & Bukinich, D. D. 1929. *Zemledel'checkii Afganistan / Agricultural Afghanistan: Composed on the basis of the data and materials of the Expedition of the Institute of Applied Botany to Afghanistan*. Leningrad. English summary pp. 535–610.

Vogel, Otto 1917–20. 'Lose Blätter aus der Geschichte des Eisens', *Stahl und Eisen* 1917, **37**.17: 400–404; 37.22: 521–526; 37.26: 610–615; 37.29: 665–669; 37.31: 710–713; 37.33: 752–758; 37.50: 1136–1142; 37.51: 1162–1167 + Tafel 30; 1918, 38.9: 165–169; 38.13: 262–267: 38.48: 1101–1105; 38.52: 1210–1215; 1919, 39.52: 1617–1620; 1920, 40.26: 869–872. I–III, IX, X: 'Zur Geschichte des Giessereiwesens'; IV–VIII: 'Die Anfänge der Metallographie'; XI–XIV: 'Zur Geschichte der Tempergiesserei'.

Von Erdberg Consten, Eleanor 1952. 'A *hu* with pictorial decoration: Werner Jannings Collection, Palace Museum, Peking', *Archives of the Chinese Art Society of America*, 6: 18–32.

Wagner, Donald B. 1984. 'Some traditional Chinese iron production techniques practiced in the 20th century', *Historical metallurgy: Journal of the Historical Metallurgy Society* 18.2: 95–104.

Wagner, Donald B. 1985. *Dabieshan: Traditional Chinese iron-production techniques practised in southern Henan in the twentieth century*（*Scandinavian Institute of Asian Studies monograph series*, 52）. London & Malmö: Curzon Press. Cf. Hara Zenshirō 1991.

Wagner, Donald B. 1987. 'Støbejerns metallurgi og lidt om kinesisk støbejern', 53 pp. in *Jern: Fremstilling, nedbrydning og bevaring*（fortryk af forelæsninger til Nordisk Videreuddannelse af Konservatorer, 17–28 August 1987）. København: Nationalmuseet, Bevaringssektionen. Two lectures for museum conservators.

Wagner, Donald B. 1987. 'The dating of the Chu graves of Changsha: The earliest iron artifacts in China?', *Acta Orientalia*（Copenhagen）, 48: 111–156.

Wagner, Donald B. 1989 'Toward the reconstruction of ancient Chinese techniques for the production of malleable cast iron', *East Asian Institute occasional papers*（University of Copenhagen）, 4: 3–72.

Wagner, Donald B. 1990. 'Ancient carburization of iron to steel: a comment', *Archeomaterials*, 4.1: 111–117; erratum 1990, 4.2: 118. Comment on Rehder 1989.

Walbank, F. W. 1957. *A historical commentary on Polybius*, vol. 1. Oxford: Clarendon Press.

Waley, Arthur 1948. 'Note on iron and the plough in early China', *Bulletin of the School of Oriental and African Studies*（University of London）1947/48, 12）.

Wang Zhongshu（王仲殊 著 张光直 译）. *Han civilization*. Tr. by K. C. Chang a.o. New Haven & London: Yale University Press. Tr. of 1984.

Watson, Burton 1961（tr.）. *Records of the Grand Historian of China: Translated from the Shi chi of Ssu-ma Ch'ien*. 2 vols., New York & London: Columbia University Press，卷一。

Watson, Burton 1963（tr.）. *Hsün tzu: Basic writings*. New York & London: Columbia University

Press.

Watson, Burton 1964（tr.）. *Han Fei zi: Basic writings*. New York & London: Columbia University Press.

Watson, William 1952. 'Chinese weapons and a ploughshare', *British Museum quarterly*, 15: 95–99.

Watson, William 1962. *Handbook to the collections of early Chinese antiquities*. London: British Museum.

Watson, William 1971. *Cultural frontiers in ancient East Asia*. Edinburgh: at the University Press.

Weber, Charles D. 1968. 'Chinese pictorial bronze vessels of the late Chou period, part IV', *Artibus Asiae* **30**.2/3: 145–236.

Wertime, Theodore A. 1961. *The coming of the age of steel*. Leiden: E. J. Brill.

Wertime, Theodore A. & Muhly, James D. (eds.) 1980. *The coming of the age of iron*. New Haven & London: Yale University Press.

White, K. D. 1967. *Agricultural implements of the Roman world*. Cambridge University Press.

Wieser, P. F.（et al.）1967. *Mechanism of graphite formation in iron–carbon–silicon alloys*. Cleveland, Ohio: Malleable Founders Society.

Wilbur, C. Martin 1943. *Slavery in China during the Former Han Dynasty, 206 B.C. – A.D. 25*（*Field Museum of Natural History publications*, no. 525; *Anthropological series*, vol. 34）. Chicago: Field Museum.

Wilhelm, Richard 1928（tr.）1928 *Frühling und Herbst des Lü Bu Wei*. Jena: Eugen Diederichs.

Williams, A. R. 1991. 'Slag inclusions in armour', *Historical metallurgy: Journal of the Historical Metallurgy Society* 24.2: 69–80.

Wirgin, Jan 1984. *Kejsarens armé: Soldater och hästar av lergods från Qin Shihuangs grav*（*Östasiatiska Museets utställningskatalog*, nr. 41）. Stockholm: Östasiatiska Museet.

Wu Hung 1989 *The Wu Liang shrine: The ideology of early Chinese pictorial art*. Stanford University Press.

Yang Hsien-yi & Yang Gladys 1974. *Records of the historian*. Written by Szuma Chien. Hong Kong: Commercial Press.

Yi Kun Moo 1989. 'Iron *ko* dagger axes of Horim Museum' （in Korean）, *Kogo hakchi*（'Journal of the Institute of Korean archaeology and art history'）, no. 1, July 1989, pp. 186ff.

Zhao Bofan & Langer, E. W. 1982. 'The effect of Mischmetall on microstructure and properties of white cast iron', *Scandinavian journal of metallurgy* 11: 287–294.

Zhao Bofan & Langer, E. W. 1984. 'The mechanism of interaction of Pb, Bi and Ce in ductile iron', *Scandinavian journal of metallurgy* 13: 15–22.

大出卓、大平五郎：《純粹系白鑄鐵の黑鉛化 s-8，燒純黑鉛の球狀化》，《鑄物》1970 年第四十二卷第 5 期。

李学勤：《中国青铜器的奥秘》（英文版），外文出版社，1980 年。

林巳奈夫（Hayashi Minao）：《汉代の文物》，京都：人文科学研究所，1976 年。

梅原末治（Umehara Sueji）：《奈郎縣樑本東大寺山古墳出土の漢中平年記の鐵刀（口繪解說），《考古學雜誌》1962 年第 48 卷第二節。

诸桥辙次（Morohashi Tetsuji）：《大汉和辞典》，大修馆书店，1960 年。

佐佐木稔（Sasaki, Minoru）：《七支刀と百煉鐵》，《鐵と鋼》第 68 卷第一節，1982 年。

特别感谢

四川大学历史文化学院以及丹麦范岁久基金会（S.C. Van Foundation）为本书的出版提供了全部的经费支持。作者与译者在此对两家单位致谢！

Donald B Wagner

李玉牛

S.C. VAN FONDEN

S.C. VAN FONDEN （丹麦范岁久基金会）

Copenhagen, Denmark

历史文化学院 旅游学院

SCHOOL OF HISTORY & CULTURE（TOURISM）

四川大学历史文化学院

四川省成都市望江路29号四川大学望江校区文科楼4楼

邮编：610064